architecte logiciel

UML pour les
décideurs

Franck Vallée

UML pour les
décideurs

Avec la contribution de Gaël Thomas

EYROLLES

ÉDITIONS EYROLLES
61, bd Saint-Germain
75240 Paris Cedex 05
www.editions-eyrolles.com

Ce livre est dédié à tous ceux qui œuvrent

pour la paix dans le monde

Préface

Les récentes évolutions de l'industrie informatique indiquent une accélération de son mûrissement, tant du point de vue de ses structures, de ses organisations, que de ses modes de travail. En sensibilisant les décideurs à la problématique de l'ingénierie du logiciel, cet ouvrage traite à plusieurs niveaux de l'impact d'UML 2 sur les projets informatiques, car il importe aujourd'hui de concentrer ses efforts sur les problématiques de productivité, de qualité et de fiabilité du logiciel.

C'est en travaillant avec lui pour un projet commun de livre pratique sur le langage UML que j'ai appris à connaître et à apprécier Franck Vallée. Nous étions alors en 1999, UML commençait vraiment à se répandre en France, et nous l'expérimentions tous deux sur le terrain, lors de missions de conseil variées pour Valtech. Le résultat de cette collaboration (*UML en action*, Eyrolles), mis à jour deux fois[1], s'est diffusé à plus de douze mille exemplaires et constitue une des références sur UML en français.

Franck a continué sa route, en créant d'abord une petite structure de conseil en architecture, puis en intégrant la société TECH'advantage. Il a ainsi pu prendre beaucoup de recul sur l'utilisation efficace d'UML au sein de projets dans des domaines très divers. Le livre unique que vous avez entre les mains est le résultat de toutes ses années d'expérience. Il ne s'agit pas d'un ouvrage technique de plus sur la syntaxe du langage UML, mais d'un véritable manuel d'accompagnement au changement destiné aux décideurs informatiques et chefs de projet qui souhaitent améliorer leurs pratiques en termes de productivité logicielle. Bravo Franck, pour ce livre original qui mériterait de devenir l'ouvrage de chevet de tous les responsables informatiques !

Pascal Roques,
Consultant senior et formateur chez Valtech Training

---

1. La troisième édition, *UML 2 en action*, est parue en 2004 aux éditions Eyrolles.

Table des matières

CHAPITRE 2

Spécification par les cas d'utilisation   65

CHAPITRE 4

Référence de pilotage.. 169

Avant-propos

Cet ouvrage a pour but de vous aider, vous qui avez une responsabilité dans le vaste domaine de l'industrie informatique, en vous expliquant comment et pourquoi UML peut se révéler un précieux outil pour améliorer la qualité et la productivité de vos équipes.

Comment cet ouvrage peut vous aider...

Ce livre a pour vocation d'être le compagnon de tout décideur – chef de projet, directeur des études, directeur informatique... – qui s'est engagé à améliorer la productivité et la qualité du travail de son équipe. Le langage UML vous permet d'atteindre cette ambition, car il influence directement et positivement l'étape première de construction d'un projet informatique : la spécification.

Or, seule une spécification bien construite permet de :

- satisfaire la maîtrise d'ouvrage en répondant directement et lisiblement aux exigences qu'elle a formalisées ;
- tester plus facilement, s'assurer de la qualité et déployer avec une confiance maîtrisée les développements réalisés ;
- décomposer, structurer, ordonner et hiérarchiser ces mêmes exigences, afin de disposer d'un référentiel bien construit, complet et cohérent ;
- tracer convenablement les exigences et leurs évolutions au cours du temps ;
- partager, distribuer et suivre les réponses à ces exigences en phase de développement ;
- suivre plus facilement les décisions de conception prises en cours de construction et en comprendre aisément la raison.

Dans un second temps, UML est l'outil de ceux qui désirent anticiper l'évolution de leurs logiciels et, plus largement, de leur système d'information. En effet, au même titre que l'on réalise des plans dans d'autres industries, UML apporte l'anticipation et la pérennisation du savoir-faire.

Avec UML s'ouvrent en effet de nouvelles perspectives pour :

- anticiper les caractéristiques fonctionnelles et techniques d'un produit logiciel avant d'en débuter le codage ;
- tracer les décisions de conception qui sont prises en regard de la spécification réalisée ;
- propager les meilleures pratiques de conception et d'architecture en vue d'améliorer l'évolutivité et la maintenabilité du logiciel ;
- faciliter la conception orientée services et composants ;
- suivre plus précisément les transitions entre analyse et conception, puis entre conception et codage ;
- communiquer des plans de fonctionnement aux équipes d'exploitation ;
- documenter le logiciel afin de laisser une information structurée pour son évolution ultérieure.

Cet ouvrage tente par ailleurs de couvrir objectivement tous les aspects modernes de l'informatique, en s'attachant certes à décrire l'utilisation d'UML dans les cas de développements spécifiques, mais aussi en regardant ses applications dans les cadres plus larges de la maintenance applicative, du déploiement de progiciels paramétrables et de l'ingénierie système.

... avec des aspects pratiques

Les quelques années passées en conseil et à des postes de responsabilité m'ont appris qu'un discours désespérément théorique n'est pas suffisant pour amener une équipe à adopter des changements, quand bien même ceux-ci s'avèrent salutaires.

Fidèle à la tradition initiée dans l'ouvrage *UML 2 en action*, je me suis donc efforcé d'illustrer mes propos par une étude de cas. Celle-ci reflète mes différentes expériences passées au sein des directions informatiques de grandes entreprises et met en scène une équipe d'une dizaine de personnes en charge du développement d'un logiciel d'entreprise pour la gestion de flottes de taxis.

Une invitation au changement

Avant de tirer parti des bénéfices du développement du logiciel avec UML, il convient cependant de préparer vos équipes à acquérir les réflexes et les attitudes nécessaires. Car le recours à UML n'est bien sûr qu'une condition nécessaire pour commencer un processus d'amélioration ; elle est loin d'être suffisante. En conséquence, cet ouvrage prend soin d'aborder et développer les différentes facettes du changement :

- les rudiments d'UML 2 suivant quatre activités majeures du développement logiciel qui sont : la capture des besoins, l'analyse, la conception logicielle et la conception d'architecture ;

- le périmètre d'utilisation d'UML 2 dans le cadre de projets d'évolution et pour différents modes d'organisation ;
- des conseils pour piloter et contrôler une équipe qui utilise et produit des schémas UML 2 ;
- le point sur les outils existants ;
- le point sur l'émergence des solutions MDA (*Model Driven Architecture*), qui présentent aujourd'hui une alternative de progrès extrêmement prometteuse dans le domaine de l'ingénierie du logiciel ;
- la proposition d'un processus d'apprentissage et d'appropriation par étapes ;
- l'argumentation pour aider à la décision ;
- des éléments de retour sur investissement, indispensables pour en mesurer les impacts économiques.

La dimension du changement d'équipe est primordiale dans votre vie de manager ; il s'agit d'un axe que j'ai voulu tout particulièrement soigner. Une réflexion originale et novatrice vous est donc proposée dans cet ouvrage unique en son genre.

Destination de l'ouvrage

Les sections précédentes vous ont laissé entendre que cet ouvrage n'est pas destiné en priorité aux développeurs, concepteurs ou architectes logiciels. En conséquence, ces pages ne développent en aucune façon une description techniquement approfondie ni exhaustive d'UML. Pour plus d'information, je vous renvoie bien évidemment au livre *UML 2 en action* paru chez le même éditeur et dont le succès témoigne des réponses qu'il apporte à un public plus large.

Par les problématiques qu'aborde cet ouvrage et son style concis et direct, je m'adresse à tout décideur informatique, chef de projet, maître d'œuvre ou maître d'ouvrage, dont la réflexion porte sur l'amélioration des processus de construction du logiciel. Cette réflexion, qui peut s'inscrire dans le cadre d'une démarche de certification ISO ou CMM-I, vise au développement de la productivité et de la qualité dans la perspective d'atteindre la satisfaction de ses clients.

Organisation de l'ouvrage

L'ouvrage est composé des deux parties suivantes :

- **PARTIE I – UML en puissance**

  Cette première partie vise à présenter les perspectives d'UML et à en parcourir les différents aspects. Elle a pour vocation de présenter une référence simple et utile pour les décideurs dont la mission est de superviser la production du logiciel avec UML.

– **Chapitre 1 – UML et le génie logiciel**

Présentation d'UML et de ses perspectives appliquées à l'industrie du logiciel. Ce chapitre présente l'essentiel du langage de modélisation avec de nombreux exemples simples à comprendre pour en apprendre la lecture.

– **Chapitre 2 – Spécification par les cas d'utilisation**

Les cas d'utilisation constituent une technique de spécification incontournable. Vous en apprendrez ici les enjeux, ainsi que les techniques permettant d'en piloter et d'en contrôler la gestion.

– **Chapitre 3 – Construction du logiciel avec la modélisation**

La modélisation soutient l'activité d'analyse des spécifications, dont la finalité est de formaliser les règles de gestion qui en découlent, puis la conception des mécanismes qu'il sera nécessaire de coder. Ce chapitre présente les techniques de modélisation UML 2, ce que l'on doit en attendre et les conseils pour en piloter l'exécution.

– **Chapitre 4 – Référence de pilotage**

Pour clore la première partie, ce chapitre récapitule, consolide et complète les différentes articulations du développement avec UML : la méthodologie, le formalisme et les points de contrôle.

• **PARTIE II – Déployer UML dans l'entreprise**

Une fois les perspectives présentées, cette seconde partie développe la mise en pratique du processus d'adoption d'UML dans l'entreprise. Développés sous l'angle d'une conduite du changement, les différents chapitres qui suivent ont pour objectif de faciliter l'implantation d'UML dans votre entreprise.

– **Chapitre 5 – Formuler les objectifs de changement avec UML**

Avant toute chose, il importe d'identifier les objectifs que vous désirez atteindre au sein de votre équipe. Ceux-ci pouvant être variés, il convient donc de bien formuler les enjeux et les résultats que vous pouvez potentiellement et raisonnablement atteindre.

– **Chapitre 6 – Méthodes et outils**

Dans le cadre d'une démarche de changement, les méthodes et les outils s'avèrent indispensables pour permettre à des équipes d'acquérir les mêmes protocoles d'étude et de développement. Outre un panorama des outils disponibles sur le marché, dont la présentation du RUP d'IBM–Rational, un point précis vous est proposé sur l'émergence des solutions MDA.

– **Chapitre 7 – Changer pour UML**

Ce chapitre développe un processus de changement et propose un processus type d'avancement avec des éléments de calcul de retour sur investissement. Nous sommes ici dans un processus itératif avec des possibilités de retour en arrière. Quel que soit le niveau d'avancement atteint, sa mise en œuvre permet de laisser des effets positivement durables.

– **Chapitre 8 – Aider la prise de décision**

Maintenant que vous êtes convaincu du changement et que vous en avez fixé les enjeux et les moyens, ce chapitre a pour vocation de vous aider à formuler les arguments de promotion interne et de traiter les objections les plus courantes. Il s'attache également à préparer les prises de conscience, incontournables pour pouvoir s'engager dans une voie de progrès – car pourquoi changer lorsque tout est pour le mieux dans le meilleur des mondes ?

Enfin, des apartés récapitulatifs ponctuent le discours de cet ouvrage. Reprenant un ensemble de concepts, de directives et de conseils, ils ont pour but d'en faciliter la mémorisation par le lecteur et suivent les conventions suivantes :

Définition

Définit un concept UML présenté dans cet ouvrage.

Étude de cas

Développe une illustration issue de l'étude de cas.

Contrôle et pilotage

Précise les vérifications ou directives à produire pour diriger une équipe utilisant UML.

Conseil

Inclut un conseil important issu de l'expérience de l'auteur ou prévient d'une erreur courante.

En résumé...

Cet ouvrage a pour ambition d'aider les décideurs à améliorer la productivité et la qualité de leurs équipes de développement logiciel, par l'adoption et l'utilisation d'UML 2. Cet objectif est parfaitement accessible dans la mesure où la modélisation avec UML facilite la gestion des spécifications dont découlent tous les processus de développement et de livraison.

Illustré par une étude de cas pratique, ce livre se présente en deux parties. La première parcourt les principales possibilités de notation d'UML 2, puis décrit les modalités de pilotage d'une équipe rompue à sa pratique. La seconde aborde tous les aspects de l'adoption d'UML par une équipe : les outils, l'apprentissage, les étapes d'avancement et les arguments de promotion interne.

UML en puissance

Cette première partie vise à présenter les perspectives d'UML et à en parcourir les différents aspects. Elle a pour vocation de présenter une référence simple et utile pour les décideurs dont la mission est de superviser la production du logiciel avec UML.

- **Chapitre 1 – UML et le génie logiciel**

  Présentation d'UML et de ses perspectives appliquées à l'industrie du logiciel. Ce chapitre présente l'essentiel du langage de modélisation avec de nombreux exemples simples à comprendre pour en apprendre la lecture.

- **Chapitre 2 – Spécification par les cas d'utilisation**

  Les cas d'utilisation constituent une technique de spécification incontournable. Vous en apprendrez ici les enjeux, ainsi que les techniques permettant d'en piloter et d'en contrôler la gestion.

- **Chapitre 3 – Construction du logiciel avec la modélisation**

  La modélisation soutient l'activité d'analyse des spécifications, dont la finalité est de formaliser les règles de gestion qui en découlent, puis la conception des mécanismes qu'il sera nécessaire de coder. Ce chapitre présente les techniques de modélisation UML 2, ce que l'on doit en attendre et les conseils pour en piloter l'exécution.

- **Chapitre 4 – Référence de pilotage**

  Pour clore la première partie, ce chapitre récapitule, consolide et complète les différentes articulations du développement avec UML : la méthodologie, le formalisme et les points de contrôle.

1

UML et le génie logiciel

L'objet de ce chapitre est de vous présenter le langage UML et de vous initier aux arcanes de la modélisation orientée objet. Nous parcourrons donc les principes fondateurs d'UML, ainsi que ses concepts. L'idée de ce chapitre est aussi d'apporter aux décideurs une référence simple du langage et de son potentiel.

Au fait, à quoi ça sert ?

Avant de rentrer dans des détails trop théoriques, il est toujours intéressant de comprendre la finalité du temps que l'on est en train d'investir dans la lecture de cet ouvrage. UML est un langage de modélisation qui accompagne la majorité des activités du génie logiciel.

Pour préciser notre discours, nous étudierons quatre catégories du génie logiciel qui sont :

- le développement d'applications spécifiques, réalisées traditionnellement par codage ;
- l'ingénierie de systèmes à logiciel prépondérant, qui s'apparente à l'informatique industrielle et aux systèmes temps réel ou embarqués ;
- le déploiement de progiciels paramétrables, qui représentent aujourd'hui une part non négligeable des activités de développement de logiciels d'entreprise ;
- la maintenance applicative, qui est également devenue une part importante de l'activité, du fait du nombre d'applications spécifiques déjà installées et à maintenir.

Pour chacune de ces catégories d'activités, il est nécessaire d'anticiper le système informatique cible, dans l'optique d'un pilotage plus pertinent de l'activité de développement. Par ailleurs, l'adhésion des utilisateurs passe nécessairement par une phase de spécification précise qui implique leur participation. La communication entre les utilisateurs, la maîtrise d'ouvrage et la maîtrise d'œuvre doit donc pouvoir s'établir, afin de construire une référence de spécifications qui puissent être au mieux complètes et univoques. Enfin, lorsque les spécifications sont établies, l'équipe de développement doit pouvoir se coordonner, afin de discuter et de partager les choix de conception, ainsi que d'anticiper les qualités finales du système.

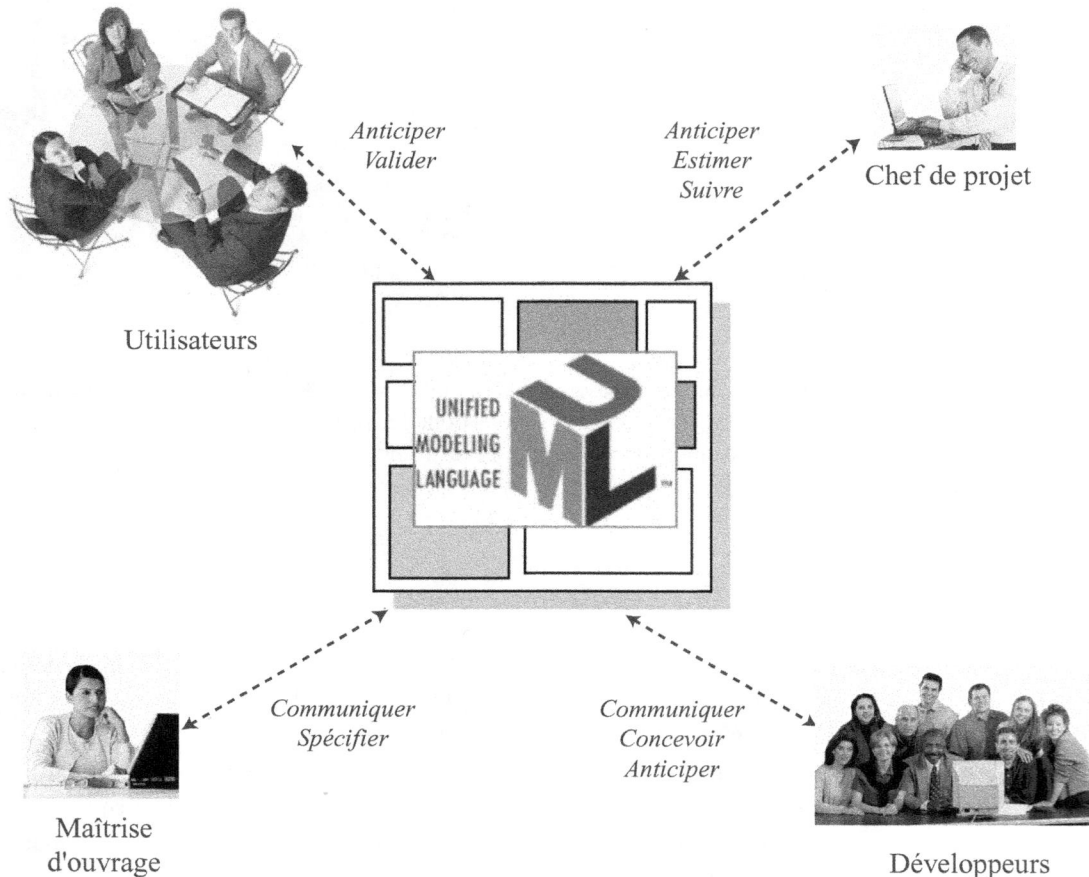

Anticiper
Valider

Anticiper
Estimer
Suivre

Chef de projet

Utilisateurs

Communiquer
Spécifier

Communiquer
Concevoir
Anticiper

Maîtrise
d'ouvrage

Développeurs

Figure 1–1 UML est le langage standard de modélisation dans l'industrie informatique

Tous ces besoins s'opèrent autour de la réalisation d'un modèle et UML est aujourd'hui le langage standard de l'industrie informatique, qui permet de modéliser les résultats du développement logiciel, au sens le plus large du terme.

Principes fondateurs d'UML

UML, pour *Unified Modeling Language*, est un langage de modélisation, comme son nom l'indique, et non une méthode. Cette distinction est importante du point de vue de ses concepteurs qui ont désiré dissocier, contrairement aux usages antérieurs, la méthode de sa notation. Le terme « Méthode UML » est donc à proscrire de votre langage de manager, car UML est une notation qui s'adapte à toutes les méthodes.

Comme nous allons le découvrir maintenant, la dénomination UML est issue d'une histoire et d'un choix qui en dit long.

Unified Modeling Language

UML signifie en français *Langage de Modélisation Unifié*.

Langage

Comme nous l'avons dit en préambule, UML est un langage à caractère universel, qui peut être adapté à tous types de méthodes de développement. De fait, nous étudierons dans cet ouvrage l'influence d'UML sur le cycle de développement informatique ISO, dit cycle en V, et sur l'utilisation de la méthode XP. Par ailleurs, les fondateurs d'UML ont également travaillé à décrire les meilleures pratiques du développement logiciel aux travers des méthodes dites UP (pour *Unified Process*), qui ont été implémentées dans l'outil RUP (*Rational Unified Process*).

Un langage signifie plus qu'une simple notation. En effet, non seulement UML est porteur de schémas, mais chaque représentation est associée à un concept, lui même vecteur d'un sens particulier. En ce sens, UML est un langage orienté objet, dans la mesure où les concepts orientés objet sont embarqués dans la notation.

Comme tout langage enfin, UML sert à communiquer entre les différents acteurs d'un projet, ce que nous avons déjà illustré en introduction de ce chapitre.

Modélisation

UML a pour vocation de modéliser les systèmes informatiques. Un modèle est la représentation abstraite d'une réalité et il a pour fonction de répondre à toutes les questions que l'on peut se poser sur cette réalité d'un point de vue particulier. Dans l'industrie automobile, le modèle d'un véhicule peut par exemple prendre la forme de plans, de schémas, de coordonnées géométriques, de codes de calcul ou de maquettes, en fonction des besoins. On réalise une maquette de soufflerie pour répondre à des questions d'aérodynamisme et on dessine des épures pour répondre à des questions de *design*.

De la même façon avec UML, on réalise des diagrammes pour répondre à des questions de spécification, d'analyse, de conception, de tests, de gestion de configuration et de déploiement. Il est donc important de comprendre qu'avec UML, nous réalisons différents modèles, qui nous sont généralement dictés par la méthodologie suivie.

Les notations utilisées et le niveau de détail attendu ne sont donc pas les mêmes suivant le modèle, qui est fonction des questions particulières que l'on se pose sur le système.

Utilisation des accentuations dans les diagrammes UML

À ce propos, les diagrammes d'analyse proches des utilisateurs portent les accentuations françaises pour en faciliter la lecture et la compréhension. Inversement, les diagrammes de conception évitent les accents, car ils se veulent proches du code qu'ils représentent.

Unifié

Au début des années 1990, on comptait une cinquantaine de méthodes orientées objet différentes. Les auteurs d'UML ont constaté que ces méthodes sont convergentes du point de vue du processus de développement, mais essentiellement divergentes sur la notation utilisée. L'idée d'UML a été de fusionner l'ensemble de ces notations pour n'en prendre que le meilleur et pour proposer un standard à l'industrie informatique.

Depuis la fin des années 1990, UML a été confié à l'OMG (*Object Management Group*), qui est une autorité reconnue dans l'univers des technologies orientées objet. L'OMG a la responsabilité de plusieurs lignes de standards, dont la standardisation des *middlewares* CORBA, l'approche MDA (*Model Driven Architecture*) décrite également dans cet ouvrage, et UML.

Un composant de la technologie orientée objet

UML s'inscrit pleinement dans l'évolution des techniques de développement orienté objet et contient tous les concepts de classes, d'objets et de composants propres à cette technologie.

Pour rappel, les méthodes orientées objet consistent à définir des systèmes logiciels qui reproduisent dans leur programmation les concepts gérés par les utilisateurs dans leur métier. Cela signifie que dans la perspective d'une application métier réalisée au bénéfice d'une société de taxis, les concepts de chauffeur, de taxi, de client et de course seront reproduits dans la programmation. Cette orientation est le fruit d'un long mûrissement de l'industrie du logiciel, qui a démontré des gains de productivité, de qualité et d'évolutivité avec une telle approche.

La recherche s'est en premier lieu concentrée sur les langages et force est de constater que 90 % des langages utilisés à ce jour sont orientés objet : Java, C#, C++, ainsi que les dernières versions de Visual Basic, de PHP et de Fortran. UML est donc la schématisation naturelle de tout ce qui peut s'écrire dans ces langages et comme la technologie orientée objet est à la fois très structurelle et implicitement visuelle, les schémas sont les bienvenus pour décrire ce qui est codé et ce qui est à coder.

Le concept central de la technologie orientée objet est la notion de classe, qui représente à la fois une abstraction des concepts gérés par les utilisateurs, une encapsulation de données et de services, ainsi qu'une capacité de spécialisation par héritage. En termes de vocabulaire, on parle des attributs et des opérations d'une classe.

Étude de cas : la classe Chauffeur de Taxis

Les chauffeurs de taxis sont des concepts gérés par l'utilisateur chargé d'administrer les opérations réalisées par la société de taxis. À l'embauche d'un chauffeur, cet utilisateur crée un nouvel objet Chauffeur dans l'application, puis le modifie au gré des événements de son métier.

La classe Chauffeur est l'abstraction de ce concept ; elle contient les attributs propres aux chauffeurs, tels que leur nom et leur numéro de permis de conduire. Elle est porteuse d'opérations concernant le chauffeur représenté, tel que Donner le Récapitulatif des Courses Réalisées dans la Journée ou Calculer la Prime Journalière sur les performances du chauffeur.

La classe Chauffeur peut se spécialiser par héritage ; par exemple, dans le cas où l'application doit gérer les chauffeurs salariés de l'entreprise et des chauffeurs indépendants embauchés sur contrat, deux sous-classes de Chauffeur peuvent être ajoutées à l'application pour représenter les deux cas. Les deux sous-classes héritent des attributs et des opérations de la classe Chauffeur, ce qui revient à dire qu'un objet ou instance de la classe Chauffeur Salarié est porteur des mêmes données et des mêmes services.

Par ailleurs, rien n'empêche d'ajouter des attributs ou des opérations supplémentaires dans l'une des sous-classes, ou de réécrire pour la nouvelle classe un service prédéfini dans la classe Chauffeur. Par exemple, la classe Chauffeur Indépendant doit être porteur d'un numéro de contrat en plus de la classe Chauffeur et le service Calculer la Prime Journalière relève d'un autre calcul pour les indépendants.

Voyez la représentation UML équivalente à cette description dans le diagramme de la figure 1–2.

Au travers des structures ainsi décrites par les classes et les relations qu'elles nouent entre elles, l'utilisation des concepts orientés objet tisse donc une toile d'informations qui forme le tissu structurel d'une application. Cette structure, comme la définition des schémas de données d'une application, décrit en plus les services que réalise chacune des classes dans l'application. UML apporte des diagrammes dits structurels ou statiques pour décrire visuellement les classes d'une application.

Cependant, cette définition est insuffisante pour spécifier ou concevoir une application, car si la structure décrit le support informationnel sur lequel repose une application, elle ne décrit pas la façon dont les services sont réalisés. En fait, la réalisation des services s'appuie sur un savant mélange de calcul et d'utilisation d'autres services. En d'autres termes, les classes coopèrent entre elles pour réaliser leurs services, et UML apporte des diagrammes dits comportementaux ou dynamiques pour décrire la façon dont les objets coopèrent dans le but de réaliser leurs services.

Étude de cas : la réalisation du service Calculer Prime Journalière

La réalisation de ce calcul nécessite de récapituler les courses réalisées par le chauffeur dans la journée, puis pour chaque course (implicitement pour chaque objet de la classe Course), d'en comptabiliser le prix et le kilométrage parcouru. Le calcul de la prime s'établit sur le taux de commissionnement du prix des courses plus une prime additionnelle si le kilométrage dépasse un forfait journalier établi par une convention de l'entreprise.

Voyez la représentation UML équivalente à cette description dans le diagramme de la figure 1–3.

Un outil de modélisation visuelle

UML, porteur des concepts orientés objet, apporte une schématisation visuelle et structurelle de ces derniers. Reprenons l'exemple des classes Chauffeur, Chauffeur Salarié et Chauffeur Indépendant : les données et les services qui sont décrits textuellement au paragraphe précédent le sont tout aussi bien dans le diagramme de la figure 1–2.

Suivant le dicton « un bon schéma vaut mieux qu'un long discours », UML apporte donc une syntaxe à la fois précise et explicite pour communiquer des concepts métier, la structure des concepts orientés objet et aussi le comportement des objets.

Ces différents diagrammes permettent d'exprimer et de structurer d'une façon très logique, l'ensemble des règles qui régissent une application, tant du point de vue de sa spécification que de celui de sa conception.

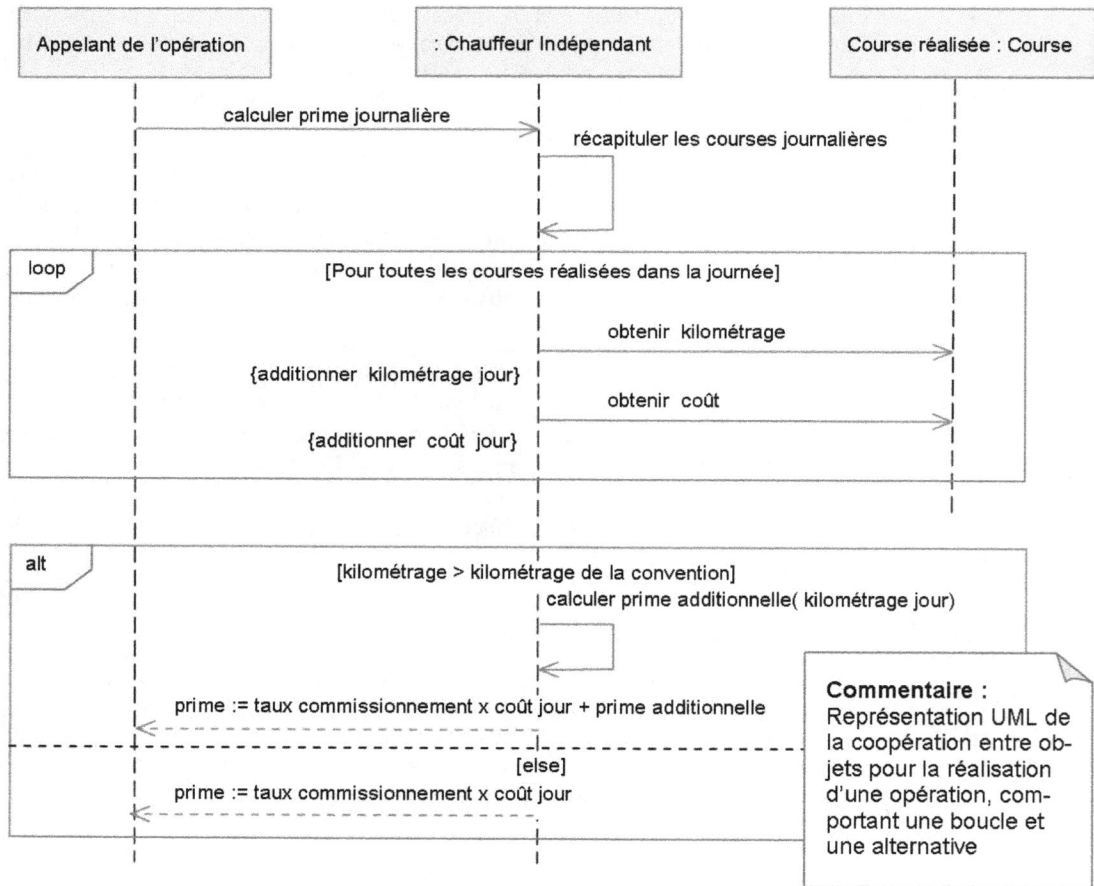

Figure 1–2 *Exemple de diagramme UML décrivant visuellement le comportement des classes d'une application*

Figure 1–3
Exemple de diagramme UML décrivant visuellement la structure des classes d'une application

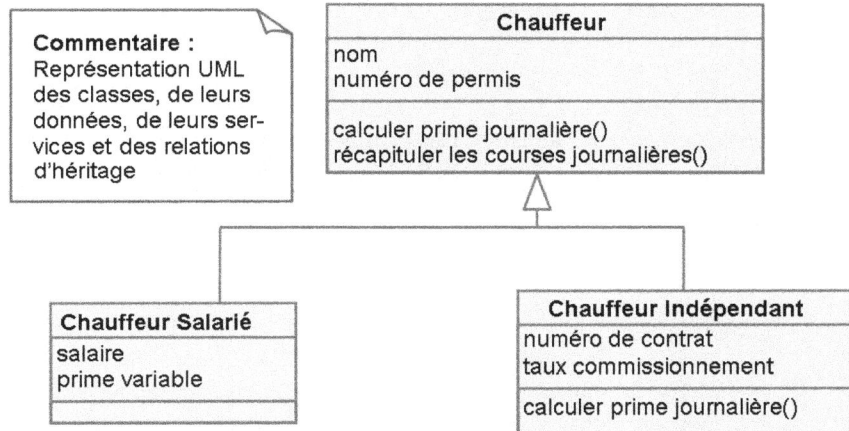

Un langage extensible

Dès son origine, UML a prévu d'insérer des mécanismes d'extension à sa notation. Dans le contexte de standardisation du langage, il a paru en effet impossible aux auteurs d'imposer une notation et des concepts si ceux-ci n'étaient pas adaptables à différents contextes. En conséquence, la majeure partie des éléments d'UML est extensible par l'introduction des stéréotypes.

Les stéréotypes étendent les concepts de base d'UML en introduisant des concepts qui sont généralement propres à des modèles ou à des technologies cibles. Dans un modèle particulier de supervision, on désire par exemple représenter un équipement à superviser par une classe. Le concept est en effet proche de la classe, puisqu'un équipement possède ses propres attributs, comme la température d'une cuve, la vitesse d'un véhicule ou les états d'un autocommutateur. Dans ce cadre, UML nous permet d'introduire le stéréotype « Équipement » et d'enrichir ainsi la sémantique de la notation utilisée pour notre projet.

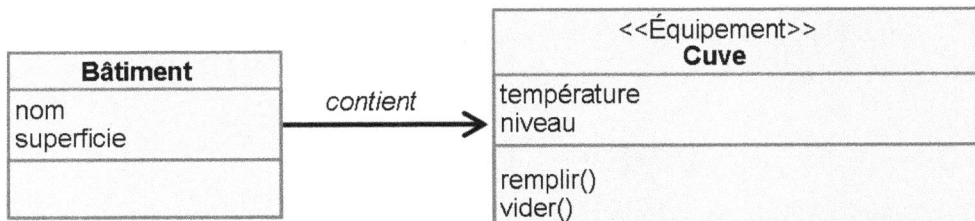

Figure 1–4 Exemple de stéréotype – UML permet d'enrichir la sémantique des concepts utilisés dans un projet particulier.

Le stéréotype est cependant tellement facile à utiliser qu'il a fallu réglementer un peu son usage, afin d'éviter l'explosion des définitions au risque de voir le langage complètement dévoyé de son intention de départ.

UML a donc défini d'une part un nombre important de stéréotypes standards qui définissent des extensions de notation. Les profils correspondent d'autre part à un ensemble cohérent d'extensions qui couvrent des modèles particuliers, tels que la modélisation métier et les tests, ou qui sont prévus pour adhérer à une technologie particulière. Des profils pour J2EE/EJB, COM et .NET sont par exemple proposés en annexe des documents normatifs.

Origines du langage

Il peut être utile de savoir qu'à la genèse d'UML, une bataille de méthodologies s'est tenue pour définir le standard qui accompagnerait l'émergence des technologies orientées objet. Sous l'égide de la société Rational, trois des auteurs de telles méthodes se sont rassemblés pour unifier leurs approches et fournir un standard du domaine. Cet acte a coïncidé avec la recherche d'un standard interopérable pour les outils de génie logiciel, menée à l'époque par l'OMG.

Grady Booch, auteur d'une méthode portant son nom, Jim Rumbaugh, auteur de la méthode OMT et Ivar Jacobson, auteur de la méthode Objectory, se sont donc alliés pour développer UML. Leur premier constat a été de devoir séparer la notation de la méthode, car s'il était facile de converger sur un langage représentatif d'une schématique orientée objet, il était plus difficile de s'harmoniser sur un processus de développement.

Après la sortie d'une première version fugace, la 1.0, l'OMG a pris le langage sous sa bannière à partir de la version 1.1 en 1997. À partir de cette version relativement stable, la version 1.3 est apparue en 1999 avec trois ouvrages fondateurs : le manuel de référence [Rumbaugh 99], le guide de l'utilisateur [Booch 99] et un précis sur le processus de développement [Jacobson 99]. La version 1.4 est ensuite intervenue pour notamment introduire les profils d'extension. La version 1.5 a précédé la version 2 en apportant la sémantique d'un langage de contraintes, afin de rendre le langage exécutable et de le coordonner avec les travaux sur l'approche MDA (*Model Driven Architecture* – voir chapitre 6).

UML 2 apporte un lot d'améliorations pour rendre le langage encore plus adaptable et plus utilisable, il ajoute trois nouveaux diagrammes, officialise la pratique de deux autres et il enrichit la notation des diagrammes comportementaux pour les rendre plus opérationnels (notamment les diagrammes de séquence et d'activité).

Notations et concepts d'UML 2

En tant que langage, UML est conçu autour de la définition de concepts et de notations. Les concepts d'UML sont initialement les concepts orientés objet, augmentés de toutes les notions pour décrire complètement une application informatique au travers de modèles d'analyse, de conception et de déploiement. Les notations sont les supports graphiques de ces concepts et elles sont organisées en diagrammes.

Les modèles de développement

UML définit deux activités distinctes de développement, donnant lieu à deux modèles distincts. Il s'agit de l'analyse et de la conception. Cette distinction, qui se situe dans la finalité de l'activité, est souvent importante pour bien diriger les travaux d'une équipe et pour en contrôler la production.

Définition : analyse

Phase de développement d'un système dont l'objectif principal est de formuler un modèle du domaine du problème qui est indépendant de toutes considérations d'implémentation. L'analyse se concentre sur ce qui doit être fait, par opposition à comment cela doit être fait.

Définition : conception

Phase de développement d'un système dont l'objectif principal est de décider comment le système va être réalisé. Durant cette phase, des décisions tactiques et stratégiques sont prises pour contenter les exigences fonctionnelles et qualitatives du système.

Dans les faits cependant, et comme nous l'approfondirons aux chapitres 2 et 3, on peut considérer quatre phases d'activité et de modélisation distinctes : la capture des besoins, l'analyse détaillée, la conception logicielle et le déploiement. Les deux premières concernent l'analyse et les deux dernières la conception, avec les distinctions proposées ci-après. En conséquence, l'organisation d'un modèle réalisé en UML peut être découpé en quatre modèles interdépendants.

Définition : capture des besoins

Partie de l'analyse qui concerne la découverte des besoins, par l'élaboration d'une spécification complète et détaillée qui contente les parties intervenantes, principalement les utilisateurs, la maîtrise d'ouvrage et dans une moindre mesure la maîtrise d'œuvre.

Définition : analyse détaillée

Partie de l'analyse qui rassemble tous les concepts implicitement contenus dans les spécifications afin d'en produire un modèle complet de contraintes et de règles de gestion.

Définition : conception logicielle

Partie de la conception qui ne concerne que la réalisation logicielle de l'application ou du système – ce qui doit être codé en langage informatique – par opposition aux aspects matériels et réseaux.

Définition : déploiement

Partie de la conception qui ne concerne que la description des matériels et des réseaux ainsi que la façon dont les éléments logiciels vont y être déployés.

Dans la suite de l'ouvrage, on parlera d'analyse pour analyse détaillée et de conception pour conception logicielle.

Figure 1–5
Proposition de découpage du modèle UML de développement en quatre sous-modèles interdépendants

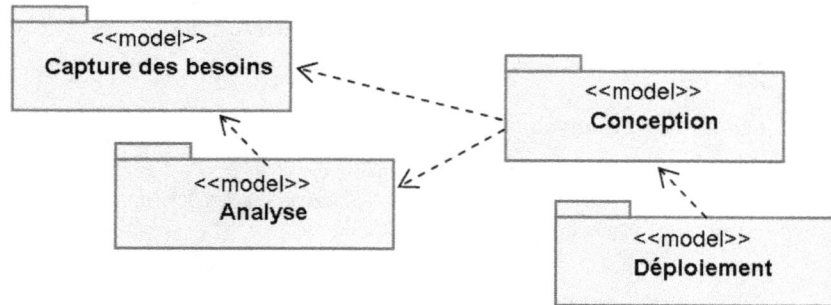

Les diagrammes d'UML

Les diagrammes représentent l'organisation des notations du langage par rapport au méta-modèle qui en structure les concepts. Les deux domaines de définition que sont les diagrammes et le méta-modèle sont matriciels et sont décrits dans les documents normatifs d'UML 2. La présentation de ces documents est franchement absconse et nous recommandons différentes lectures plus abordables. Les ouvrages [Fowler 2003] pour la notation ou [Roques 2004] pour une approche appliquée de la notation, sont des références de la norme 2 pour votre équipe.

Les 13 diagrammes d'UML 2 sont répartis en deux grandes familles : les diagrammes de structure et les diagrammes comportementaux. Nous vous donnons ci-après une présentation de ces diagrammes, ainsi qu'une brève description de leur utilisation.

Les diagrammes structurels

Les diagrammes structurels servent à décrire les structures statiques d'une application ou d'un système. Dans ce type de diagramme, aucune représentation de temps ou d'enchaînement n'est possible.

UML 2 compte six diagrammes structurels qui couvrent tous les aspects du développement logiciel : phase de capture des besoins, phase d'analyse, phase de conception et phase de déploiement. Chacune de ces phases fait l'objet d'un modèle composé de plusieurs diagrammes utilisés en fonction de leur faculté à décrire les concepts de la phase en cours.

Nous reverrons ces phases et l'utilisation de ces diagrammes plus en détail aux chapitres 2 et 3. Le tableau suivant donne néanmoins un aperçu des possibilités structurelles d'UML 2.

Nous avons volontairement commencé à illustrer ce chapitre par plusieurs diagrammes UML, afin de vous familiariser avec la notation. L'idée est de vous permettre de juger du caractère intuitif de ceux-ci, avant même de rentrer dans des explications plus formelles.

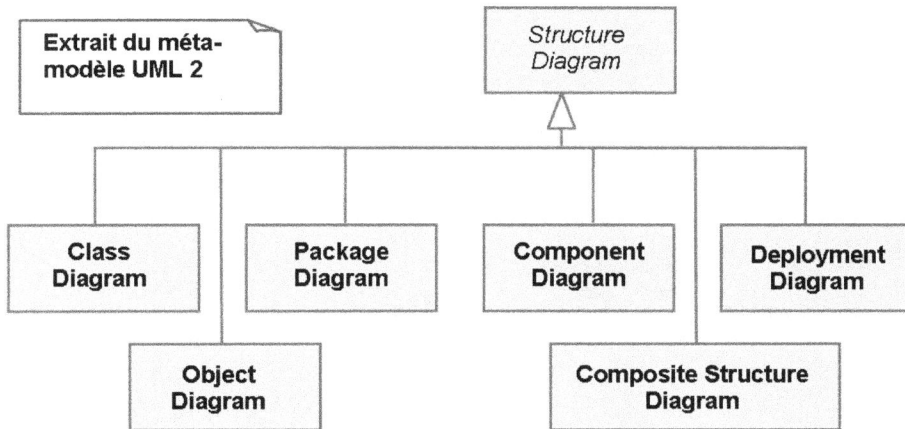

Figure 1–6 La famille des diagrammes structurels d'UML 2

Diagramme	Origine	Intention	Utilisation
Class Diagram (Diagramme de classe)	UML 1	Description de la structure des classes et de leurs relations.	Diagramme incontournable dans pratiquement toutes les phases de modélisation.
Package Diagram (Diagramme de package)	**Officialisé par UML 2**	Description et définition de la structure d'un modèle UML.	Idem.
Component Diagram (Diagramme de composant)	UML 1	Description de la structure des composants et de leurs dépendances.	Dans les modèles de conception et de déploiement.
Deployment Diagram (Diagramme de déploiement)	UML 1	Description du déploiement des composants et des artéfacts sur un réseau de machines.	Dans le modèle de capture des besoins (pour exprimer des contraintes de déploiement) ou dans le modèle de déploiement.
Instance Diagram (Diagramme d'instance)	**Officialisé par UML 2**	Description d'une structure d'objets illustrant le cas particulier d'un diagramme de classe.	En illustration et validation d'un diagramme de classe.
Composite Structure Diagram (Diagramme de structure composite)	**UML 2**	Décomposition d'une classe en une structure complexe d'objets.	Dans le cadre de la définition d'une classe complexe. Une des deux versions de ce diagramme est orientée vers l'ingénierie système.

Parmi les diagrammes structuraux utilisés jusqu'à présent, vous avez pu découvrir des diagrammes de classe en figures 1-2, 1-4 et 1-6 et un diagramme de package en figure 1-5.

Les diagrammes comportementaux

Les diagrammes comportementaux servent à décrire les comportements dynamiques d'une application ou d'un système. Dans ce type de diagramme, il est très difficile de représenter les liens structuraux existants entre concepts car ils sont orientés vers la description des interactions en fonction de plusieurs types possibles de représentation : flux d'information, synchronisation temps réel, séquencement d'opérations, d'activités ou d'états.

Figure 1–7
La famille des diagrammes comportementaux d'UML 2

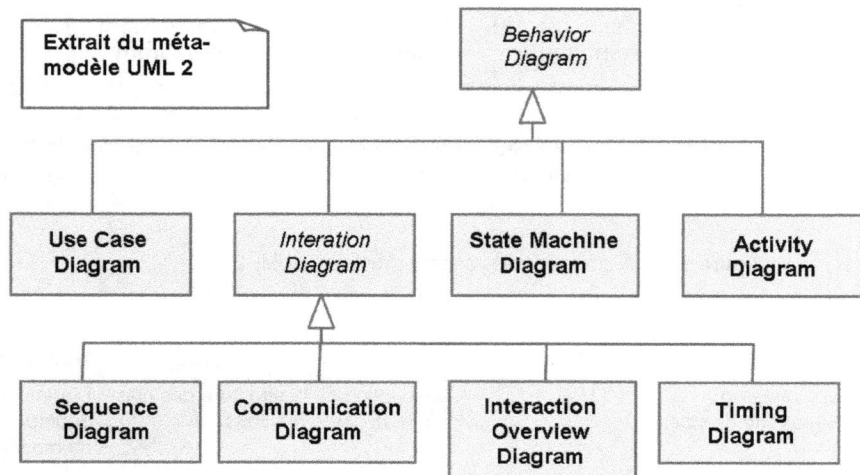

UML 2 compte sept diagrammes comportementaux qui couvrent également tous les aspects de définition d'un système logiciel. Notez cependant qu'ils ne servent pas à décrire le modèle de déploiement, qui ne nécessite pas d'étude dynamique particulière.

Nous reverrons ces phases et l'utilisation de ces diagrammes plus en détail aux chapitres 2 et 3. Le tableau suivant donne néanmoins un aperçu des possibilités comportementales d'UML 2.

Diagramme	Origine	Intention	Utilisation
Use Case Diagram (Diagramme de cas d'utilisation)	UML 1	Description du contexte d'un système sous la forme de ses interactions avec les utilisateurs.	Diagramme incontournable de la phase de capture des besoins.
State Machine Diagram (Diagramme d'état)	UML 1	Description du fonctionnement d'une classe, par le détail de ses états et transitions.	En phase d'analyse et de conception ou en support de description d'un cas d'utilisation.
Activity Diagram (Diagramme d'activité)	UML 1	Description du fonctionnement d'un processus ou de la réalisation d'une opération, par le détail d'une suite d'activités.	Idem.

Diagramme	Origine	Intention	Utilisation
Sequence Diagram (Diagramme de séquence)	UML 1	Description du fonctionnement d'un processus ou de la réalisation d'une opération, par le détail d'une suite d'échanges de messages.	Idem.
Communication Diagram (Diagramme de communication)	UML 1	Ce diagramme, équivalent au diagramme de séquence, peut mettre en évidence certains liens structuraux entre objets.	Idem. Note : connu sous le nom de diagramme de collaboration dans UML 1.
Interaction Overview Diagram (Diagramme global d'interaction)	**UML 2**	Ce diagramme propose un panaché entre diagramme de séquence et diagramme d'activité pour la description complexe d'interactions.	En phase d'analyse et de conception.
Timing Diagram (Diagramme de temps)	**UML 2**	Ce diagramme décrit la synchronisation entre objets, en mettant en évidence les contraintes de temps.	En phase d'analyse et de conception. Ce diagramme est orienté vers l'ingénierie système.

Parmi les diagrammes comportementaux utilisés jusqu'à présent, vous avez vu un diagramme de séquence en figure 1-3.

Les notations communes

Avant de rentrer dans le détail de notation de chacun des diagrammes, UML 2 définit quelques notations communes et utiles à chaque diagramme : l'en-tête de diagramme, le commentaire, la contrainte et le stéréotype.

Figure 1–8
Représentation des notations communes d'UML 2

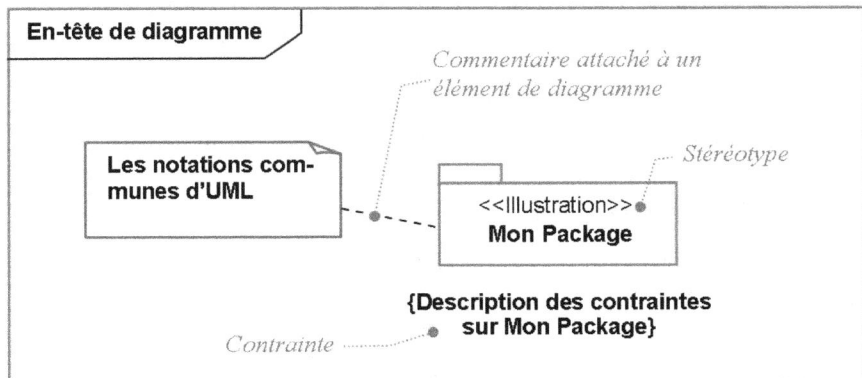

Les stéréotypes font partie des mécanismes d'extension déjà présentés. Ceux-ci peuvent être attachés à un grand nombre d'éléments de modélisation : les classes, les packages, les composants, les artéfacts et les dépendances en sont les plus grands consommateurs.

La contrainte exprime, comme son nom l'indique, une règle de gestion sur le modèle. UML 2 définit un langage formel de description des contraintes : OCL (*Object Constraint Lan-*

guage). Ce langage, bien que formel, est cependant difficile à lire et il n'a d'intérêt que pour des outils sachant tirer parti de son formalisme. Fort heureusement, UML accepte pour contrainte toute expression écrite entre accolades. D'une manière générale, la contrainte est positionnée en dessous de l'élément concerné ou près de lui. La figure 1-8 apporte un autre exemple de contrainte utilisée dans un diagramme de séquence.

Conseil : référencer vos contraintes dans un document séparé

Les contraintes représentent une richesse importante du modèle. Nous y reviendrons au chapitre 3, mais nous pensons réellement qu'un modèle d'analyse sans contrainte n'est qu'à moitié achevé.

Les contraintes ont cependant une fâcheuse tendance à être verbeuse et à occuper une place prépondérante dans le diagramme au détriment de sa facilité d'agencement. En conséquence, nous vous recommandons d'inscrire des références de contrainte, pour celles qui ne sont pas nécessaires à la compréhension du diagramme, et de les développer dans un document séparé.

Diagramme de package

Le package est par définition le regroupement de tout élément d'un modèle. Les usages du package sont donc multiples et fondamentaux. Il servent à :

- organiser un modèle comme dans l'exemple de la figure 1-5 ;
- isoler la partie réutilisable d'un modèle ;
- décomposer une analyse en catégories ;
- décomposer un système en sous-systèmes ;
- décomposer une application en couches logicielles ;
- organiser les bibliothèques, les *frameworks* et les composants logiciels d'une application ;
- représenter les concepts d'organisation des langages cibles – un package UML représentant par exemple un package Java.
- En termes de notation, les packages s'imbriquent les uns dans les autres pour définir des relations hiérarchiques ou définissent des relations de dépendances entre eux.

Définition : package

Mécanisme générique pour regrouper les éléments du modèle. Les packages peuvent s'imbriquer les uns dans les autres.

- Les relations de dépendances entre packages ont une importance particulière pour qui veut mesurer les impacts d'un changement au travers de l'étude du modèle. En effet, la dépendance signifie que toute modification de l'élément utilisé est susceptible de modifier la définition de l'élément utilisateur. Dans la figure ci-après, le packages Commandes dépend du package Ressources car le sens de la flèche de dépendance signifie « dépend de … ». Ainsi, toute modification sur le package utilisé, Ressources, a des impacts possibles sur le package utilisateur.

Figure 1–9
Exemple d'un
diagramme de package

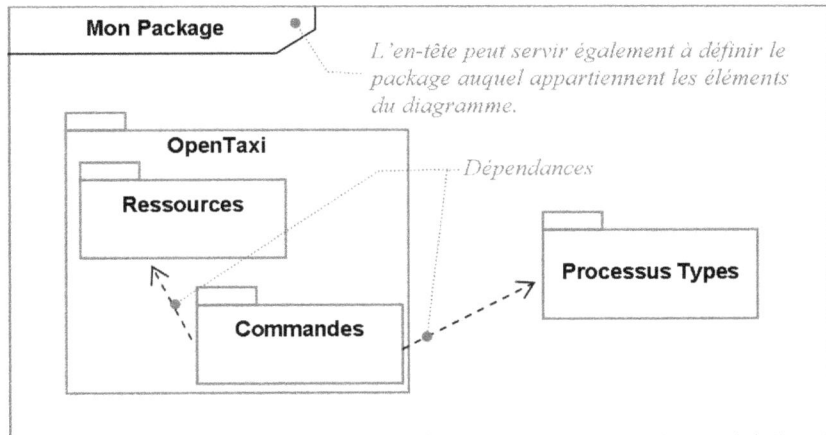

L'en-tête peut servir également à définir le package auquel appartiennent les éléments du diagramme.

D'une manière générale, il est fortement conseillé d'organiser les dépendances entre packages de manière hiérarchique, par opposition à la création de dépendances cycliques. Cette règle vous permet de mieux maîtriser les impacts et d'assurer la production de modèles, et incidemment d'applications plus évolutives.

Pour ce faire, une règle d'agencement de la majorité des concepts métier consiste à regrouper les éléments concernant successivement l'Organisation, les Ressources et les Processus, à définir une hiérarchie de dépendances strictes entre ces domaines et à stabiliser l'analyse des composantes de base avant de passer aux packages utilisateurs.

Figure 1–10
L'approche Processus-
Ressources-
Organisation permet
d'agencer
hiérarchiquement le
modèle d'analyse d'une
application d'entreprise.

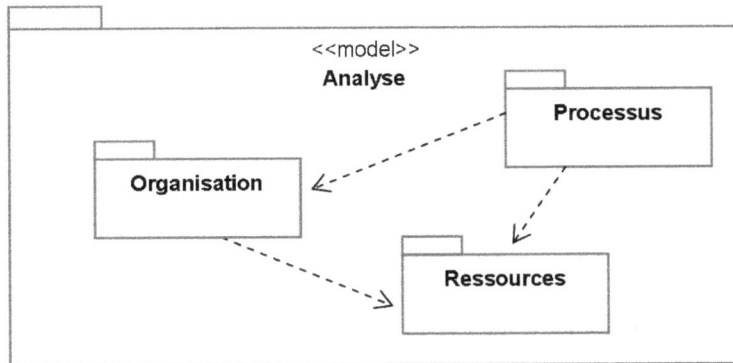

- Notez enfin que l'imbrication de packages permet de localiser les éléments du modèle par l'intermédiaire d'un chemin particulier. Par le biais des imbrications successives de la figure 1-11, le package Commandes peut également être nommé Mon Package::OpenTaxi:: Commandes en référence à son espace de nommage.

Figure 1–11
Usage des espaces de
nommage UML

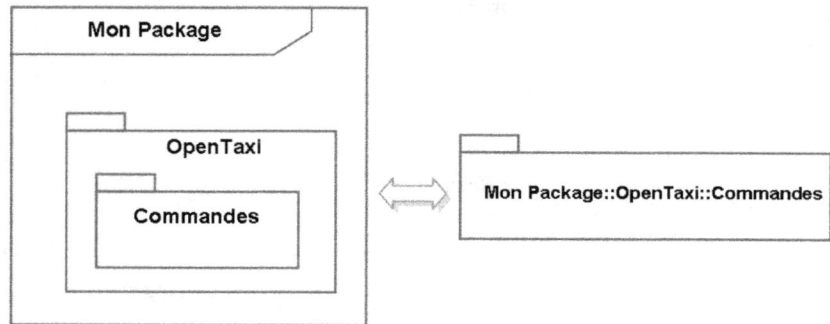

Le diagramme de package sert enfin à montrer le regroupement des classes, que ce soit en phase d'analyse ou de conception.

Figure 1–12
Organisation des
classes d'un modèle
en packages

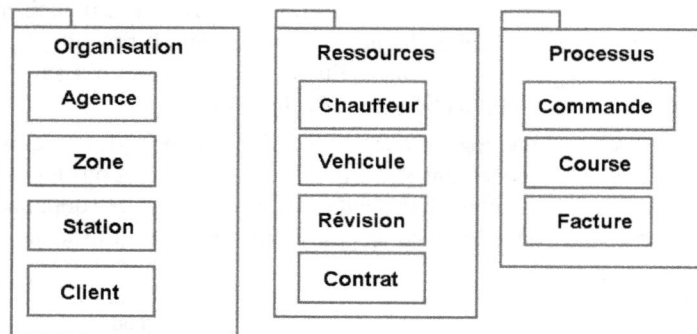

Diagramme de classe

Le diagramme de classe est sans conteste le diagramme le plus utilisé et aussi celui qui est équipé de la notation syntaxique la plus riche. Il représente la structure d'une application orientée objet en montrant les classes et les relations qui s'établissent entre elles.

> **Définition : classe**
>
> Classification qui représente un ensemble d'objets partageant les mêmes spécifications de propriétés, de contraintes et de sémantique.

Représentation d'une classe

Les classes sont schématisées par une boîte rectangulaire à trois sections, la première comprenant le nom de la classe, optionnellement son stéréotype et ses propriétés, la seconde contenant les attributs et la troisième les opérations. Une classe peut également apparaître sous la forme d'une référence représentée par une simple boîte rectangulaire.

Figure 1–13
Représentation d'une classe

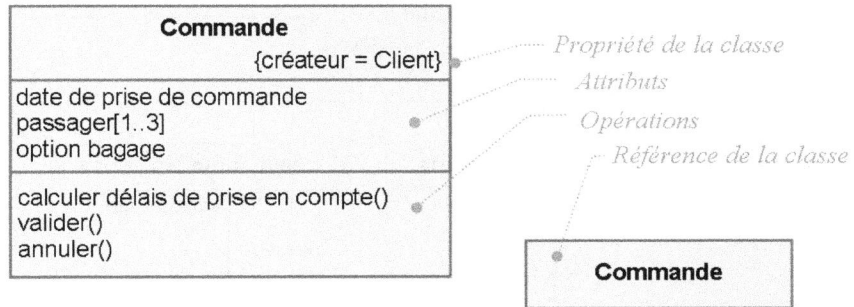

Les propriétés de la classe sont optionnelles et concernent des informations complémentaires au modèle qui sont transversales à ce dernier. Ces informations portent sur toute la classe et pas sur une instance particulière de la classe ; elles indiquent généralement la façon dont la classe sera mise en œuvre dans l'application. On peut apporter des informations d'habilitation, de dimensionnement ou de technologie au travers des propriétés. L'exemple de la figure 1-13 signifie par exemple que seuls les clients sont habilités à créer les instances de la classe.

Les attributs et les opérations de la classe peuvent figurer avec différents niveaux de détail suivant le modèle que l'on désire exprimer. En général, le diagramme de la figure 1-12 suffit à un modèle d'analyse, tandis qu'il faudra approfondir le détail des attributs et des opérations en conception. Nous étudierons cette syntaxe dans la partie consacrée à la conception.

Représentation des relations entre classes

Il y a quatre types de relations structurelles entre classes : l'héritage ou généralisation, la réalisation (traitée dans la section consacrée à la conception – figure 1-19), l'association et la dépendance. Tandis que les relations de généralisation et de dépendance sont syntaxiquement simples, l'association fait l'objet de nombreuses variantes. Si la formalisation d'une association est aussi riche, c'est qu'elle représente un concept aussi important que la classe, dans la mesure où elle est l'objet d'un grand nombre de contraintes et de règles de gestion.

Définition : association

Relation qui peut s'établir entre instances de classes.

Comme vous pouvez le constater sur le diagramme de la figure 1-14, l'association est composée des informations suivantes :
- Le nom de l'association apporte une précision sémantique et facilite la lecture du diagramme : « une course est réalisée par un chauffeur ».

Figure 1–14
Représentation des
relations entre classes

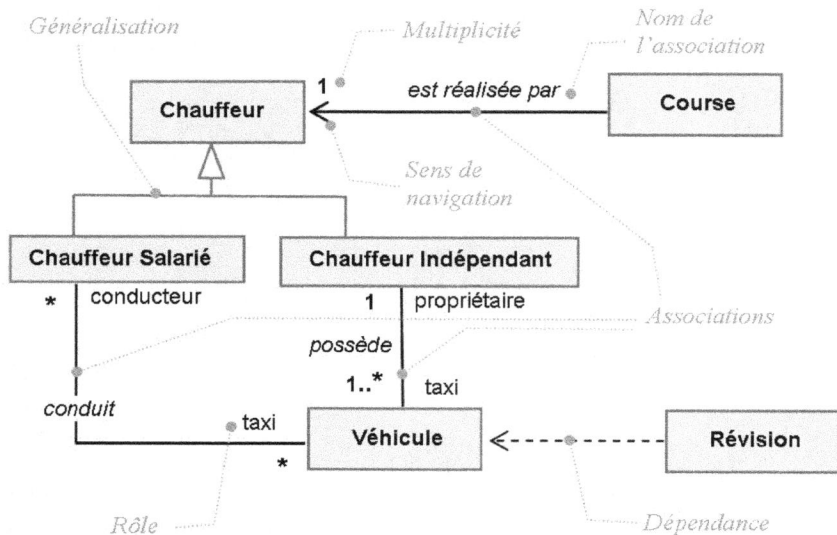

- Le rôle apporte également une précision sémantique à la lecture du diagramme et permet d'identifier la fonction des classes participantes à l'association. On lit ainsi : « un chauffeur indépendant est propriétaire d'au moins un taxi », ce qui est plus précis que : « un chauffeur indépendant possède au moins un véhicule ».
- La multiplicité est implicitement une règle de gestion qui permet de préciser le nombre d'instances impliquées dans la relation (attention, contrairement aux notations d'autres méthodologies, le positionnement des multiplicités est inversé, ce qui peut être un peu déroutant aux premières lectures). Le tableau ci-dessous vous donne les notations possibles des multiplicités.

Multiplicité	Signification
1	Exactement un
5	Exactement cinq
*	Plusieurs incluant la possibilité d'aucun
0..*	Idem.
0..1	Au plus un, ce qui signifie également optionnellement
1..*	Au moins un
1..5	Entre un et cinq

- Le sens de navigation permet de spécifier qu'une relation n'a d'intérêt pour le modèle que dans un seul sens de lecture. On lit ainsi sur le diagramme qu'il est important de connaître les chauffeurs qui ont réalisé les courses du point de vue de ces dernières, mais que l'application ne demande pas inversement aux chauffeurs de mémoriser les courses qu'ils ont réalisées.

Le diagramme de classe en analyse

Le diagramme de classe en analyse permet de définir toute la structure conceptuelle d'une application et d'en faire ressortir toutes les contraintes ou règles de gestion. Le travail d'analyse réalisé sur un diagramme de classe est important car il apporte énormément de sens dans la définition des concepts utilisés par l'application et notamment en formalisant précisément les relations entre classes. L'analyste se concentre en conséquence sur les impacts sémantiques de ce qu'il est en train de décrire et doit maîtriser les notations d'UML présentées dans cette partie.

L'agrégation et la composition sont deux précisions supplémentaires de l'association qui introduisent la notion de « est composé de ». Cette notion est purement sémantique dans le cas de l'agrégation et introduit une règle de gestion dans le cas de la composition.

Figure 1–15
Exemple d'agrégation et de composition

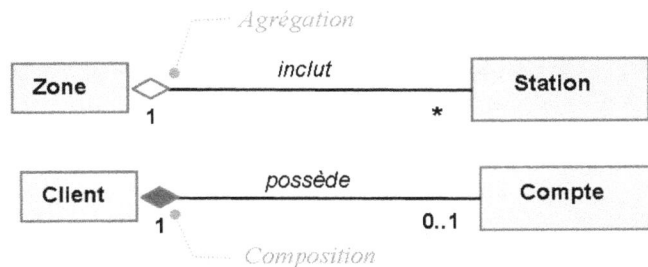

Dans le diagramme de la figure 1-15, on lit ainsi :
- L'agrégation « une zone inclut plusieurs stations ; elle est implicitement composée de plusieurs stations ». Il s'agit d'une simple précision sémantique.
- La composition « un client possède optionnellement un compte ; il est implicitement composé d'un compte et, de plus, la suppression d'un client entraîne implicitement la suppression de son compte ». Il s'agit d'une agrégation comportant en plus une règle de gestion sur la structure du modèle.

La classe d'association permet de représenter une association complexe qui peut être porteuse d'attributs et d'opérations particulières. Ce concept est important à saisir, car il s'agit ici aussi d'une précision sémantique très utilisée dans les modèles d'analyse.

Figure 1–16
Exemple de classe d'association

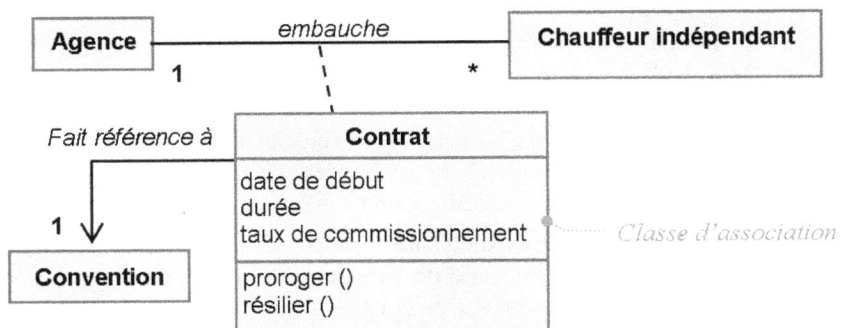

> **Définition : classe d'association**
>
> Élément de modélisation qui présente à la fois les caractéristiques d'une classe et d'une association. Il peut être considéré soit comme une association ayant les propriétés d'une classe, soit comme une classe porteuse des caractéristiques d'une association.

Dans l'exemple de la figure 1-16, on lit ainsi : « une agence embauche plusieurs chauffeurs indépendants et chaque embauche fait l'objet d'un contrat ». Il s'agit d'une précision sémantique et d'une règle de gestion dans la mesure où la relation entre une agence et un chauffeur conditionne l'existence d'un contrat. Vous remarquez par ailleurs que la classe d'association est une classe à part entière porteuse en propre d'attributs, d'opérations et de relations avec d'autres classes.

À défaut d'une classe d'association, une relation est parfois porteuse d'un attribut qui permet de retrouver un objet particulier ou plusieurs dans une collection. Par exemple, parmi les révisions réalisées pour un véhicule, on peut en qualifier une par le kilométrage : ne dit-on pas la révision des 40 000 km ? UML traduit cette règle par une association qualifiée.

Figure 1–17
Exemple d'association qualifiée

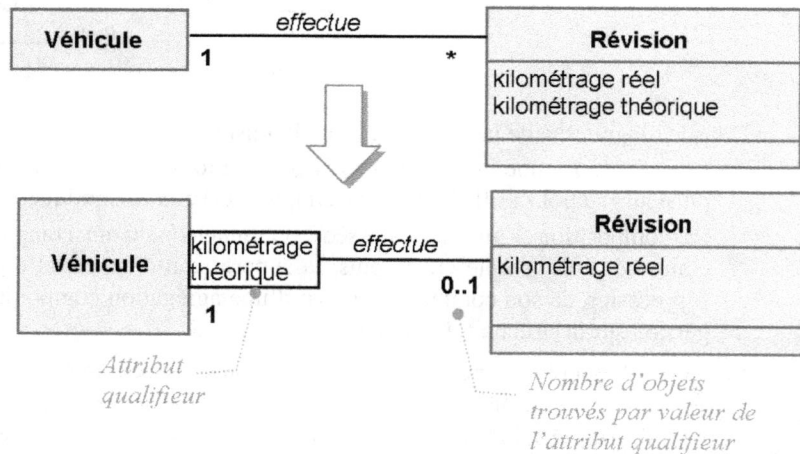

En analyse, il est parfois utile de distinguer une classe d'une simple structure d'informations. Une classe représente un concept porteur d'opérations métier, à savoir des services qui apportent une valeur ajoutée autre que créer, modifier ou supprimer. Dans cet ordre d'idée, les modèles d'analyse s'encombrent souvent de structures de données assimilées à des classes. Le stéréotype datatype permet de ramener de telles structures de données à leur juste valeur et d'alléger les diagrammes au bénéfice d'une meilleure lisibilité.

Inversement, il est conseillé de ne pas masquer les associations sous la forme d'attributs. En effet, lorsqu'un attribut est d'un type correspondant à un des concepts métier du modèle, il convient de faire apparaître l'association équivalente dans le modèle d'analyse.

Figure 1–18 a
Allègement d'un diagramme de classe par l'utilisation du stéréotype « datatype » : situation initiale

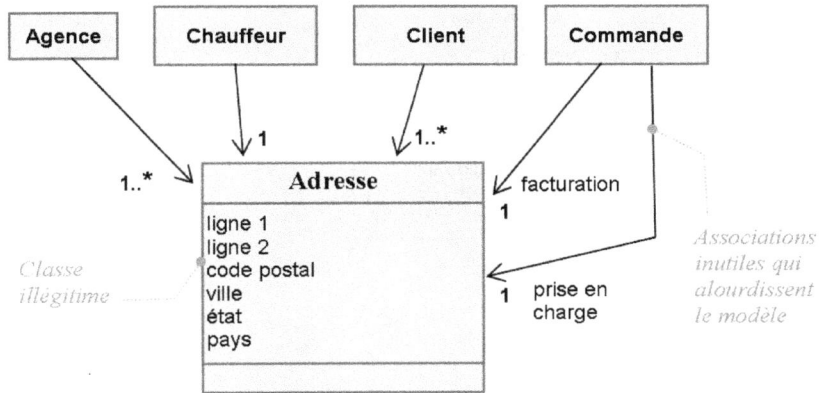

Classe illégitime

Associations inutiles qui alourdissent le modèle

Figure 1–18 b
Allègement d'un diagramme de classe par l'utilisation du stéréotype « datatype » : situation corrigée

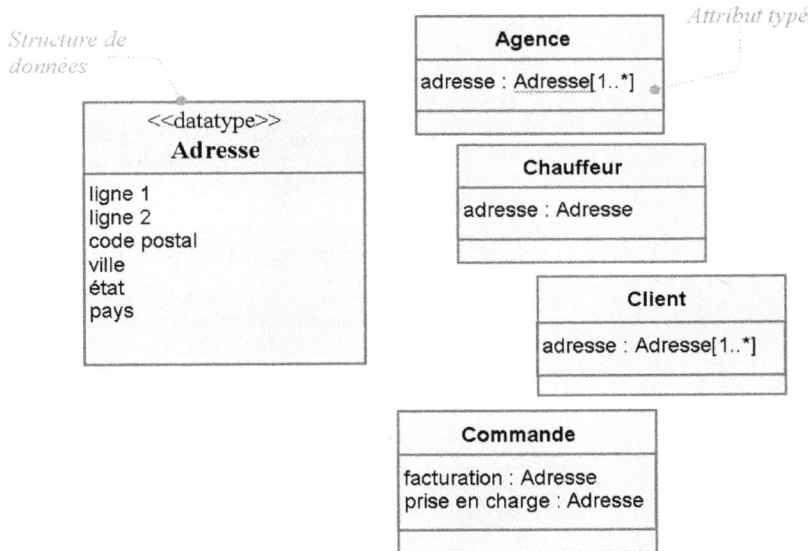

Structure de données

Attribut typé

Le diagramme de classe en conception

La conception doit compléter le modèle d'analyse de façon à préciser les techniques qui doivent être employées pour le codage. Le diagramme de classe représente alors directement la structure du code qui doit être réalisé ; c'est pourquoi ce diagramme prend une place prépondérante dans la phase de conception.

La conception des attributs et des opérations est une première tâche de conception, qui consiste à définir précisément les visibilités, les types, les cardinalités, les paramètres, les propriétés et les contraintes.

Figure 1–19
Masquage d'une
association par un
attribut

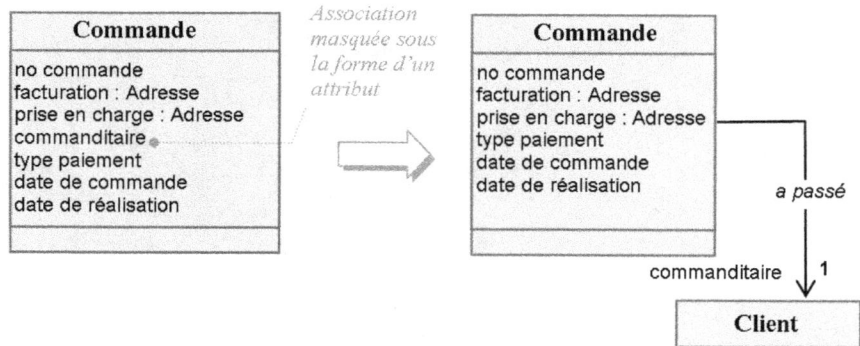

Figure 1–20
Exemple de définitions
d'attributs et
d'opérations en
conception

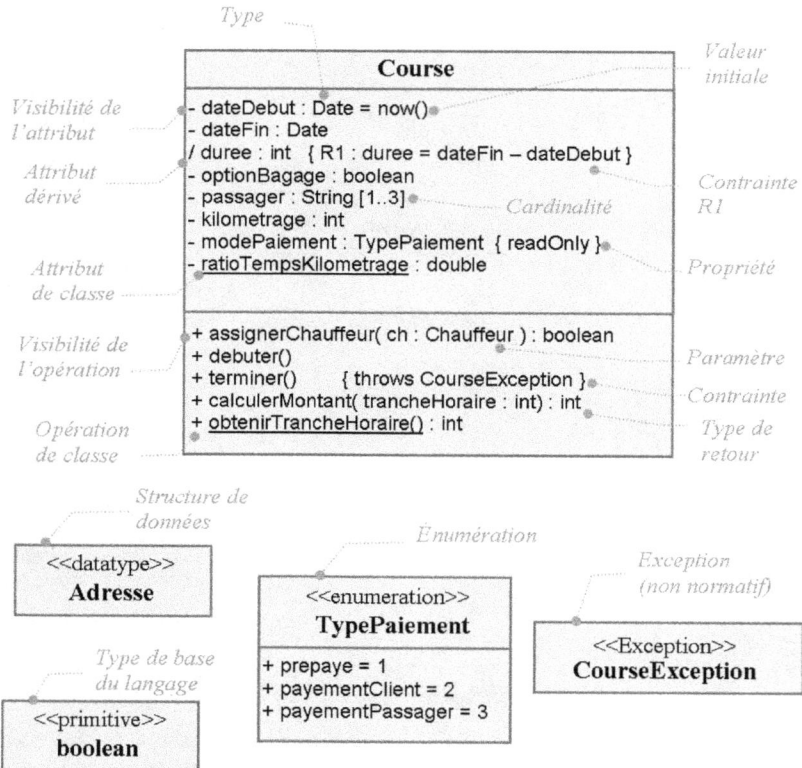

La visibilité des attributs correspond à la propriété public, privé ou protégé des langages orientés objet. Elle est respectivement schématisée par les symboles +, - ou #.

Les types des attributs et des opérations correspondent aux types de base du langage cible – nous utilisons ici les types du langage Java – ou bien à des types définis pour l'application par l'intermédiaire des stéréotypes datatype ou enumeration.

Les attributs dérivés sont ceux qui se déduisent par calcul de l'ensemble des données d'environnement dont dispose la classe. Une contrainte doit leur être associée pour définir la règle de calcul à utiliser (le référencement des contraintes est une proposition de notre part qui n'est pas normative ; ainsi dans le diagramme de la figure 1-20, la contrainte concernant l'attribut dérivé est référencée R1). UML définit des propriétés standards d'attributs qui, comme les contraintes, sont notées entre accolades ; ReadOnly est une propriété fréquemment utilisée.

Les attributs et opérations de classe (ils sont soulignés dans la notation) sont ceux dont les valeurs sont partagées par toutes les instances de la classe. Par exemple, le ratio temps/kilométrage est un paramètre qui rentre dans le calcul du montant d'une course et dont la valeur est identique pour toutes les courses. De la même façon, la tranche horaire s'obtient indépendamment d'une course particulière, bien qu'elle soit une valeur propre à la définition des courses de taxi.

Notez enfin que la norme UML 2 ne prévoit rien pour déclarer les exceptions d'une opération. Nous proposons d'y remédier par l'intermédiaire d'une contrainte et d'un stéréotype approprié.

Les interfaces sont des pseudo-classes, au même titre que les interfaces du langage Java, dont le rôle est de définir une collection d'opérations réalisées par une classe particulière. Les interfaces sont très utilisées en conception et incontournables lorsque l'on désire réutiliser un *framework*. L'interface est un stéréotype de classe qui nous donne l'occasion de présenter une caractéristique de la notation UML, à savoir qu'un stéréotype peut également être représenté par un symbole particulier.

Figure 1–21
Représentation d'une interface

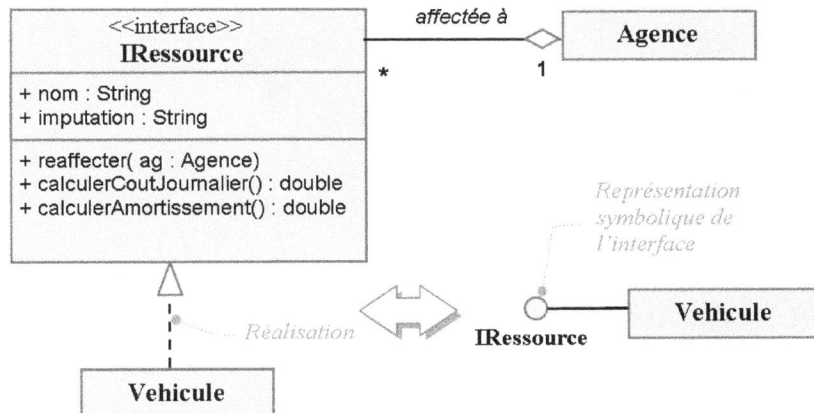

La partie gauche du diagramme de la figure 1-21 montre que l'interface est traitée comme une classe à part entière et qu'elle peut notamment être porteuse d'associations et d'attributs, à charge pour le concepteur de savoir comment transformer ces paramètres en opérations équivalentes. Par exemple, l'attribut nom peut être codé sous la forme de deux opérations : obtenirNom() et changerNom() ou plus traditionnellement getNom() et setNom().

Définition : interface

Ensemble d'opérations qui caractérisent le comportement d'un élément.

Figure 1–22
Représentation des
relations « requiert » et
« fournit »

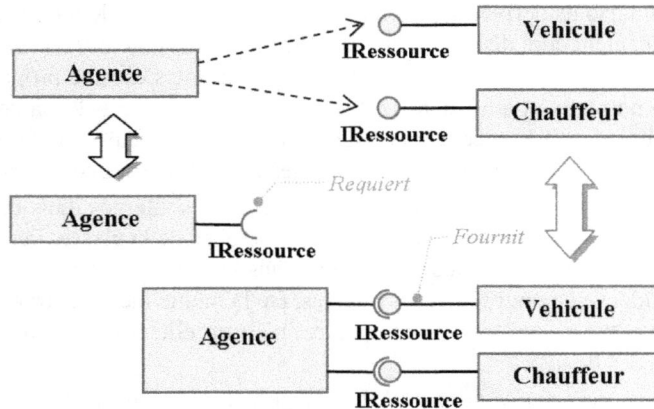

Dans le diagramme de la figure 1-22, l'expression du haut se lit : « l'agence dépend de l'interface IRessource ». L'interprétation de cette dépendance, bien que correcte, est cependant ambiguë. UML 2 introduit une notation plus précise pour décrire ainsi : « l'agence requiert l'interface IRessource pour fonctionner et les classes Véhicule et Chauffeur fournissent cette interface ».

Certains langages tels qu'ADA ou C++ comportent des mécanismes de généricité permettant de coder des classes par rapport à un type abstrait. Ce fonctionnement est représenté par la notation ci-après.

Figure 1–23
Représentation de la
généricité avec une
classe paramétrée

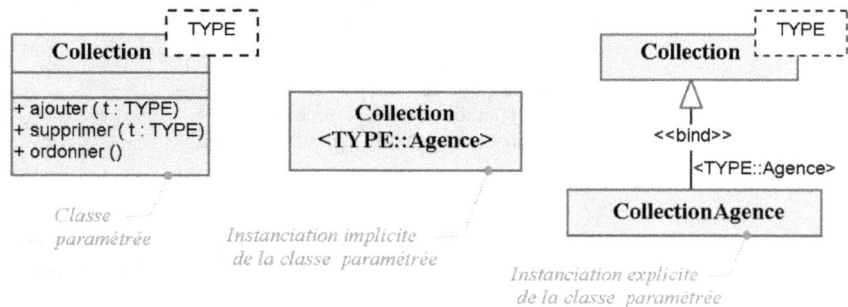

Lorsque la conception concerne des mécanismes temps réel ou multitâches, il peut être utile de mettre en valeur la classe qui possède sa propre boucle de contrôle. UML 2 prévoit à la fois une propriété et une notation particulière pour une telle classe, dite classe active.

Figure 1–24
Représentation d'une
classe active

Utilisation du diagramme de classe

Bien qu'intentionnellement très rapide, nous espérons que ce passage en revue de tous les concepts du diagramme de classe n'est pas trop dur à assimiler. L'idée n'est pas de faire de vous un spécialiste d'UML, mais de vous donner une référence rapide qui vous permette de suivre la qualité du travail exécuté par vos équipes.

Le diagramme de classe est le plus à même de formaliser la structure objet des développements logiciels et, par nature, de centraliser l'information collectée sur le modèle pendant toutes les phases d'analyse et de conception. La modélisation autour du diagramme de classe est donc incontournable tant dans le domaine du développement spécifique que dans les travaux d'ingénierie système.

Pour la maintenance applicative également, les outils de rétro-ingénierie proposent pour la plupart de recomposer des diagrammes de classe à partir du code qu'on leur soumet. L'examen du diagramme de classe d'une application déjà développée contribue indubitablement à accélérer sa compréhension et à réduire le temps de prise en compte d'une maintenance applicative.

Dans le cadre du déploiement de progiciels paramétrables, il est parfois utile de composer un diagramme de classe pour saisir les concepts qui sont embarqués dans le progiciel et pour paramétrer au mieux le « câblage » entre ces concepts, en fonction de la structure, de l'organisation et des ressources de l'entreprise cible. Il nous est arrivé de recourir à cette technique en maîtrise d'ouvrage pour saisir rapidement les propositions faites par le maître d'œuvre et lui spécifier nos attentes en meilleure connaissance de cause. Il s'agissait d'un déploiement de SAP R/3. D'autres progiciels, tels que le produit WindChill de PTC technologies sont par ailleurs directement paramétrables via des modèles de classe UML.

Diagramme d'instance

Le diagramme d'instance est littéralement l'instanciation d'un diagramme de classe (seuls des objets y sont représentés). Les classes y sont représentées par une instance ou plusieurs, et les associations deviennent des liens. Ce diagramme sert donc d'illustration pour développer des cas complexes, mais aussi de test car il permet de vérifier que la modélisation couvre les exemples concrets que les experts métier peuvent soumettre à l'analyste.

Dans un diagramme d'instance, les instances sont nommées ou peuvent être anonymes, les attributs peuvent être valorisés pour apporter plus de pertinence à la compréhension du diagramme. Les liens représentent les associations (les liens sont aux associations ce que les instances sont aux classes) et perdent évidemment toute multiplicité. Les rôles, les instances de classe d'association et les attributs qualifieurs peuvent être montrés dans un diagramme d'instance. L'exemple ci-après illustre le diagramme de la figure 1-17 dans la perspective d'expliquer le rôle de l'association qualifiée.

Le diagramme d'instance s'utilise essentiellement en analyse pour illustrer les cas complexes que l'on a modélisés dans un diagramme de classe ou pour vérifier inversement qu'un cas complexe est bien pris en compte par la modélisation d'un diagramme de classe.

Figure 1–25
Relation d'instanciation
entre diagramme de
classe et diagramme
d'instance

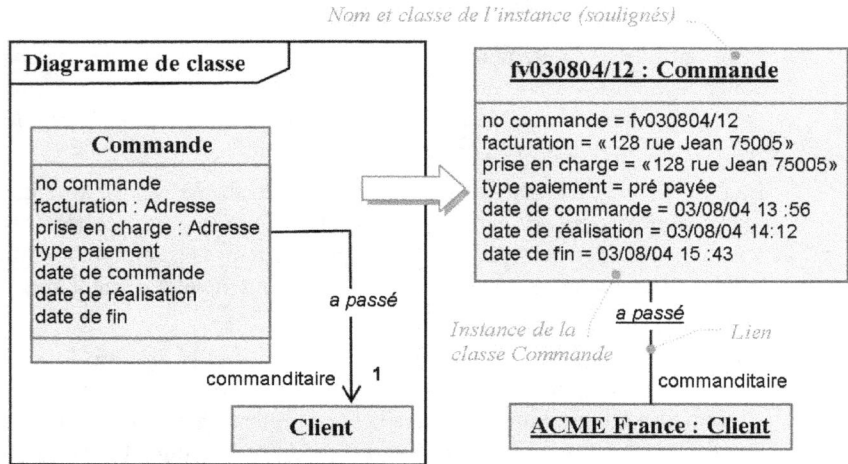

Figure 1–26
Instanciation d'une
association qualifiée

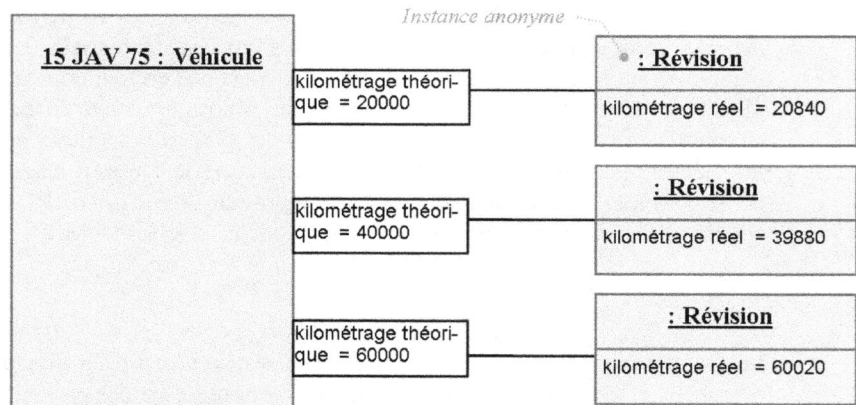

Diagramme de structure composite

Le diagramme de structure composite est une nouveauté d'UML 2 qui décrit deux types de composition possibles : la collaboration et la classe structurée.

Le premier cas est destiné à présenter un mécanisme produit par plusieurs classes collaborant entre elles. C'est typiquement un diagramme utilisé en conception qui permet de montrer les classes mises en œuvre ensemble pour réaliser un processus particulier.

Définition : collaboration

Spécification de la réalisation d'une opération, d'un objet ou d'un cas d'utilisation, par des classes, des interfaces, des composants et des associations jouant des rôles spécifiques et utilisés d'une façon particulière. La collaboration définit une interaction.

Figure 1–27 a
Exemple d'une
collaboration dans un
diagramme de structure
composite

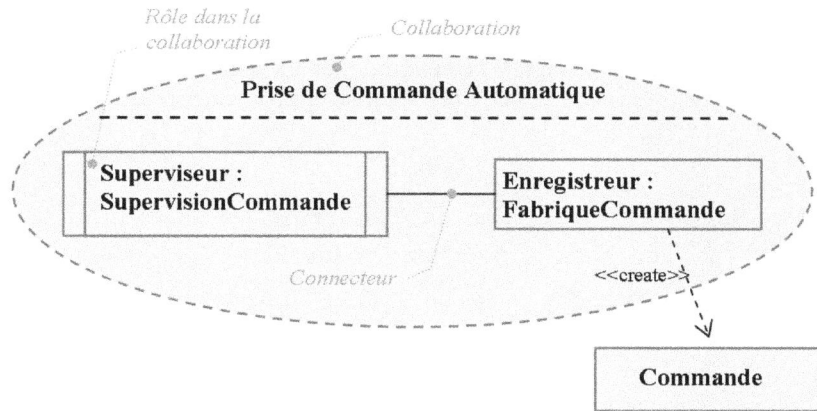

Le diagramme montre comment est composée la collaboration en définissant les rôles et les classes qui y participent. Les rôles sont reliés entre eux par un connecteur qui représente tous les moyens permettant à deux objets de se connaître afin de s'échanger de l'information : support d'une association, passage d'une référence par opération, définition d'une variable, etc.

Les collaborations servent autant en analyse qu'en conception, dès que l'on désire montrer la composition d'un processus particulier. En conception, une collaboration sert notamment à exprimer les rôles des classes dans la réalisation d'un *design pattern* (voir chapitre 3). Le diagramme de la figure 1-27 b illustre une autre représentation possible de la collaboration, qui montre la réalisation du *design pattern* connu sous la dénomination de fabrique d'objets.

Figure 1–27 b
Représentation d'un
design pattern dans un
diagramme de structure
composite

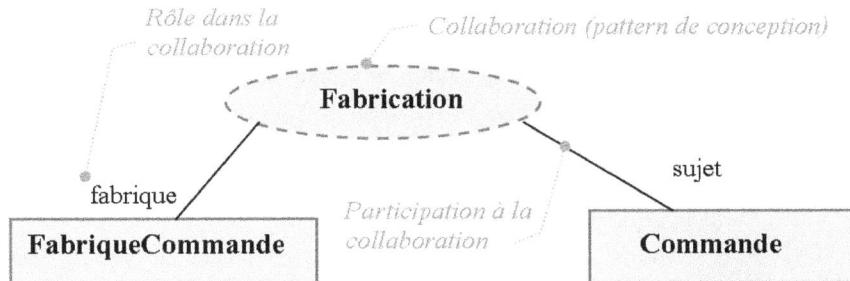

Dans le second cas, il s'agit de décrire une structure complexe chargée de réaliser un processus particulier ou plusieurs. Nous sommes dans une finalité proche de la collaboration, sauf que l'on décrit ici les moyens mis en œuvre pour communiquer entre l'intérieur et l'extérieur de la structure.

Définition : structure composite

Classe qui fait référence à plusieurs classes assemblées dans une relation de composition.

Ce type de diagramme est issu de l'ingénierie système, mais il peut être également utilisé pour décrire tous les mécanismes d'interface entre applications, classes, packages ou sous-systèmes. Le diagramme de la figure 1-28 formalise par exemple un système de synchronisation permettant de recevoir des commandes par courrier électronique ou par service Web.

Figure 1–28
Représentation d'une structure complexe dans un diagramme de structure composite

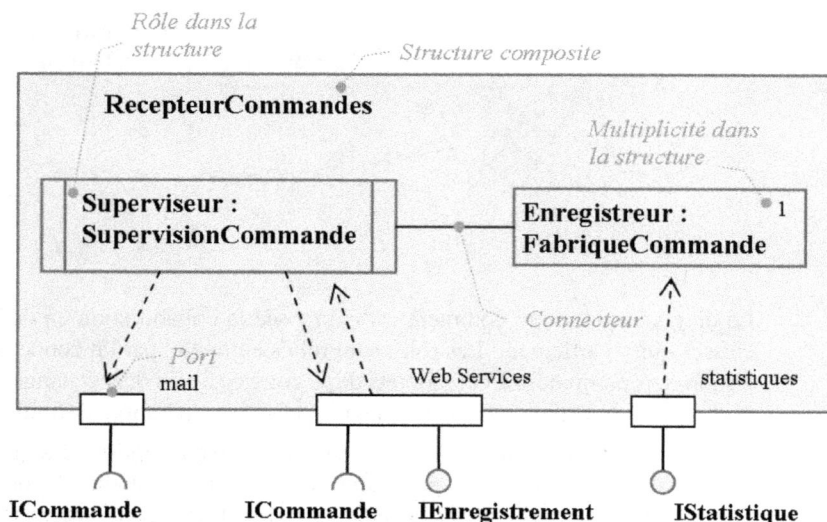

Les ports représentent toutes les ouvertures mises en œuvre par la classe pour communiquer avec son environnement. Le port porte un nom et correspond à au moins un type d'interface. On lit dans le diagramme de la figure 1-28 : « le port Web Services requiert l'interface ICommande et fournit l'interface IEnregistrement ».

Le diagramme de structure composite est plutôt orienté vers la conception, car il permet d'exprimer les structures de réalisation suivantes :

- réalisation d'un processus, voire d'un cas d'utilisation, avec une collaboration ;
- déclaration d'un *design pattern* ;
- description interne d'une classe complexe ou d'un package en relation avec ses interfaces externes ;
- description de la structure interne d'un sous-système dans un cas d'ingénierie système.

La formalisation d'une collaboration sert exclusivement dans le cas de développement spécifique pour illustrer la composition d'un processus ou pour concevoir des techniques de codage particulières (*design pattern*). Bien que très orientée vers la conception d'ingénierie système, la structure composite peut également présenter un attrait pour la conception d'architecture d'applications spécifiques.

Diagramme de composant

Comme son nom l'indique, le diagramme de composant décrit la façon dont une application est structurée en composants. La définition d'un composant donne lieu de nombreuses interprétations dans la littérature spécialisée, mais la norme UML l'a ramenée à son sens le plus large possible.

Définition : composant

Un composant représente une partie modulaire d'un système qui encapsule un contenu et dont la contribution est remplaçable dans son environnement.

La contribution du composant est réalisée par l'intermédiaire d'interfaces qui isolent logiquement le contenu du composant de son environnement. Nous retrouverons donc naturellement là des notations proches du diagramme de structure composite.

En général, le composant représente l'organisation d'un élément qui rentre dans la livraison d'un logiciel. UML 2 introduit le concept d'artéfact pour décrire toute partie matérielle d'une livraison. Il s'agit a priori de fichiers exécutables, fichiers de paramétrage, fichiers d'aide, bibliothèques dynamiques, scripts, etc. qui composent le produit final du développement. Par extension, l'artéfact désigne également tous les livrables intermédiaires du développement : dossiers de capture des besoins, d'analyse, de conception, modèles UML, planning, etc.

Définition : artéfact

Une partie physique d'information qui est utilisée ou produite par un processus de développement. Les exemples d'artéfacts comprennent des modèles, des sources de code, des scripts et des exécutables. Un artéfact peut constituer la mise en œuvre d'un composant déployable. Synonyme : produit, en contraste avec le composant.

Note : la notion d'artéfact a été précédemment prise en considération par le concept de composant dans UML 1. Cette approche a conduit à mélanger deux concepts au travers du même diagramme : les composants qualifiés d'exploitation dans [Roques 2004] qui représentent les composants à installer, optionnellement à démarrer et à surveiller en exploitation, et les composants de configuration logicielle [Roques 2004] qui sont aujourd'hui des artéfacts intermédiaires de fabrication que l'on désire gérer en versions différentes.

Un composant est réalisé par des classes et il peut-être lui-même composé ou utiliser d'autres composants. Le diagramme de composant est destiné à exprimer toute cette architecture en combinant la représentation des structures internes avec les dépendances existantes entre composants.

Le diagramme de composant est exclusivement dédié à la conception d'architecture où il sert à exprimer l'organisation logicielle du produit final. Il permet par ce biais d'anticiper la composition de la livraison finale en définissant les artéfacts à produire.

Figure 1–29
Représentations
possibles d'un
composant

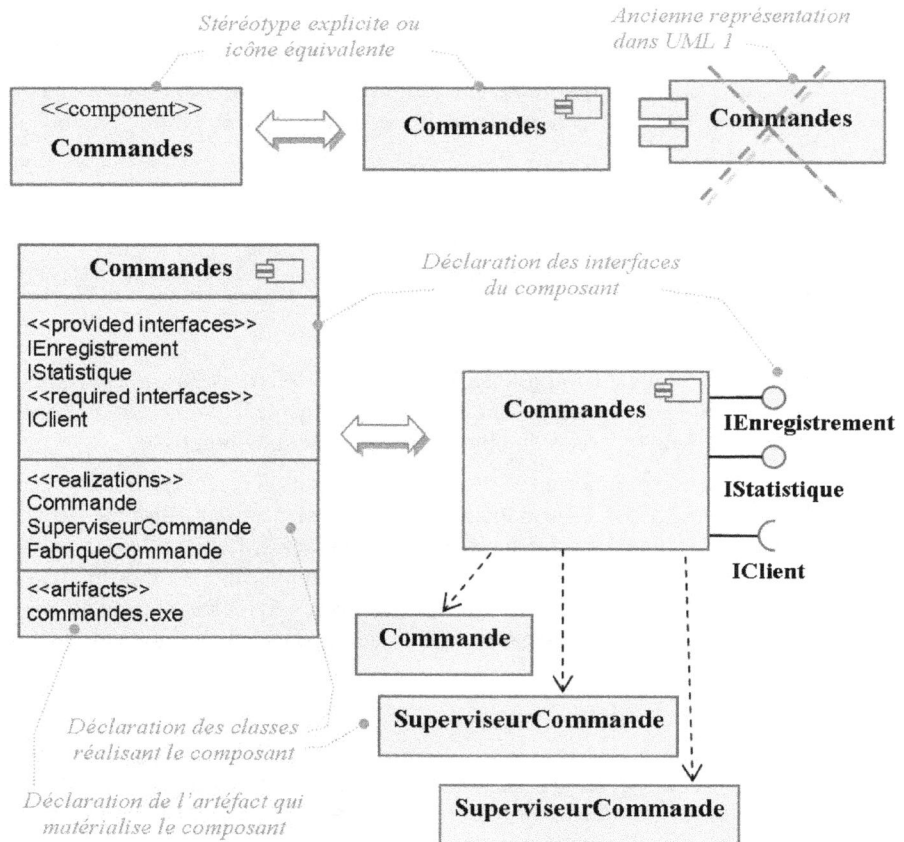

L'apparition de l'artéfact, qui représente directement le résultat produit par le processus de développement, ainsi que la standardisation des architectures des produits issus du développement spécifique, réduisent à notre avis l'intérêt du diagramme de composant pour tout ce qui est développement d'applications spécifiques et maintenance applicative. Il reste le domaine de l'ingénierie système, pour lequel la conception de l'architecture logicielle conserve un intérêt majeur et qui présente donc un cadre d'utilisation systématique du diagramme de composant.

Diagramme de déploiement

Dans la continuité du diagramme de composant, le diagramme de déploiement montre la façon dont les artéfacts sont distribués sur la cible matériel qui est généralement composée de machines reliées par réseaux.

Figure 1–30
Représentations des
dépendances et des
relations entre
composants

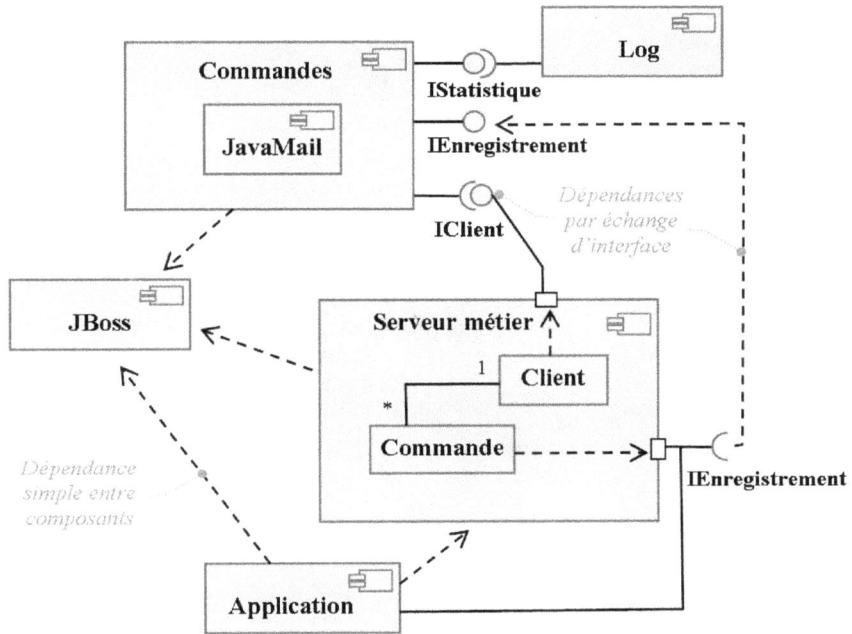

L'artéfact, qui a été introduit dans le paragraphe précédent, représente la manifestation physique de tout élément d'UML, généralement d'un composant, mais pourquoi pas d'un package, d'une classe ou d'un cas d'utilisation. La relation qui lie un artéfact à un concept logique se nomme une manifestation. Elle se représente par l'intermédiaire du stéréotype `manifest`.

Figure 1–31
Représentations
possibles d'un artéfact

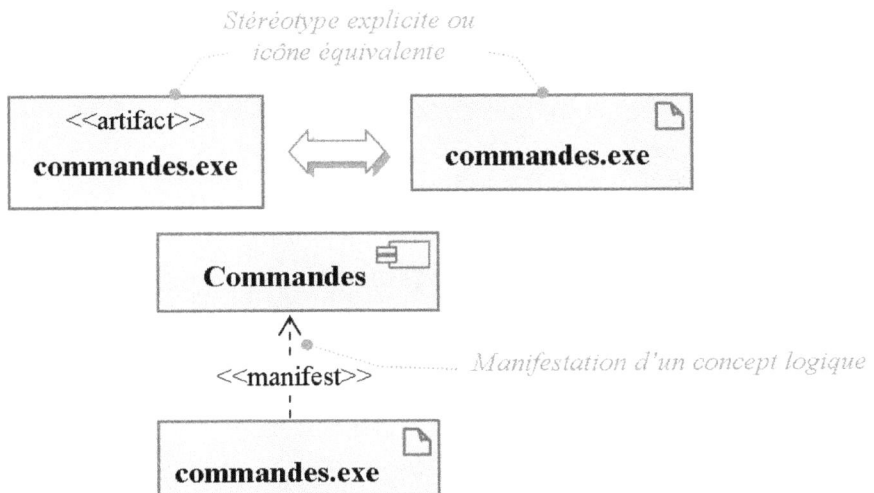

Les artéfacts sont déployés sur des nœuds qui sont les représentants UML des machines d'exécution. Les nœuds sont connectés par des chemins de communication qui représentent généralement les réseaux, mais plus largement tous moyens de transmission physique d'information.

Figure 1–32
Représentations
possibles d'un nœud et
d'artéfacts déployés

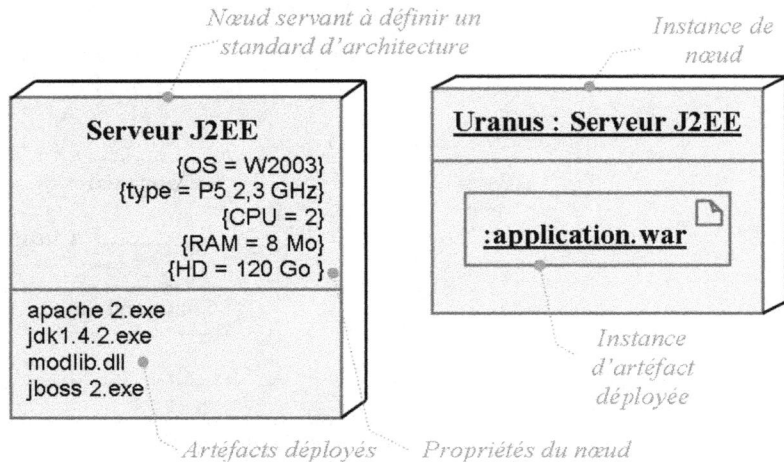

Définition : nœud

Ressource de calcul pour le *run-time* qui dispose généralement de capacités de mémoire et de CPU.

Figure 1–33
Exemple d'un
diagramme de
déploiement

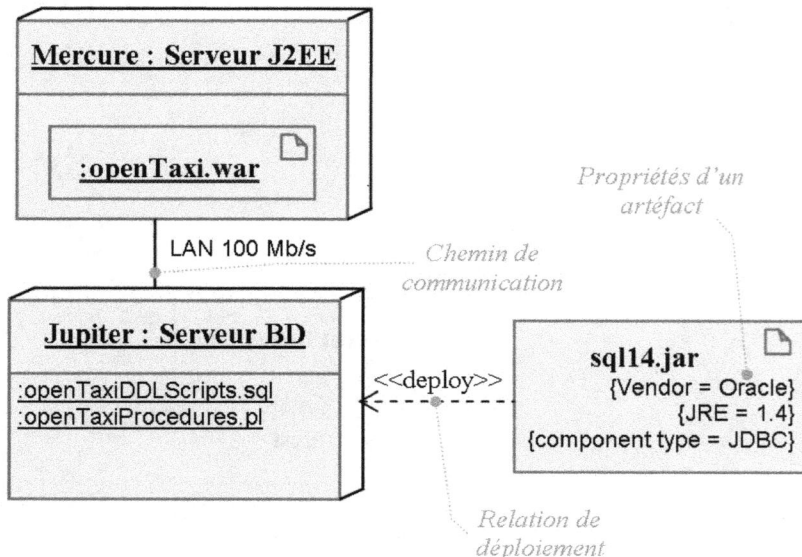

On peut choisir de représenter les nœuds ou optionnellement des instances de nœuds. Dans le second cas, on peut faire référence à des définitions standards de machine comme il en existe dans des entreprises ayant défini leurs propres normes d'architecture, car les instances héritent de toutes les propriétés de leur nœud.

Le diagramme de la figure 1-33 formalise un déploiement simple sur un réseau composé de deux machines dont les définitions sont définies par ailleurs.

Dans tous les cas de développement logiciel, d'ingénierie système, de maintenance applicative ou de déploiement de progiciels, le diagramme de déploiement est utile pour documenter l'état du système dans sa réalité d'exploitation. Il permet notamment de guider l'exploitant dans l'installation du produit, la recherche de panne et de solutions de contournement.

Diagramme de cas d'utilisation

Le diagramme de cas d'utilisation sert à représenter l'ensemble des scénarios d'utilisation d'un système en support de la phase de capture des besoins. Un cas d'utilisation représente une séquence d'interactions entre l'application et ses utilisateurs.

Pour classifier les utilisateurs suivant la façon dont ils utilisent le système, UML a défini le concept d'acteur représenté par un symbole de bonhomme filaire. Les acteurs participant à un cas d'utilisation sont simplement reliés à ces derniers dans un diagramme de cas d'utilisation. Par ailleurs, la dépendance entre cas d'utilisation permet de spécifier des séquences d'interaction qui sont communes à plusieurs cas d'utilisation.

Figure 1–34
Exemple d'un diagramme de cas d'utilisation

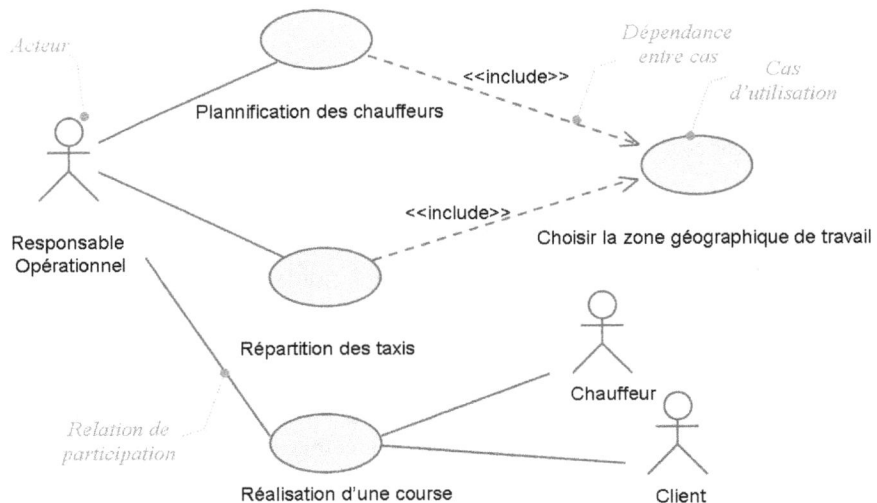

Le diagramme de cas d'utilisation est un des diagrammes les plus pauvres syntaxiquement. Toute la richesse de ce qu'il représente est traitée dans la description des cas d'utilisation et dans leur formalisation par des diagrammes comportementaux complémentaires.

> **Définition : cas d'utilisation**
>
> Un cas d'utilisation représente un ensemble de séquences d'actions réalisées par le système et produisant un résultat observable intéressant pour un acteur particulier.
> Il modélise un service rendu par le système et exprime des interactions acteurs/systèmes qui apportent une valeur ajoutée notable à l'acteur concerné.

Toute la démarche de capture des besoins, assortie de l'usage approfondi des diagrammes de cas d'utilisation, sera traitée au chapitre 2.

Diagramme d'état

Le diagramme d'état forme, avec les diagrammes de classe et d'activité, un des ensembles de syntaxes les plus riches d'UML. Ses concepts et sa notation, hérités d'une méthode antérieure à UML, ont été adoptés pratiquement d'emblée et proposent depuis une définition stable de l'approche des systèmes informatiques par l'étude des états et des transitions.

Les fondamentaux

Un diagramme d'état (ou machine à états) consiste à décrire l'évolution d'un système, ou par extension de toute ce qu'UML peut définir comme objet : classe, composant, package, nœud, collaboration et cas d'utilisation. Cette évolution est rythmée par les états, qui représentent la configuration d'un système pendant laquelle il réagira toujours de la même façon aux sollicitations externes, et par les transitions qui concernent les instants fugaces de changements d'états.

> **Définition : état**
>
> Condition ou situation durant la vie d'un objet qui satisfait certaines conditions, réalise certaines activités et attend certains événements.

> **Définition : transition**
>
> Relation entre deux états indiquant qu'un objet dans le premier état va exécuter certaines actions spécifiques avant de rentrer dans le second état, lorsqu'un événement spécifié survient et que certaines conditions sont satisfaites.

Le diagramme de la figure 1-35 montre le comportement qui pourrait être associé au récepteur de commande de la figure 1-28. Les transitions y sont déclenchées par la réception d'un événement, mais ce n'est pas le seul cas ; une transition peut s'exécuter sur plusieurs types d'événements :

- sur la réception d'un message (il s'agit du cas le plus courant) ;
- sur l'atteinte d'un seuil lié à la valeur d'un attribut – on utilise dans ce cas le mot réservé when comme ceci : when (taille > 500) ;

Figure 1–35
Exemple d'un
diagramme d'état
simple

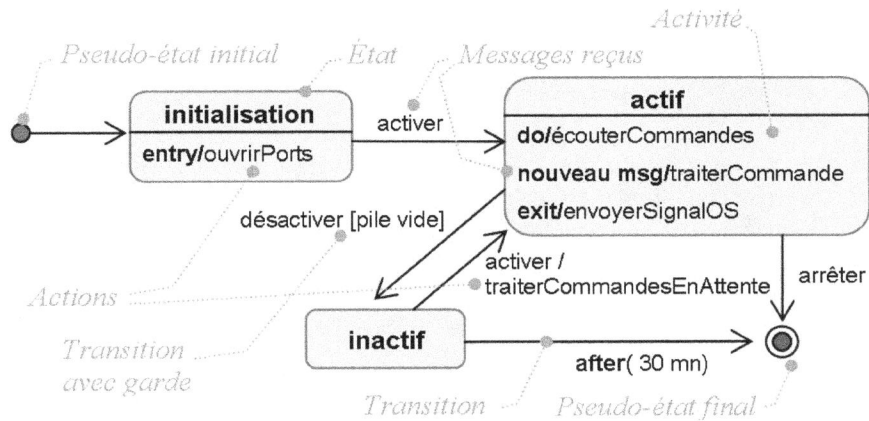

- sur l'exécution d'un *trigger* de temps qui limite la durée dans un état donné. Ce dernier est déclaré avec le mot réservé after – par exemple, le récepteur de message ne peut pas rester plus de 30 minutes inactif ou alors il s'arrête ;
- lorsqu'une activité prend fin, il s'agit de la transition automatique qui n'est accompagnée d'aucune étiquette.

Notez encore que les transitions peuvent être accompagnées d'une garde qui exprime une condition entre crochets. Dans ce cas, la transition ne s'exécute que si la condition de garde est vraie.

Inversement, la réception d'un message ne déclenche pas toujours de transition. C'est le cas de l'événement Nouveau Msg qui est traité dans l'état Actif par l'exécution de l'action traiterCommande (voir figure 1-35).

Vous remarquez par ailleurs l'existence des pseudo-états initial et final qui servent à marquer le début et la fin du processus. Lorsque le diagramme d'état est associé au cycle de vie d'un objet, cela correspond respectivement à la création et à la destruction de ce dernier. Lorsqu'il est associé à un processus, il s'agit simplement de marquer le début et la fin de ce dernier. En l'occurrence, aucune action ou activité ne peut être associée à ces pseudo-états.

Par définition, les états ont une durée significative pour le modèle et peuvent réaliser des actions et des activités dans le laps de temps qu'ils représentent. Les transitions ont par opposition une durée négligeable pour le modèle et ne peuvent réaliser que des actions. Vous avez donc implicitement compris que l'action diffère de l'activité par la durée. Typiquement, l'action correspond à un appel d'opération, tandis que l'activité représente une tâche de fond.

Définition : action

Spécification fondamentale d'une unité de comportement qui représente des transformations ou des processus dans le système.

Définition : activité

Spécification d'un comportement qui est exprimé par un flux d'exécution tel que le séquencement d'autres activités subordonnées et d'actions.

Les actions peuvent être exécutées lors des transitions, pendant la durée d'un état sur la réception d'un message particulier, lors de l'entrée dans un état ou lors de la sortie d'un état. UML fournit les mots réservés entry et exit pour spécifier ces deux derniers cas. Le mot réservé do sert quant à lui à déclarer une activité. Ainsi dans le diagramme de la figure 1-35, nous lisons que :

- L'action ouvrirPorts se déclenche à l'entrée (mot réservé entry) de l'état Initialisation.

- L'activité écouterCommandes démarre en tâche de fond à l'entrée de l'état Actif et se termine implicitement à la fin de cet état.

- L'action envoyerSignalOS se déclenche à la sortie (mot réservé exit) de l'état Actif.

Les états composites

L'analyse de l'activité d'un taxi nous permet d'identifier deux états fondamentaux : soit il est Libre, soit il est Réservé. Dans l'état Réservé cependant, on remarque que le comportement du taxi n'est pas tout à fait identique suivant qu'il est en déplacement pour se rendre à l'adresse de prise en charge, qu'il charge ses passagers ou qu'il réalise sa course. Il faudrait donc en toute rigueur faire apparaître les états : Réservé et en déplacement, Réservé et en chargement, Réservé et en course. Cependant, les comportements propres à l'état Réservé seraient alors répercutés sur ces trois états, sans possibilité de montrer la cohérence de ce super-état. Il serait par exemple impossible de situer une activité continue sur les trois états de réservation.

Pour remédier à ce problème, UML a défini la notion d'état composite qui permet à un état d'être lui-même décrit par une machine à états. Les états peuvent ainsi s'emboîter à l'infini.

Les comportements d'un état composite sont ainsi factorisés : on interrompt par exemple l'état Libre par réception du message Réserver, quel que soit le sous-état dans lequel se trouve le taxi.

Dans le cas des états composites, les pseudo-états initial et final servent à marquer respectivement la position d'entrée et la position de sortie de l'état composite. On lit ainsi qu'en rentrant dans l'état Libre, on est systématiquement en déplacement. L'expression d'un système n'est cependant pas toujours aussi simple, et il est nécessaire d'exprimer plusieurs points d'entrée et de sortie possibles. De même, UML a introduit le pseudo-état Historique qui permet de retrouver le dernier sous-état occupé dans le super-état. Le diagramme 1-37 permet au chauffeur de faire quelques pauses sporadiques en conservant la continuité de sa course.

La modélisation des systèmes complexes par diagramme d'état utilise intensivement les états composites, ce qui les rend difficiles à gérer à terme, du fait de la place qu'occupent leurs

Figure 1–36
Exemple d'utilisation
des états composites

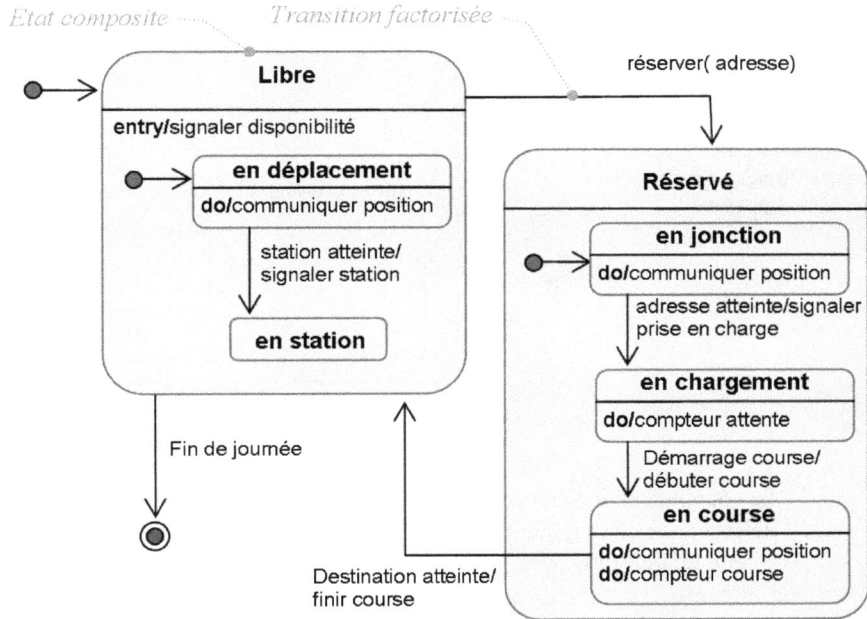

Figure 1–37
Exemple d'utilisation du
pseudo-état Historique

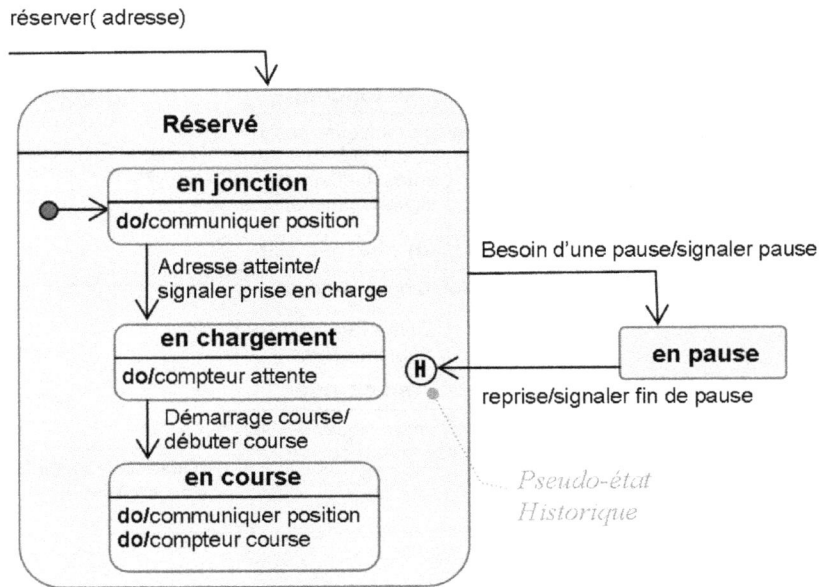

graphiques. Pour remédier à ce problème, UML 2 permet de déporter l'expression d'un état dans un autre diagramme, par la spécification d'une sous-machine à états comportant des points d'entrée et de sortie.

Figure 1–38
Exemple d'un état composite déporté dans un autre diagramme

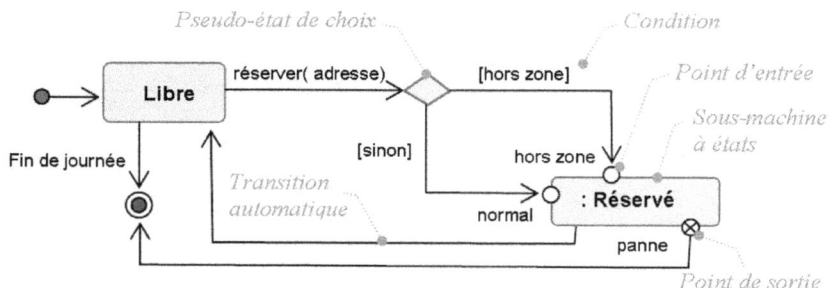

La sous-machine à états est notée comme l'instance d'une machine à états qui peut alors être définie dans un diagramme séparé. Ainsi, le diagramme d'état de la figure 1-38 fait référence à celui de la figure 1-39.

Figure 1–39
Exemple de sous-machine à états

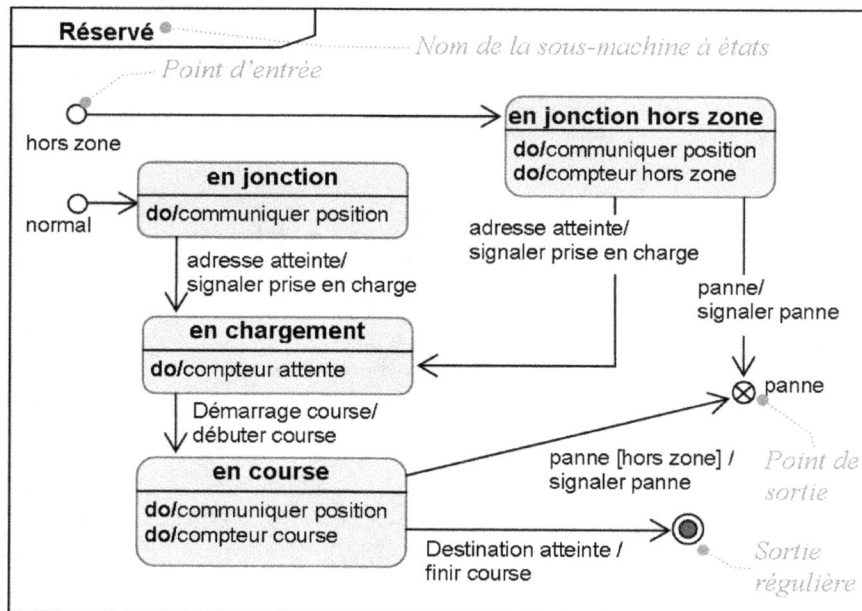

Les états parallèles

Le diagramme d'état propose le formalisme le plus explicite pour exprimer les systèmes multitâches temps réel. Il n'est donc pas étonnant que la modélisation par états soit utilisée de longue date dans ces domaines et que le diagramme d'état soit l'un des diagrammes de prédilection de l'ingénierie système.

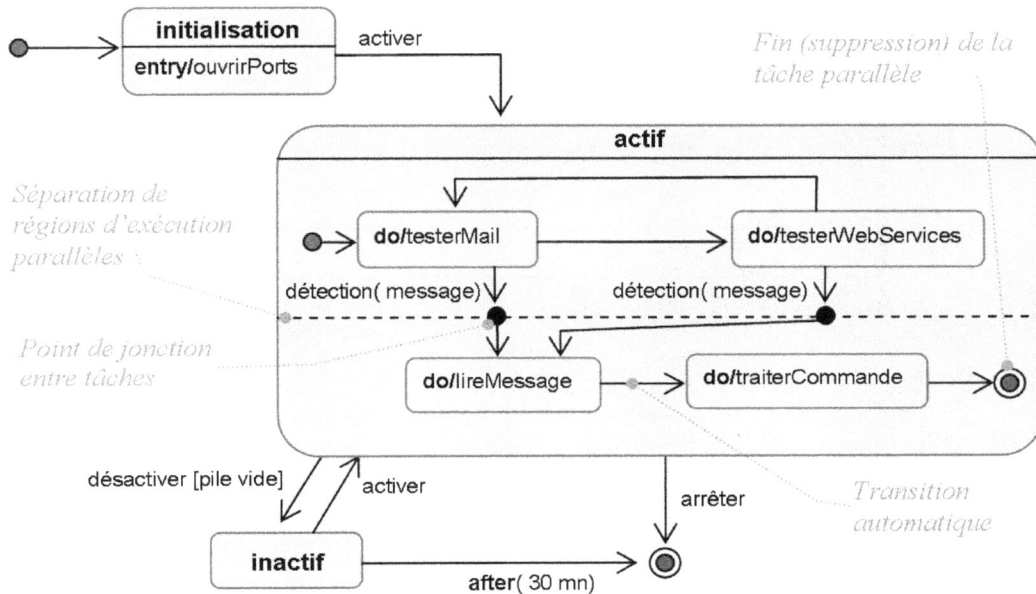

Figure 1–40 *Exemple d'un état parallèle*

Pour exprimer le parallélisme à mettre en œuvre dans le fonctionnement du récepteur de commandes, l'état Actif du diagramme de la figure 1-36 pourrait être celui représenté avec des régions d'exécution parallèles. Dans le diagramme de la figure 1-40, deux sous-tâches parallèles ont en effet été représentées pour montrer l'activité sous-jacente de l'état actif.

Vous remarquerez que le nom de certains états a été réduit au nom de l'activité qu'ils représentent et que les transitions automatiques s'exécutent lorsque cette activité prend fin. Un point de jonction permet de décrire des flux de communication entre les deux régions d'exécution parallèle. Il s'agit implicitement d'une logique producteur/consommateur lâche, à savoir que le producteur n'est pas bloqué jusqu'à ce que le flux soit consommé. En d'autres termes, les données produites peuvent s'accumuler si la tâche consommatrice n'est pas suffisamment rapide. On remarque par ailleurs qu'une tâche est créée puis supprimée pour le traitement de chaque message détecté.

Une autre façon de concevoir le récepteur de message eut été de traiter les deux ports de réception séparément. On utilise dans ce dans ce cas les barres de séparation (fork) et de rendez-vous (join) pour exprimer l'exécution en deux tâches parallèles.

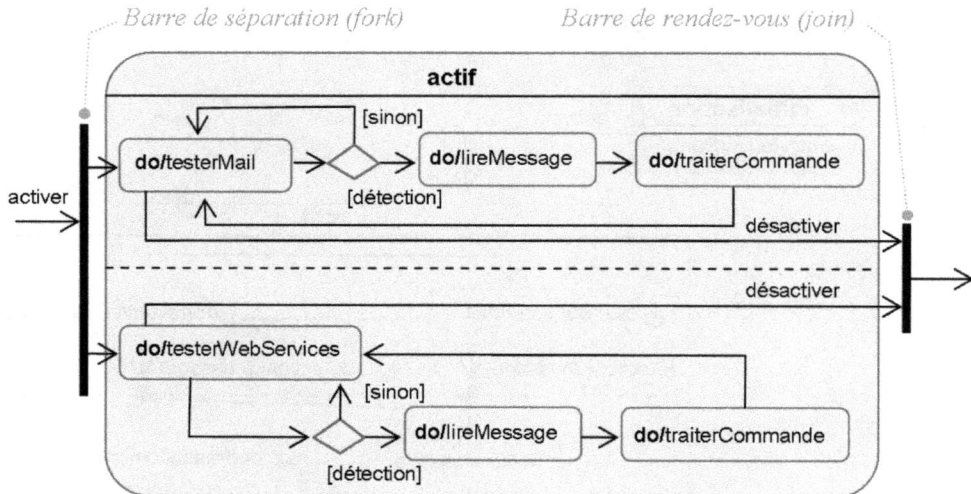

Figure 1–41 Exemple de tâches parallèles avec utilisation des barres de séparation et de rendez-vous

Le diagramme de la figure 1-41 exprime ainsi que la désactivation ne peut pas interrompre le traitement d'un message et que les deux tâches doivent honorer leur rendez-vous avant de poursuivre. En d'autres termes les deux tâches doivent avoir terminé ensemble pour continuer.

Formalisation de protocoles

UML 2 distingue maintenant deux utilisations possibles du diagramme d'état :

- Le diagramme d'état comportemental correspond à la description du comportement d'un objet tel que nous l'avons décrit jusqu'à présent dans ce chapitre.
- Le diagramme d'état protocolaire correspond quant à lui à l'expression d'un processus, tel qu'on peut l'associer à un cas d'utilisation, une collaboration ou une opération complexe, mais aussi à l'interface d'une classe ou d'un composant.

Avec le diagramme d'état protocolaire, les transitions sont systématiquement associées à des appels d'opération et le concept d'événement disparaît. La syntaxe différente correspond alors à l'expression suivante : [pré-condition] opération(paramètres) / [post-condition]. Les états ne comportent par ailleurs ni activité, ni action interne.

Utilisation du diagramme d'état

Du fait de sa syntaxe riche et de sa capacité tant à exprimer des règles comportementales que des mécanismes techniques, le diagramme d'état a une place de choix dans les deux phases d'analyse et de conception.

En analyse, le diagramme d'état permet d'étudier les objets ou les processus afin d'en dégager de nouvelles règles métier. Ce diagramme permet d'exprimer très précisément l'exé-

Figure 1–42
Exemple de protocole :
mode d'emploi de
l'interface ICommande

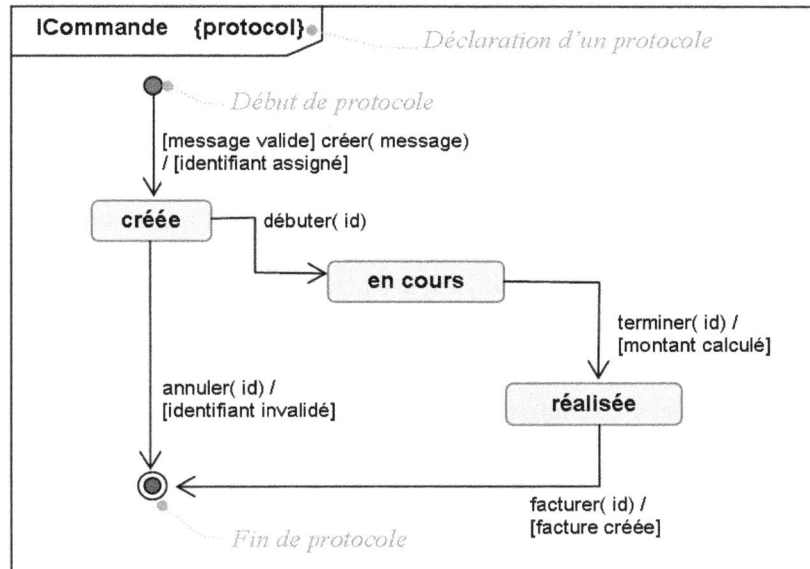

cution d'un cas d'utilisation ou le cycle de vie d'un objet métier, tel le diagramme de la figure 1-36 qui montre les différentes phases occupées par un taxi.

En conception, le diagramme d'état trouve sa pleine utilité pour décrire les objets parallèles et les mécanismes mis en œuvre pour assurer la communication (points de jonction, barres de rendez-vous et de séparation). Il existe par ailleurs des techniques de conception (*design pattern* État) qui font qu'un objet ou une collaboration dotée d'un cycle de vie complexe peut être directement codé(e) à partir de l'expression de son diagramme d'état. Enfin, la possibilité d'exprimer des protocoles permet de spécifier l'ordre d'utilisation des opérations d'un objet ou d'une interface.

Le diagramme d'état trouve son terrain de prédilection dans la spécification et la conception d'ingénierie système, puisqu'il s'agit souvent d'architectures faites de composants autonomes qui possèdent leur propre cycle de vie et qui s'échangent des messages pour fonctionner. Le diagramme d'état est souvent utile dans le cadre de développement spécifique pour analyser le comportement d'un objet métier dont le cycle de vie est alambiqué et pour concevoir des mécanismes de synchronisation entre objets. Il nous semble en revanche plus rare de devoir utiliser le diagramme d'état dans le cadre d'une rétro-documentation en maintenance applicative et encore moins pour le déploiement de progiciels.

Diagramme d'activité

Le diagramme d'activité est tout particulièrement destiné à modéliser les processus et les fonctions, sans nécessairement recourir au concept d'état comme on l'a vu précédemment.

Les fondamentaux

Dans la version précédente d'UML, le diagramme d'activité a été considéré comme un cas particulier de diagramme d'état dans lequel les états sont systématiquement des activités et les transitions des transitions automatiques. Cette approche reste syntaxiquement à peu près correcte, dans la mesure ou diagramme d'état et d'activité partagent bon nombre de notations en commun.

UML 2 a cependant marqué la différence dans la perspective d'améliorer la couverture du langage et de le rendre plus propice à la modélisation des *workflows* et des fonctions de l'entreprise. Sémantiquement, le partage de notation avec le diagramme d'état est désormais trompeur, dans la mesure où les flèches n'expriment plus des transitions entre états, mais des flux de contrôle passés entre activités. Ainsi dans le diagramme d'état, les nœuds correspondent à des activités qui consomment et produisent des flux. Les barres de séparation servent à exprimer un multiplexage de flux et les barres de rendez-vous, un rassemblement de flux. Le parallélisme représente donc différentes lignes de traitements qui ne s'exécutent pas forcément en même temps, contrairement à ce que l'on formalise dans un diagramme d'état.

Figure 1–43
Exemple d'un
diagramme d'activité

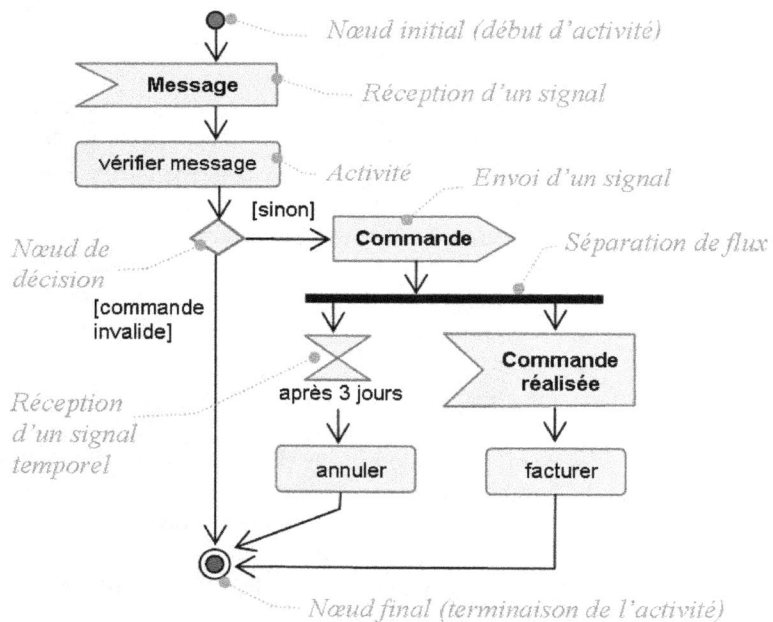

Le diagramme d'activité de la figure 1-43 montre l'évolution de la notation par rapport au diagramme d'état. Ce diagramme présente en particulier deux différences majeures :

• La notion de réception et d'envoi de signaux correspond à des actions d'échanges d'information avec l'extérieur. La réception d'un signal bloque l'avancement du processus, jusqu'à obtention d'un signal.

- Le parallélisme est lâche. En effet, suite à la séparation de flux, soit la commande est réalisée puis facturée ce qui termine l'activité, soit trois jours se passent et la commande est annulée. Les deux traitements parallèles ne s'exécutent donc jamais en même temps, il s'agit de deux chemins d'exécution différents.

Processus, ressources et organisation

Le diagramme d'activité peut être partitionné pour représenter les différentes zones de responsabilités qui correspondent aux différents rôles de l'organisation. En d'autres termes, on peut formaliser par des couloirs verticaux, horizontaux ou par des cellules matricielles le « qui fait quoi ». Il s'agit ici d'une évolution majeure vis-à-vis d'UML 1 qui ne propose que des couloirs verticaux.

Figure 1–44
Exemple d'un diagramme d'activité doté de couloirs de responsabilité et de flux d'objets

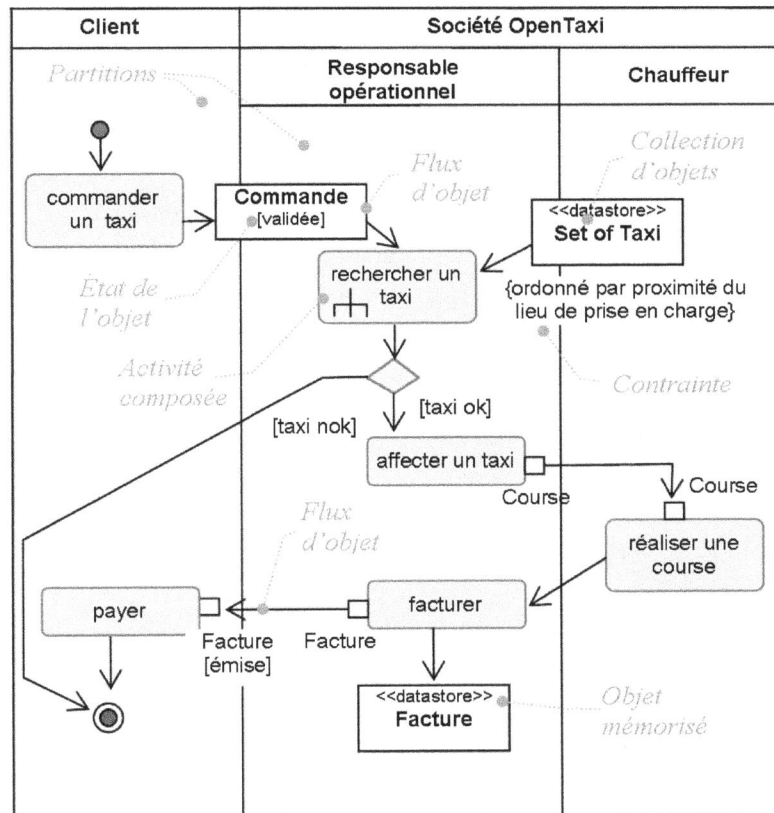

Sachant que l'on peut par ailleurs affecter aux activités les objets consommés et produits, le diagramme d'activité devient un outil pratique et complet pour représenter en une seule vue l'organisation, les ressources et les processus de l'entreprise. De plus, les activités complexes peuvent être décomposées, de la même façon qu'un état composite fait référence à un diagramme complémentaire. On peut ainsi représenter une hiérarchie de processus et couvrir une large problématique sans forcément recourir à un diagramme immense.

Le diagramme d'activité de la figure 1-44 présente différentes partitions organisées en couloirs de responsabilité, ainsi que deux formalismes équivalents pour représenter un flux objet. Il est ainsi possible de représenter les responsabilités, les objets produits et consommés par les activités, tout comme leurs états marqués entre crochets.

Remarquez enfin le stéréotype `datastore`, qui permet de spécifier les objets mémorisés implicitement en base de données, ainsi que le mot réservé `Set of…` utilisé pour désigner un flux composé d'une collection d'objets.

Décomposition des activités et des flux

La décomposition des activités permet de reporter le détail d'une activité composite dans un autre diagramme, et ce autant de fois qu'on le désire. Il est nécessaire dans ce cas de respecter la cohérence des flux d'entrée et de sortie, comme illustré dans le diagramme ci-après, qui représente le détail de l'activité composite de la figure 1-44.

Figure 1–45
Détail de l'activité composite de la figure précédente

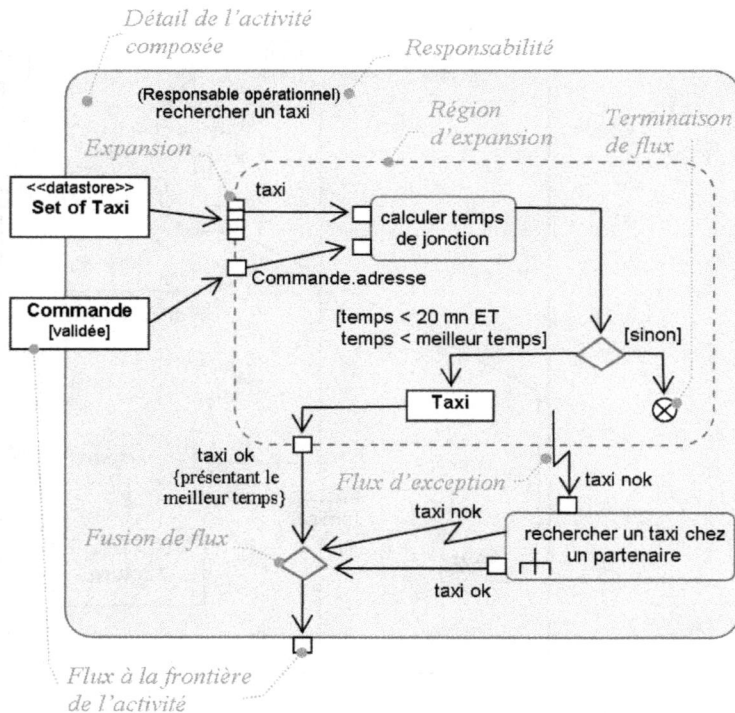

Les flux représentant des collections peuvent aussi être décomposés en vue de traitements séparés dans une région, dite d'expansion. On passe ainsi d'une collection de taxis au traitement unitaire de taxis dans le diagramme de la figure 1-45. Inversement, plusieurs flux peuvent être fusionnés en un seul flux.

Remarquez enfin la possibilité de représenter des flux d'exception en sortie d'une région ou d'une activité, ainsi que la possibilité d'imbriquer à l'infini des activités composées.

Utilisation du diagramme d'activité

L'enrichissement syntaxique du diagramme d'activité apporté par UML 2 rehausse son intérêt tant pour les travaux d'analyse que de conception. Le diagramme permet notamment d'exprimer les flux fonctionnels, ce qui remet à l'ordre du jour la possibilité de lier les objets et leurs dynamiques par une approche fonctionnelle.

Pour la phase de capture des besoins notamment, le diagramme d'activité, doté de zones de responsabilité, permet de modéliser les processus dans lesquels s'inscrit le système étudié. Il est ainsi possible de développer une vision métier globale, Processus – Ressources – Organisation, afin de prendre connaissance des rôles, d'identifier les principaux objets métier et de spécifier le système le mieux adapté aux protocoles établis dans une entreprise. Le diagramme d'activité permet par ailleurs de modéliser et de consolider l'expression d'un cas d'utilisation en mettant en valeur les différents chemins fonctionnels qu'un utilisateur peut parcourir en travaillant avec le système.

En phase de conception, le diagramme d'activité peut servir à modéliser le fonctionnement d'un service ou d'une opération afin d'en concevoir le contenu. Par ailleurs, le diagramme d'activité est le meilleur candidat proposé par UML pour décrire un enchaînement d'écrans d'IHM.

En dehors du cycle de développement logiciel, sa capacité de décomposition hiérarchique fait du diagramme d'activité une représentation adéquate en support à la cartographie des systèmes d'information. Il est ainsi possible de décliner les grandes fonctions de l'entreprise en processus, les processus en cas d'utilisation et de rapprocher les cas d'utilisation des applications existantes ou futures.

En conséquence, le diagramme d'activité prend une couverture quasi-universelle et son adaptabilité le rend facilement utilisable pour beaucoup d'activités de développement logiciel. Il peut servir tant en analyse qu'en conception dans le développement d'applications spécifiques, il peut décrire des processus globaux dans un cadre d'ingénierie système, il peut rétro-documenter et spécifier des évolutions en maintenance applicative et il permet la spécification des processus métier désirés dans le cas d'un déploiement de progiciel.

Diagrammes d'interaction

Les diagrammes d'interaction décrivent principalement des objets échangeant des messages, dans l'optique de réaliser un processus particulier. Il y a quatre types de diagrammes d'interaction :

• Le diagramme de séquence décrit des échanges de message répartis de haut en bas pour symboliser le séquencement de ceux–ci dans le temps. Ce diagramme s'est énormément enrichi avec UML 2 car il permet d'exprimer explicitement les boucles et les alternatives et de se combiner avec d'autres fragments de diagrammes de séquence.

- Le diagramme de communication décrit les flux de messages échangés sur une structure d'objets liés et seule une numérotation hiérarchique des messages permet de déduire l'ordre du séquencement. Ce diagramme, proche du diagramme d'instance, permet de référencer la structure décrite dans les diagrammes de classe.

- Le diagramme de temps, introduit par UML 2, est une variante du diagramme de séquence qui met l'accent sur l'expression des contraintes de temps.

- Le diagramme global d'interaction, également introduit par UML 2, est une variante du diagramme de séquence qui met l'accent sur les structures de contrôle : boucles, options et alternatives.

Théoriquement, ces diagrammes expriment la même chose et sont équivalents. Du fait de sa lisibilité, le diagramme de séquence a été jusqu'à présent le plus utilisé des quatre et son dernier enrichissement syntaxique ne fait que renforcer cette tendance tout en creusant l'écart avec le diagramme de communication. Le diagramme de séquence a cependant la fâcheuse tendance technique de s'étendre sur une plage importante, ce qui ne le rend pas toujours facile à gérer au travers des outils de modélisation UML ou à présenter en réunion, sur un tableau. Le diagramme de communication peut parfois pallier ce défaut de présentation.

Définition : interaction

Spécification de comment des stimuli sont envoyés entre objets pour réaliser une tâche spécifique. L'interaction est définie dans le contexte d'une collaboration.

Diagramme de séquence

Le diagramme de séquence fait participer des objets qui peuvent être les représentants de pratiquement tout ce qu'UML peut définir. Il s'agit dans la majorité des cas d'instances de classe, mais également des instances d'un cas d'utilisation, d'un acteur ou d'une collaboration, des représentants d'un package, d'un composant ou d'un nœud.

Représentation d'une séquence simple

Sémantiquement, les objets s'échangent des messages qui représentent toutes les manières possibles qu'ils ont de s'échanger de l'information. Du point de vue de l'objet, l'envoi ou la réception d'un message correspond à un événement qui est susceptible de le faire changer d'état. Le diagramme de séquence permet donc d'exprimer aussi les états intermédiaires.

Le diagramme de la figure 1-46 représente un diagramme de séquence fréquent, dans lequel les participants sont des instances de classe et les messages qu'ils s'échangent sont implicitement des appels d'opération. On rappelle que le séquencement d'échanges s'écoule de haut en bas et préférablement de gauche à droite pour en faciliter la lecture.

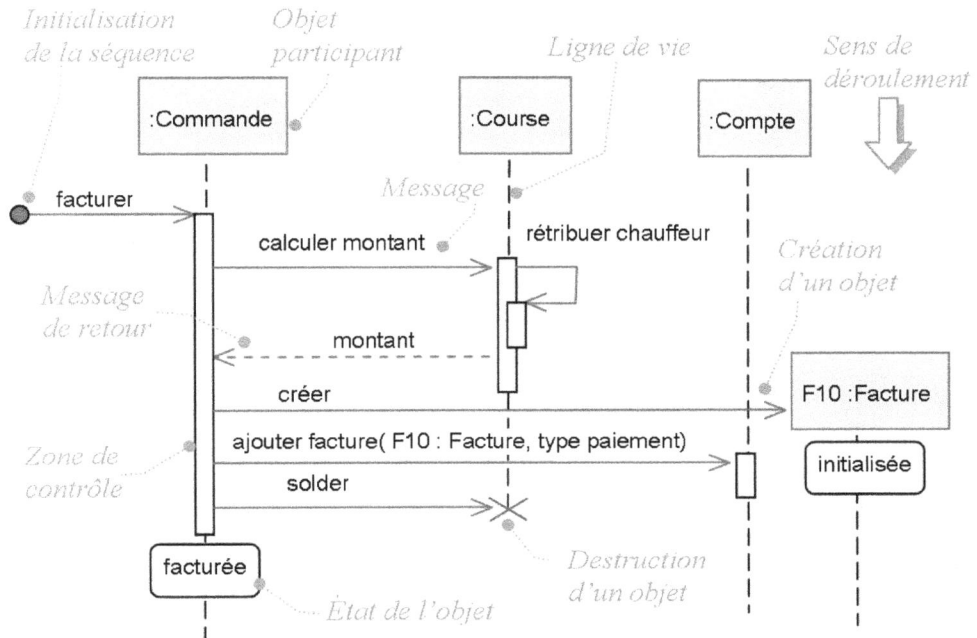

Figure 1–46 Exemple d'un diagramme de séquence

Le passage de paramètres peut être explicite et faire référence à des instances nommées et aux attributs de la classe appelante, comme vous pouvez le constater dans le message AjouterFacture qui transmet la facture F10 et l'attribut Type Paiement.

Définition : message

Spécification d'un transport d'information d'une instance à une autre, dans la perspective qu'une activité en découle. Le message peut représenter l'appel d'une opération (synchrone) ou l'envoi d'un signal (asynchrone).

D'autres messages créent ou détruisent explicitement des participants : toujours dans le diagramme de la figure 1-46, une nouvelle facture est créée, tandis que le message solder implique la disparition de l'objet Course.

Utilisation des fragments d'interaction

La combinaison des diagrammes de séquence en fragments est une avancée d'UML 2 pour représenter les boucles, les alternatives et référencer les interactions entre elles. UML 2 prévoit les mots-clés du tableau suivant pour référencer les fragments d'interactions (ayant sélectionné les opérateurs les plus utiles, la liste n'est pas exhaustive).

Opérateur	Utilisation
alt	Alternative utilisée pour présenter plusieurs branchements possibles de continuation de la séquence.
opt	Définition d'un fragment d'interaction optionnel.
break	Définition d'un fragment d'interaction correspondant à une exception. Contrairement à un fragment optionnel ou alternatif, la séquence toute entière est interrompue à la fin de l'exécution de ce fragment.
loop	Fragment d'interaction représentant une boucle.
sd	Référencement d'un diagramme de séquence en tant que fragment réutilisable. Par extension, UML permet également de référencer tous les types de diagramme d'interaction en utilisant le même opérateur .
ref	Réutilisation d'un fragment référencé par ailleurs.
seq	Séquencement faible : délimitation d'une région dans laquelle l'ordre de séquencement n'est pas défini par le positionnement vertical des messages.
strict	Séquencement fort correspondant à la valeur par défaut de tout diagramme de séquence.
critical	Déclaration d'une zone d'interaction partageant des ressources concurrentes et ne devant être exécuté que par une seule tâche à la fois.
par	Déclaration d'une zone d'interaction exécutée en multitâche (parallélisme).

Le diagramme de la figure 1-47 vous montre un fragment d'interaction référencé sous le nom Rechercher Chauffeur, qui retourne le chauffeur proposant le meilleur délai de prise en charge. Ce diagramme comprend par ailleurs un fragment qui exprime une boucle de recherche.

Figure 1–47
Exemple d'un diagramme de séquence référencé et comportant un fragment pour exprimer une boucle

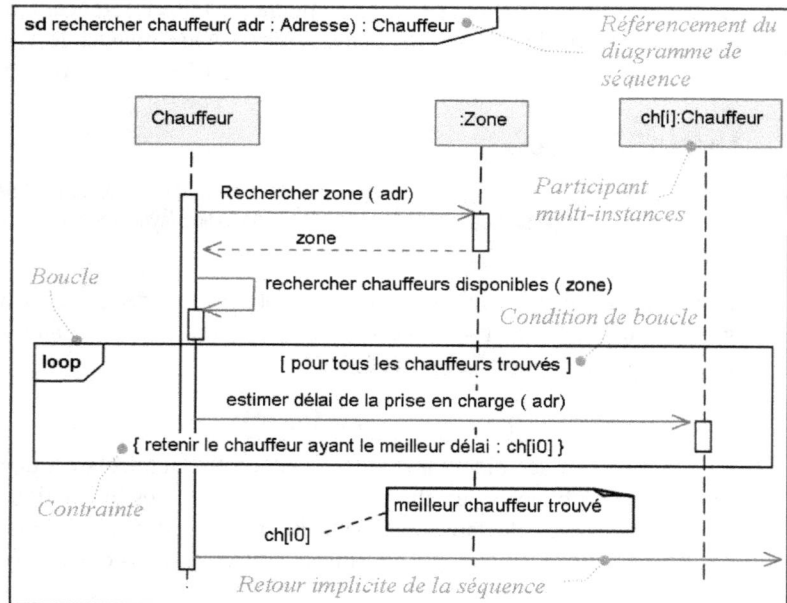

Le diagramme de la figure 1-47 montre plusieurs techniques possibles de représentation des objets participant à une séquence. La classe Chauffeur intervient effectivement plusieurs fois :

- Celle de gauche représente implicitement l'ensemble de tous les chauffeurs et comporte des opérations de recherche qui sont des fonctions d'ensemble.
- Celle de droite représente tour à tour plusieurs instances de Chauffeur, car elle est impliquée dans une boucle. Pour expliciter cet état, UML permet d'exprimer des objets participants multivaleurs dans un diagramme d'interaction en utilisant un indice de boucle.

Une fois référencé, le diagramme de séquence peut être réutilisé comme dans l'exemple ci-après.

Figure 1–48
Exemples d'utilisation
de fragments
d'interaction

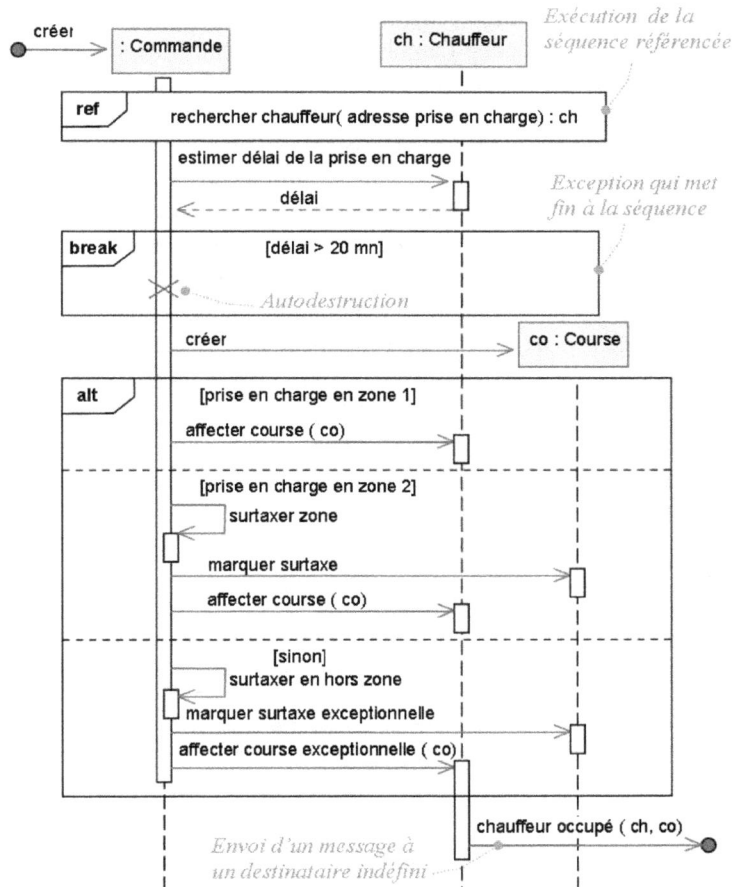

Utilisation des diagrammes de séquence

En analyse, on doit approfondir les processus décrits afin d'identifier la répartition des opérations sur les différentes classes métier. Nous obtenons dans ce cas des diagrammes de séquence qui, comme celui de la figure 1-48, permettent d'identifier et d'exprimer de nouvelles règles métier. En répartissant les rôles et les responsabilités entre différentes classes, l'analyste prend cependant des décisions qui influent sur la façon dont l'application sera conçue.

Nous sommes ici devant le dilemme traditionnel du cycle de développement orienté objet : où situer la frontière entre l'analyse et la conception ? Pour vous aider à trancher cette question polémique, nous vous conseillons fermement de ne considérer l'analyse achevée que lorsque 90 % des règles métier auront été identifiées et exprimées, quels qu'en soient les moyens. En conséquence, certaines analyses n'auront pas recours aux diagrammes de séquence et certaines autres en feront un usage intensif.

En conception, le diagramme de séquence sert à expliquer la réalisation d'une opération. Les concepteurs souhaitent généralement exprimer le déroulement complet d'une opération suivant toutes les couches d'architecture, par exemple depuis l'IHM jusqu'à la base de données. Nous avons cependant signalé la faculté de ce diagramme à occuper une place importante, ce qui le rend difficile à gérer, autant sur un tableau de réunion que dans les outils de modélisation. Le concepteur aura donc plusieurs alternatives :

- alléger le diagramme de séquence afin de ne pas le surcharger et se limiter à l'essentiel en omettant la représentation des détails ;
- découper le diagramme de séquence en autant de fragments nécessaires, ce qui aura cependant pour effet de diluer la lecture du processus ;
- recourir à un autre type de diagramme ; on pense bien entendu au diagramme de communication, mais pourquoi pas au diagramme d'activité ou d'état associé au processus que l'on cherche à décrire.

Diagramme de communication

Le diagramme de communication propose un agencement à mi-chemin entre le diagramme d'instance et le diagramme de séquence.

Figure 1–49
Exemple d'un diagramme de communication (équivalent au diagramme de la figure 1-46)

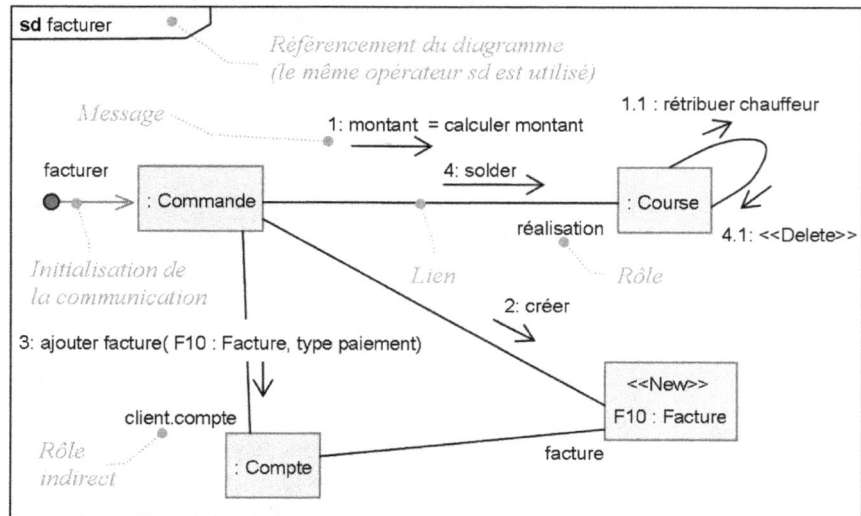

Pour spécifier l'ordre de séquencement, les messages sont numérotés suivant une logique hiérarchique, ce qui rend la lecture des séquences moins intuitive et empêche de formaliser les états intermédiaires, les créations et les destructions d'objets. Le tableau ci-après énumère des expressions possibles d'un message dont la syntaxe doit être pleinement utilisée dans les diagrammes de communication. Notez que cette syntaxe peut être également utilisée dans un diagramme de séquence.

L'expression des boucles et des alternatives peut être cependant rendue équivoque par l'intermédiaire de cette syntaxe – voir diagramme de la figure 1-50. Cela nous fait préférer l'usage du diagramme de séquence et des fragments d'interaction dès que le scénario à formaliser se ramifie.

Figure 1–50
Syntaxe ambiguë : le message 1.3 doit-il s'exécuter si la condition de garde du message 1.2 est fausse ?

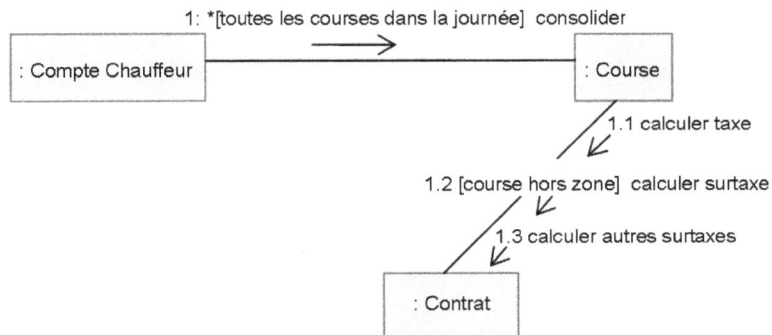

Syntaxe d'un message	Signification
2 : réserver (taxi2, -, 14:35)	Second message de la séquence de messages envoyés depuis la racine. Le second paramètre du message est indéfini.
2.1 : chauffeur = rechercherChauffeur	Premier message envoyé suite à la réception du message 2. Le message retourne une valeur affectée à la variable Chauffeur.
2.1.3 : valider	Troisième message envoyé suite à la réception du message 2.1.
2.2 : [zone = zone 2] surtaxer	Message représentant une alternative. Le message est envoyé si et seulement si la condition est vraie. Il s'agit d'une condition de garde exprimée entre crochets.
4.1 : *[pour tous les taxis] réviser	Message multiple représentant une boucle (représenté par un astérisque). La garde définit la condition de boucle.
1A : attendre message 1B : traiter messages reçus	Messages parallèles, 1A et 1B représentent des séquencements qui s'exécutent en même temps.

Le diagramme de séquence conserve cependant une faiblesse : il est impossible de savoir par quel biais les objets se connaissent et communiquent entre eux. Le diagramme de communication permet donc de faire le rapprochement entre les supports d'échanges et les liens structuraux définis par ailleurs. En ce sens, le diagramme de communication relie la modélisation des comportements aux diagrammes structuraux.

Figure 1–51 Relation entre un diagramme de communication et un diagramme de classe

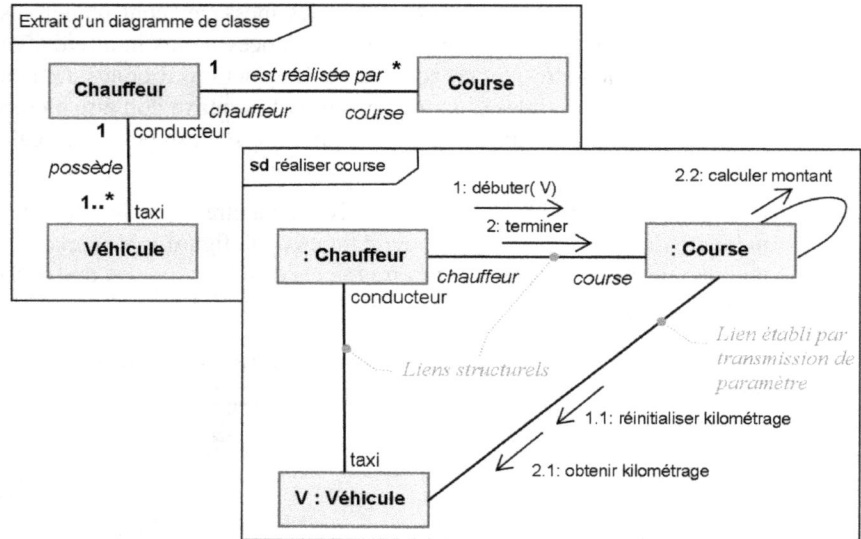

Le diagramme de communication s'utilise a priori en lieu et place du diagramme de séquence. Son incapacité à mettre en évidence le séquencement le rend cependant très rarement utilisé en analyse, dans la mesure où des utilisateurs non-informaticiens peuvent être amenés à apporter un avis sur ce type de diagramme. L'exception à cette règle concerne la représentation du contexte d'un système (voir chapitre 2) car la faculté du diagramme de communication à agencer les acteurs d'un système autour de ce dernier pour en décrire grossièrement les messages échangés est appréciée.

Inversement, la conception orientée objet ayant tendance à impliquer de nombreuses classes différentes pour réaliser le moindre processus, le diagramme de communication reste apprécié des concepteurs pour sa concision et sa capacité à impliquer de nombreux objets.

Diagramme global d'interaction

Le diagramme global d'interaction est une variante de diagramme d'activité dans lequel les activités sont systématiquement exprimées par des diagrammes de séquence, de collaboration ou de temps. Ce diagramme est beaucoup plus restrictif que le diagramme d'activité en termes d'expression car il se limite à la formalisation de simples flux, sans capacité de montrer les objets produits et consommés, les signaux et les exceptions.

Ce diagramme permet de relier les diagrammes d'interaction entre eux afin de montrer le cadre global dans lequel ils s'exécutent. Il peut être aussi une manière plus explicite d'exprimer des alternatives – comparez le diagramme de la figure 1-52 ci-après au diagramme de séquence de la figure 1-48. Il s'utilise donc potentiellement là où la modélisation comprend des diagrammes de séquence et de collaboration.

Figure 1–52
Exemple d'un
diagramme global
d'interaction

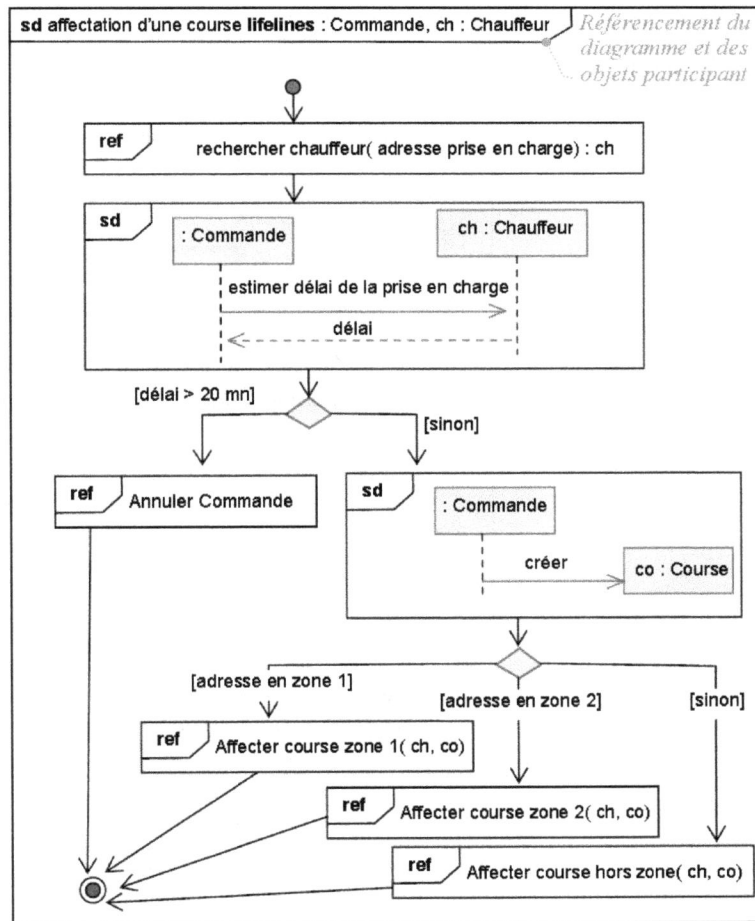

Le diagramme de temps

Le diagramme de temps est une autre variante de diagramme d'interaction dans lequel l'accent est mis sur l'expression des contraintes de temps. En conséquence, le diagramme de temps est véritablement orienté dans la formalisation des systèmes temps réel et il ne s'applique que rarement à d'autres contextes.

Le diagramme de temps est une nouveauté d'UML 2 qui existe donc dans sa première version qui sera certainement sujet à évoluer dans les prochaines versions. Le diagramme de temps ressemble à un diagramme de séquence dans lequel les lignes de vie sont horizontales et représentées sous deux formes :

• la ligne de vie qui oscille entre différents états ou conditions identifiés ;
• la ligne de vie comportant les différentes valeurs occupées par l'objet étudié.

Pour la première notation, le diagramme de la figure 1-53 montre un exemple de distributeur de billets en interaction avec un utilisateur.

Figure 1–53
Exemple d'un diagramme de temps – oscillation entre différents états ou conditions

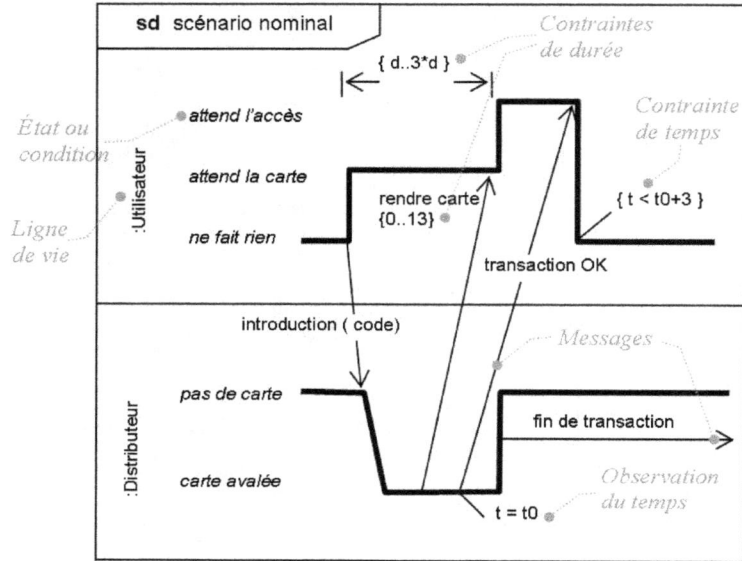

sd scénario nominal
Contraintes de durée — { d..3*d }
Contrainte de temps
:Utilisateur — attend l'accès / attend la carte / ne fait rien
État ou condition
Ligne de vie
rendre carte {0..13}
{ t < t0+3 }
transaction OK
introduction (code)
Messages
:Distributeur — pas de carte / carte avalée
fin de transaction
t = t0
Observation du temps

Pour la seconde possibilité, le diagramme de la figure 1-54 montre un exemple de pompe en interaction avec une plaque chauffante pour le fonctionnement d'une cafetière.

Figure 1–54
Autre exemple d'un diagramme de temps – variation entre plusieurs valeurs d'état d'un objet

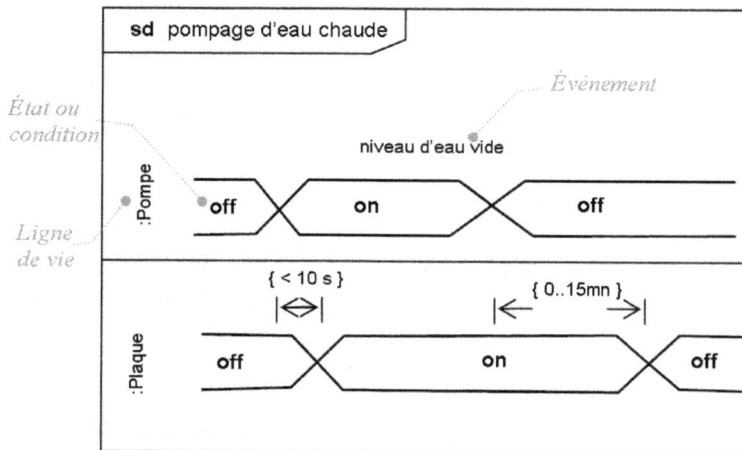

sd pompage d'eau chaude
Événement — niveau d'eau vide
État ou condition
:Pompe — off / on / off
Ligne de vie
{ < 10 s }   { 0..15mn }
:Plaque — off / on / off

Les contraintes de temps sont exprimées suivant deux modalités, qui sont la mesure entre deux marqueurs d'observation, et la contrainte exprimée sous la forme d'une plage de durées possibles. Les exemples de ces deux formalismes sont représentés dans les diagrammes des figures 1-53 et 1-54. Notez que ces mêmes formalismes peuvent également être utilisés dans un diagramme de séquence.

Domaines d'application des diagrammes d'interaction

L'implication d'objets dans les diagrammes d'interaction donne une connotation orientée objet à l'utilisation de ces derniers. En conséquence, ils conviennent particulièrement bien à l'analyse et à la conception des applications spécifiques ainsi qu'à l'ingénierie système.

Dans les domaines plus généraux que sont la maintenance applicative et le déploiement de progiciels, les diagrammes d'interaction sont en concurrence directe avec le diagramme d'activité, qui a l'avantage d'être plus versatile, plus facile à formaliser et dans des domaines qui ne recourent pas forcément aux technologies orientées objet.

La norme UML 2

Nous venons de terminer un tour d'horizon rapide de 90 % des concepts et des notations les plus utilisés d'UML 2 et vous avez pu ainsi découvrir les principes fondateurs de ses 13 diagrammes. Il s'agit maintenant de terminer la présentation en abordant différents compléments : la façon dont est présentée la norme, les différents profils existants, le langage de contrainte et les tendances que nous percevons au travers de l'évolution UML 2.

Les documents de la norme

La norme UML est globalement auto-descriptive puisqu'elle est systématiquement commentée autour des diagrammes de classe qui définissent son méta-modèle.

En complément des diagrammes, chaque concept, parfois parmi les plus ténus, est décrit suivant la même trame de définition : la description du concept, ses attributs, ses associations, ses contraintes, ses opérations, sa sémantique et la notation associée.

La norme est ainsi composée de deux niveaux de modélisation, qui sont l'infrastructure et la superstructure.

- L'infrastructure forme les concepts au cœur d'UML, à partir desquels des extensions de notation pourraient être élaborées en concordance avec deux autres normes importantes de l'OMG : XMI (*eXtensible Meta-data Interchange*), qui est un dialecte XML permettant de sauvegarder les travaux de modélisation, et MOF (*Meta-Object Facility*), qui définit un standard de modèle orienté objet.
- La superstructure élabore les concepts associés aux 13 diagrammes d'UML. Elle comprend dans une première partie la description de ses concepts et de ses notations structurelles autour des quatre grands concepts : classe, package, composant, déploiement. Elle traite dans une seconde partie les diagrammes comportementaux, principalement la famille des diagrammes d'interaction, le diagramme d'activité, le diagramme d'état et le diagramme de cas d'utilisation.

Figure 1–55
Extrait du méta-modèle
d'UML 2

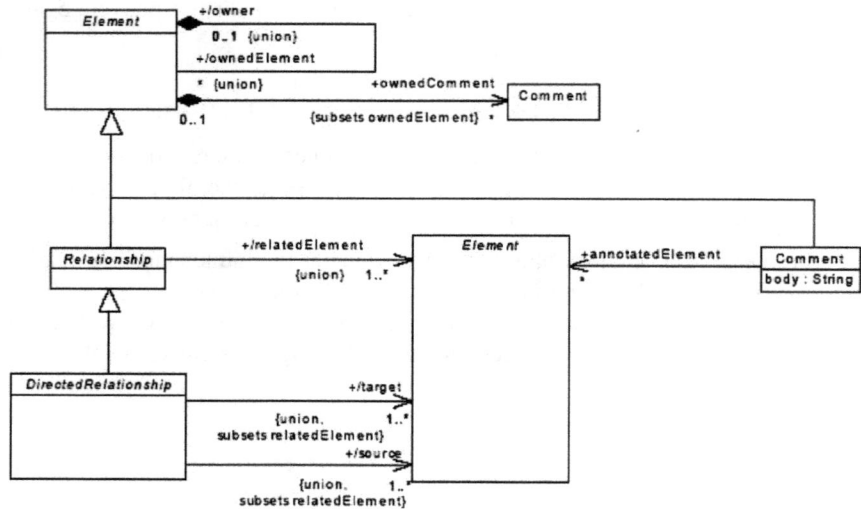

Notez que la norme est relativement absconse et qu'à notre avis, elle ne convient pas à une équipe qui souhaite rapidement monter en compétence sur UML pour démarrer un projet.

Le langage de contrainte OCL

OCL (*Object Constraint Language*) est une évolution récente d'UML qui date de la version 1.4 et dont l'intention est d'apporter un langage formel de règle qui puisse être interprété et exécuté par une plate-forme. OCL n'est pas un langage de programmation mais plutôt un langage de déclaration descriptive qui permet de définir des contraintes invariantes, des pré- et post-conditions et des requêtes logiques sur des ensembles d'objets.

Le but de cet ouvrage n'est pas de rentrer dans les méandres d'OCL, mais d'en donner un aperçu afin que vous puissiez vous en faire un avis. En effet, de notre point de vue, l'utilisation d'OCL ne se justifie qu'à condition de disposer d'un outil qui le reconnaît et avec une équipe qui, déjà bien aguerrie à UML, désire pousser la formalisation de ses travaux.

Le diagramme de classe de la figure 1-56 représente l'exemple sur lequel nous allons utiliser quelques expressions d'OCL et il constitue par ailleurs un bon rappel de notation UML. Que lisez-vous donc dans ce modèle ?

Alors, vous avez trouvé ? Dans ce modèle, des chauffeurs travaillent pour des sociétés. Pour chaque couple chauffeur/employeur, un contrat est établi – la classe Contrat est une classe d'association.

Figure 1–56
Diagramme de classe
correspondant aux
exemples d'OCL

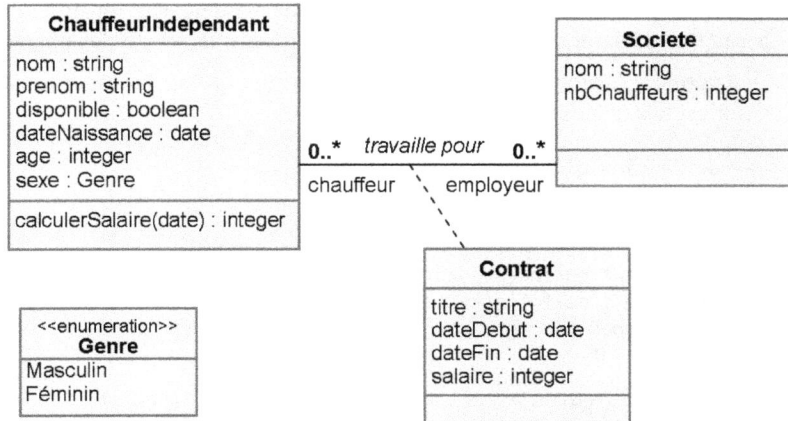

Voici donc quelques exemples d'invariants OCL, nous avons laissé en caractères gras les mots réservés du langage :

```
-- commentaire OCL
Context Societe inv :
self.nbChauffeurs > 50
```

Cette expression est équivalente à une contrainte associée à la classe Société qui s'exprimerait naturellement en : {nbChauffeur > 50}. Puisque l'utilisation d'OCL est relativement lisible dans ce cas, voici un autre exemple simple d'invariant :

```
Context c : ChauffeurIndependant inv :
c.age = System.date() - c.dateNaissance
```

OCL définit aussi des opérations ensemblistes et des opérateurs logiques qui permettent d'élaborer des contraintes plus complexes :

```
Context Societe inv :
self.chauffeur->forAll(c1,c2| c1 <> c2 implies c1.name <> c2.name)
```

Cette contrainte OCL se traduirait d'une manière plus informelle par : {les chauffeurs d'une même société ne peuvent avoir le même nom}. Vous remarquez par ailleurs que le nom de rôle sert à pointer la classe ChauffeurIndependant au travers de l'association travaille pour.

De la même façon, une société doit employer à peu près autant d'hommes que de femmes, à 20 % près :

```
Context Societe inv :
let m : self.chauffeur->select(sexe = Genre::Masculin)
let f : self.chauffeur->select(sexe = Genre::Feminin)
abs(m - f) / Self.nbChauffeurs < 0,20 -- différence < 20%
```

L'opérateur `select()` permet d'effectuer une requête sur un ensemble et l'opérateur `let` permet de déclarer des variables intermédiaires afin d'alléger les expressions.

Une dernière expression invariante pour exprimer qu'un chauffeur est au minimum au SMIC, s'il n'est pas disponible :

```
-- définition d'une variable globale,
-- valable pour plusieurs contraintes
def SMIC : real = 1000
-- contrainte sur la classe ChauffeurIndépendant
Context ChauffeurIndependant inv :
let salaire : self.Contrat.salaire->sum() in
if self.disponible then
   salaire = 0
else
   salaire >= SMIC
endif
```

OCL permet par ailleurs d'exprimer les pré- et post-conditions des opérations, ainsi que les opérations de type requête, comme ci-après :

```
-- contrainte sur la classe ChauffeurIndépendant
Context ChauffeurIndependant::calculerSalaire( d : date) : integer
pre :
self.disponible = false
body :
self.Contrat->select(dateDebut < d and dateFin > d).salaire->sum()
post :
result >= SMIC
```

En conclusion, OCL est un langage de formalisation de règles extrêmement puissant et précis qui permet potentiellement d'écrire toutes les règles de gestion d'une application et de produire ainsi une bonne partie de son implémentation. La syntaxe représente cependant une difficulté d'apprentissage supplémentaire qu'il est de toute façon inconcevable de faire valider ou relire par des non-informaticiens. Par ailleurs, les outils qui reconnaissent le langage de contrainte sont aujourd'hui rares.

Les profils

Les profils représentent un package d'extensions du langage pour des applications particulières d'UML. Un profil se présente généralement sous la forme d'une famille de stéréotypes, d'une définition des concepts correspondants, des notations supplémentaires et des exemples d'utilisation.

Les profils sont particulièrement utiles pour canaliser les multiples façons possibles d'adapter UML à un contexte particulier. Pour l'heure, les profils officialisés par l'OMG sont énumérés dans le tableau suivant.

Nom du profil	Vocation
CORBA	Apporter les notations relatives à la conception de services distribués CORBA
CORBA Component Model (CCM)	Idem pour la version CORBA 3.0
Enterprise Application Integration (EAI)	Apporter les notations relatives à la spécification et à la conception de systèmes de synchronisation entre applications d'entreprise.
Enterprise Distributed Object Computing (EDOC)	Apporter les notations relatives à la conception de services distribués, adaptables notamment à J2EE ou .NET.
QoS and Fault Tolerance	Apporter les notations relatives à la conception de systèmes à qualité de service définie.
Schedulability, Performance, and Time	Apporter les notations relatives à la spécification et à la conception de systèmes temps réel.
Testing Profile	Adapter UML à la description des structures – scénarios et artéfacts – utilisés en phase de tests.
Human-Usable Textual Notation (HUTN)	Introduire un langage textuel de description de modèles UML sous la forme d'une grammaire qui puisse à la fois être utilisée par un opérateur humain et par un programme de transformation de l'information.

En dehors des profils officiels, la définition de profils spécifiques à un projet permet de formaliser des conventions d'équipe et particulièrement lorsque beaucoup d'acteurs interviennent sur le modèle et lorsque le projet concerne un sujet spécifique ou utilise des technologies particulières.

Tendances

Nous avons déjà énuméré dans ce chapitre quelques évolutions d'UML entre ses versions 1 et 2. Nous vous proposons ici d'en faire la synthèse et de développer les différentes tendances qui s'en dégagent.

Les principales évolutions depuis UML 1

Les évolutions concernent à notre avis les diagrammes qui n'ont pas encore atteint pleinement leur maturité. Globalement, cette maturité peut être mesurée par l'ensemble des manques que l'on peut constater sur un diagramme particulier, en l'utilisant. Dans cet ordre d'idée, on remarque donc la stabilité des diagrammes de classe et d'état qui connaissent tous deux une syntaxe déjà riche dans UML 1.

Les diagrammes d'interaction

L'évolution la plus remarquable concerne à notre avis le diagramme de séquence qui peut désormais bénéficier des fragments d'interaction afin d'exprimer clairement les boucles, les alternatives et les imbrications d'autres diagrammes.

Le diagramme de séquence a toujours été extrêmement populaire du fait de la simplicité et de la clarté de son formalisme pour exprimer le déroulement d'un cas d'utilisation ou la réalisation d'une opération. En UML 1, son formalisme a cependant été bridé par cette incapacité à pouvoir traiter explicitement les structures de contrôle. Les nouvelles possibilités d'UML 2 vont, à notre avis, remettre ce diagramme à sa vraie place, à savoir en quasi-équité avec le diagramme de classe :

- le diagramme de classe pour exprimer la structure logique d'une application en classes ;
- le diagramme de séquence pour développer les comportements logiques des classes.

Par ailleurs, les deux nouveaux diagrammes apparus (le diagramme d'interaction globale et le diagramme de temps) sont directement apparentés aux diagrammes d'interaction afin d'enrichir encore ses possibilités de formalisme.

Il est donc troublant de constater que pratiquement aucune évolution ne touche le diagramme de communication (appelé diagramme de collaboration en UML 1), connaissant ses limitations dans l'expression des interactions complexes. Est-ce un désaveu des méthodologistes qui favoriseront dorénavant le diagramme de séquence ?

Le diagramme d'activité

La seconde évolution la plus marquante concerne à notre avis l'effort tout particulier qui a été fait pour enrichir la syntaxe du diagramme d'activité. Une volonté affichée de couvrir les problématiques d'expression de *workflow* et d'apporter une syntaxe graphique aux techniques émergeantes du BPM (*Business Process Management*) a été mise en avant.

Au travers de cette évolution, on constate également une résurgence des techniques de modélisation fonctionnelle qui ont connu leurs heures de gloire dans les années 1980 avec notamment la méthode SADT, et que James Rumbaugh (l'un des pères d'UML) a tenté de marier avec les techniques orientées objet dans sa méthode OMT (*Object Modeling Techniques*).

Les diagrammes structuraux

En troisième position, vient l'apparition du concept d'artéfact qui résout définitivement la position baroque qu'a occupé le composant dans UML 1. Dorénavant, le composant reste une notion immatérielle, tandis que l'artéfact prend la place du fichier finalement produit par le développement logiciel.

On perçoit donc enfin les quatre niveaux qui permettent de passer du concept au logiciel : la **classe**, qui reste un concept abstrait, est logiquement mise en œuvre par le **composant**, qui est déployé par l'**artéfact**, qui est lui-même exécuté par le **nœud** (machine ou *cluster* de machines). On peut cependant prédire le faible intérêt qu'aura le diagramme de composant, dès lors qu'il n'est pas nécessaire d'élaborer une architecture particulière. La standardisation des architectures (notamment J2EE et .NET) pour le développement de logiciels spécifiques pousse dans ce sens.

Notez enfin l'officialisation des diagrammes de package et d'instance qui ont été auparavant une utilisation particulière mais fréquente du diagramme de classe.

Le paradigme orienté objet se relâche

De tous ces constats, on peut donc conclure à un certain relâchement du paradigme orienté objet par une modélisation moins orthodoxe avec UML 2. Avec la notion de *classifieur*, on peut en effet associer des propriétés objet, autrefois réservées aux classes, à une large gamme d'autres concepts : composant, artéfact, nœud, package et collaboration pour les principaux.

Les notions d'héritage, d'association, d'agrégation, de stéréotypes, de propriétés et de contraintes ont donc été définitivement étendues aux classifieurs. De même, les objets représentant ces derniers peuvent implicitement posséder des comportements et figurer dans les diagrammes d'interaction. En d'autres termes, UML 2 permet officiellement de représenter les états d'un cas d'utilisation ou des séquences d'interaction entre packages.

Le retour de la modélisation fonctionnelle ?

L'enrichissement du diagramme d'activité avec une formalisation dorénavant explicite des flux d'objets, des objets de stockage (stéréotype datastore) et des objets d'information, fait fortement penser au retour du diagramme de flux de données de la méthode OMT, qui est l'un des ancêtres d'UML.

Au-delà de ce premier constat, le diagramme d'activité permet clairement, et presque indépendamment des autres diagrammes UML, de concevoir une application par une approche purement fonctionnelle sans même recourir à la moindre classe. Il s'agit là d'une égratignure supplémentaire à l'orthodoxie orientée objet.

Parmi les notations auxiliaires proposées par la norme, et en complément du diagramme d'activité, il est de plus possible d'exprimer des flux de données dans un diagramme de classe.

Figure 1–57
Représentation de flux dans un diagramme de classe

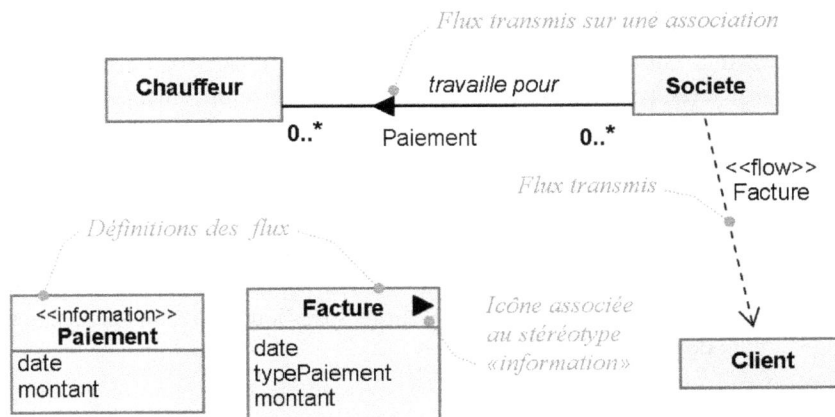

Le renforcement de l'ingénierie système

UML et l'approche MDA (*Model Driven Architecture* – voir chapitre 6) qui l'accompagne dorénavant, sont massivement adoptés dans le domaine de l'ingénierie des systèmes à logiciels prépondérants. Il est donc naturel qu'UML 2 ait renforcé ses capacités d'expression du temps réel, souvent requises pour la conception des systèmes industriels. L'apparition du diagramme de structure composite répond par ailleurs tout particulièrement à la formalisation des travaux d'ingénierie système.

Dans ces domaines, les diagrammes d'état, de composant, de déploiement et de temps occupent une place bien plus importante que lorsqu'il s'agit d'un développement logiciel qui vise au déploiement sur une architecture standard, type J2EE ou .NET.

Doit-on y voir la marque toute particulière des auteurs d'UML : James Rumbaugh, qui venant de General Electrics a accompagné des projets en équipements télécom, et Grady Booch, qui venant du monde temps réel a écrit différents ouvrages sur le langage ADA ?

Notez enfin l'initiative SYSML (`www.sysml.org`), qui vise à produire des extensions d'UML pour l'industrie des systèmes embarqués et temps réel.

En résumé

UML est un langage de modélisation qui est issu d'une unification de différentes méthodes orientées objet. Bien qu'aujourd'hui normalisé par l'OMG, UML comporte des mécanismes d'extension qui permettent de l'adapter à différents cas de figure. UML est ainsi utilisable par plusieurs types de projet logiciel dans les phases de capture des besoins, d'analyse détaillée, de conception logicielle et de déploiement.

UML 2 définit des concepts et des notations répartis sur 13 diagrammes. Les diagrammes structuraux définissent toute la démarche de développement logiciel qui permet de passer du concept au produit par l'intermédiaire des classes, des composants et des artéfacts. Les diagrammes comportementaux décrivent la dynamique d'un système sous la forme de cas d'utilisation, d'interactions, d'activités et d'états. L'utilisation d'UML ne signifie pas qu'il faille utiliser systématiquement ses 13 diagrammes ; certains diagrammes, tels que le diagramme de classe et le diagramme d'activité, sont à notre avis plus incontournables que d'autres. En conséquence, UML s'applique à un large domaine d'utilisation qui couvre l'ingénierie système, le développement d'applications spécifiques, la maintenance applicative et le déploiement de progiciels paramétrables.

La norme UML est publiée sous forme de documents normatifs, mais il vaut mieux s'appuyer sur des ouvrages plus accessibles pour l'utiliser. Pour mémoire, UML comporte également le langage OCL dédié à la formalisation des règles et des contraintes. L'évolution du langage montre un relâchement de l'orthodoxie objet, une ouverture à la modélisation fonctionnelle et le renforcement des techniques utilisées par l'ingénierie système. En complément du langage et à titre d'utilisation de ses capacités d'extension, des profils sont officialisés pour couvrir des besoins technologiques ou méthodologiques particuliers.

2

Spécification par les cas d'utilisation

La mise en œuvre de la spécification avec UML 2 passe par une première étape de rédaction des cas d'utilisation. Cette technique, extrêmement performante pour l'expression de besoins, permet tantôt à une maîtrise d'ouvrage d'élaborer un cahier des charges précis et complet, tantôt à un maître d'œuvre de reformuler les besoins de son client et d'approfondir très rapidement la spécification du logiciel.

L'usage des cas d'utilisation

Le cas d'utilisation est a priori une technique universelle de reformulation d'une expression de besoins logiciels. A posteriori, cette technique peut servir à l'ingénierie système dans son entier, dans la mesure où elle s'appuie exclusivement sur une approche systémique du logiciel.

Définitions

La définition d'un cas d'utilisation s'inscrit dans la spécification d'un système. Pour rappel, un système, pour être identifié en tant que tel, doit consommer des « entrées » et produire des « sorties » avec une certaine valeur ajoutée.

À la différence d'une approche « purement systémique », un cas d'utilisation a besoin de justifier son existence vis-à-vis d'un utilisateur ou acteur du système.

Étude de cas : un système de réservation de taxi

L'étude de cas de notre ouvrage s'appuie sur le système OpenTaxi, dont la vocation est de faciliter la réservation de taxi à toute heure et en tout lieu, en utilisant Internet et en bénéficiant d'un suivi temps réel de la commande. Notre système OpenTaxi est donc le système informatique dans sa globalité, qui gère la réservation en interaction avec un centre d'appel, les usagers, les clients, les chauffeurs de taxi et les responsables opérationnels. Le système OpenTaxi consomme des entrées telles que l'appel d'un client ou le signal d'une fin de course et produit des sorties telles que l'horaire prévu de prise en charge d'un usager ou la position des taxis.

Définition : acteur

L'acteur est une classe d'utilisateurs du système qui produisent des entrées et/ou consomment des sorties identiques vis-à-vis du système considéré.

Étude de cas : les acteurs du système

Un acteur est par exemple l'usager qui réserve une course et consomme les informations d'avancement de son taxi.
Il vous est donc facile de trouver les autres acteurs du système : le chauffeur de taxi, le client, l'hôte(sse) du centre d'appels et le responsable opérationnel.

Il arrive bien souvent que d'autres systèmes consomment des sorties et produisent des entrées vis-à-vis du système étudié. Il s'agit d'acteurs non humains, pleinement considérés comme acteurs par UML.

Étude de cas : un acteur non humain du système

Un autre organisme, le tiers de paiement, est chargé de valider les informations de paiement d'un client par le biais d'échanges sur Internet. Il devient de fait acteur du système, au même titre que les usagers.

La représentation UML du système et des acteurs utilise simplement un diagramme d'instance ou un diagramme de communication comme ci-après.

Ceci étant défini, le cas d'utilisation décrit une façon d'utiliser le système du point de vue d'un acteur particulier et dans la perspective d'une même activité métier.

Le cas d'utilisation est une notion qui peut être interprétée tantôt comme une simple fonction sur un système informatique, par exemple « enregistrer une adresse de prise en charge », tantôt comme un processus métier global, par exemple « gestion de la flotte des taxis ». Le niveau de description de ces deux exemples n'est pas le même et ces deux interprétations peuvent pourtant être mises en œuvre parallèlement par deux membres d'une même équipe de spécification.

Dans la section consacrée au découpage en cas d'utilisation, on développe les éléments qui permettront à vos équipes de distinguer le cas d'utilisation d'une simple transaction informatique et de préjuger de la couverture fonctionnelle convenable qu'il doit représenter.

Figure 2–1
Représentation UML
d'un système et de ses
acteurs

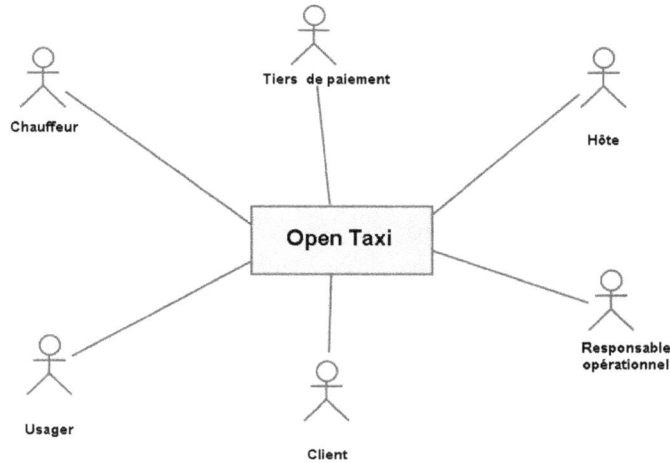

Définition : cas d'utilisation (rappel)

Un cas d'utilisation représente un ensemble de séquences d'actions réalisées par le système et produisant un résultat observable intéressant pour un acteur particulier.
Il modélise un service rendu par le système et exprime des interactions acteurs/système qui apportent une valeur ajoutée notable à l'acteur concerné.

À terme, l'intérêt majeur d'une expression de besoins avec les cas d'utilisation réside dans la couverture qui en résulte. Les cas d'utilisation pavent littéralement le domaine du problème en assurant :

- la complétude – toutes les problématiques sont exprimées au moins une fois ;
- l'unicité d'expression – une même problématique est exprimée une fois et une seule dans un cas d'utilisation ;
- la cohérence – deux cas d'utilisation différents ne peuvent se contredire ;
- la structuration des spécifications – les cas d'utilisation peuvent être ordonnés, priorisés et regroupés par thématiques fonctionnelles ;
- la facilité de gestion des exigences – les cas d'utilisation sont traités unitairement par la conception ;
- l'assurance qualité – l'expression en cas d'utilisation représente un scénario de test fonctionnel, en préparation de la phase de recette.

Domaines d'application

Avant d'aller plus loin dans la technique de description d'un cas d'utilisation, il paraît intéressant d'évaluer son recours dans diverses situations d'ingénierie du logiciel.

Le cas d'utilisation a été envisagé dans le cadre du développement de systèmes spécifiques. Il représente en quelque sorte l'aboutissement de travaux de recherche sur la méthodologie informatique, initiée au début des années 1980. Durant ces dix dernières années, on a cependant constaté que la part du développement de logiciels spécifiques a laissé sa place à d'autres activités que sont :

- la maintenance applicative, étant donné que le parc de logiciels spécifiques déjà développés et déployés s'est accru et que ce parc nécessite des interventions régulières de corrections et d'évolutions ;
- le déploiement de progiciels métier paramétrables, pour lesquels les cas d'utilisation rentrent en compétition directe avec les pratiques qu'encouragent les éditeurs de ces progiciels.

À cela s'ajoute le cadre de l'ingénierie système, comme annoncé au début de ce chapitre. L'adoption massive d'UML et des cas d'utilisation par certains industriels de l'électronique, tel que Thalès, en prouve l'intérêt.

Pour étudier l'ensemble des domaines d'utilisation possibles, nous nous sommes donc efforcés de répondre aux questions suivantes :

- Qu'apportent les cas d'utilisation à la connaissance d'un métier ?
- Qu'apportent les cas d'utilisation à la gestion des exigences ?
- Qu'apportent les cas d'utilisation à la stratégie et à la justification économique d'un projet de développement informatique ?
- Qu'apportent les cas d'utilisation dans la prédiction des comportements d'une application : performance, ergonomie, sécurité et autres caractéristiques techniques ?
- Qu'apportent les cas d'utilisation dans le cadre de l'utilisation d'un progiciel ?
- Qu'apportent les cas d'utilisation dans le cadre de la connaissance d'un système ou d'une application existant(e) ?
- Qu'apportent les cas d'utilisation aux équipes de développement du maître d'œuvre ?
- Qu'apportent les cas d'utilisation à l'assurance qualité ?

Développement de logiciels spécifiques

Le développement d'un logiciel spécifique est une activité initiée par la conviction qu'une application informatique peut couvrir une fonction particulière, tellement spécifique à l'entreprise qu'il serait vain de vouloir trouver le même système sous la forme d'un progiciel.

Le succès d'un tel projet dépend fortement de la capacité à spécifier les fonctions du système à venir. En effet, la connaissance de ces fonctions réside la plupart du temps dans la tête de personnes qui ne connaissent pas le développement informatique. Par ailleurs, cette connaissance est parcellée en plusieurs domaines de spécialisations qui peuvent se recouvrir sur certains points, voire se contredire. La plus grande difficulté du développement spécifique est par conséquent de pouvoir « prédire » les fonctions du système et de pouvoir assurer que leur informatisation représente un gain de productivité et un retour sur investissement satisfaisant.

Le recours aux cas d'utilisation apporte une méthodologie de spécification qui va aider une équipe à délier les imbrications fonctionnelles de son projet et qui va lui permettre de rentrer pleinement dans le métier des utilisateurs. Nous proposons pour cela une approche en plusieurs étapes :

1 l'initialisation, dont découle un découpage en cas d'utilisation ;

2 la formulation des cas d'utilisation par entretien avec différents spécialistes du métier ;

3 la relecture des cas d'utilisation par les spécialistes et leurs corrections ;

4 la préparation des tests pour la recette du logiciel ;

5 optionnellement, l'établissement de la validité économique du projet :

   – identification des gains métier de l'application ;

   – estimation des coûts de développement et de maintenance par cas d'utilisation ;

   – calcul du retour sur investissement.

Les cas d'utilisation aident à la formalisation des besoins parce qu'ils sont une expression purement textuelle qui peut être relue et validée par des spécialistes.

Les cas d'utilisation représentent une description exhaustive et précise des fonctions informatiques qui peuvent être facilement estimées en termes de charge de développement.

Les cas d'utilisation correspondent à une séquence d'interactions entre un ou plusieurs acteur(s) et le système considéré. Ce point de vue, très proche de l'expression d'un scénario de test, permet de formuler très facilement et très rapidement un cahier de recette à partir des cas d'utilisation. Ils contribuent donc directement à l'assurance qualité du produit développé.

L'identification des besoins métier au travers des cas d'utilisation permet ensuite d'exprimer les contraintes techniques qui s'appliquent sur le système, du fait même de l'expression des interactions décrites qui doivent être opérationnelles.

Une fois établis, les cas d'utilisation représentent un référentiel de spécifications explicites qui peut être soumis à appel d'offres en tant que CCTP (Cahier des clauses techniques particulières) ou de STBF (Spécification technique des besoins fonctionnels), suivant la terminologie en usage dans votre entreprise.

Développement de systèmes

Le développement de systèmes est très analogue au développement de logiciels, tout au moins pour sa phase d'expression des besoins. Il y a cependant quelques différences majeures à prendre en compte :

• Le découpage en sous-systèmes y est plus systématique qu'en logiciel, du fait même de l'assemblage de dispositifs de natures différentes (carte électronique, servocommande, dispositifs de navigations, écrans de supervision, etc.).

• La coopération entre équipes de différents industriels y est donc plus fréquente et doit faire l'objet de définitions d'interfaces extrêmement rigoureuses.

Il s'agit la plupart du temps de systèmes critiques qui mettent en jeux des vies humaines lorsqu'ils sont en opération. Les contraintes de sûreté de fonctionnement s'ajoutent donc aux contraintes techniques.

Les cycles de développement y sont généralement plus longs et plus coûteux.

Figure 2–2
Schéma de principe
méthodologique
montrant le rôle central
des cas d'utilisation
dans la spécification de
systèmes

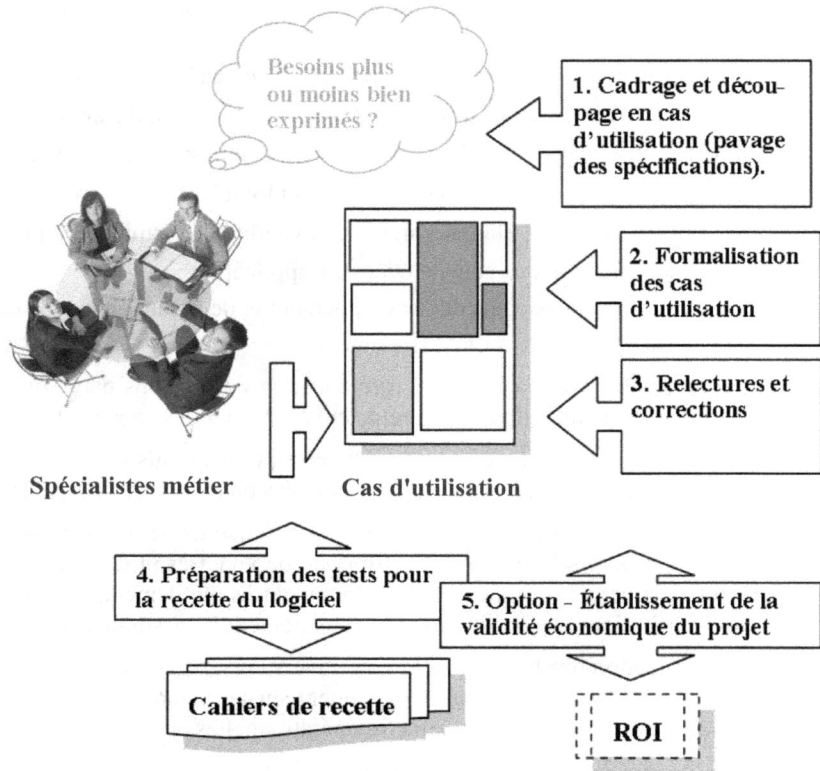

Étude de cas : identification de contraintes techniques

Lors de la réservation d'un taxi, le client doit pouvoir expliciter une adresse de prise en charge et transmettre en caution les coordonnées d'une carte bancaire ou d'un numéro de client.

La faculté de rendre cette interaction opérationnelle sur Internet s'exprime sous la forme de contraintes techniques :

- des contraintes d'IHM qui décrivent comment le système recueille ces informations du client ;
- des contraintes de performance qui définissent les temps maximaux d'attente pour valider de part et d'autre l'interaction ;
- des contraintes de sécurité pour expliciter que les données confidentielles du client ne doivent pas être accessibles lors de son transport sur Internet.

Le découpage en sous-systèmes pose une problématique de pilotage de l'ensemble. D'un côté, les fonctions sont réalisées par l'intégralité du système et une formulation des cas d'utilisation à ce niveau permet d'assurer cette finalité. De l'autre côté, seule une formulation du détail fonctionnel de chaque sous-système permet aux différents industriels impliqués de bénéficier des avantages d'un référentiel de spécifications. Il est donc important de mettre en œuvre les deux points de vue simultanément et d'en gérer les dépendances, au travers de spécifications d'interfaces – c'est-à-dire que certaines sorties d'un sous-système correspondent aux entrées d'un autre.

Dans ce cadre, l'ensemble des propriétés que l'on peut évaluer à partir de la structuration des cas d'utilisation, répondent aux attentes spécifiques de l'ingénierie système. On y retrouve :

- les contraintes techniques (IHM, performance, sécurité, etc.) ;
- les coûts de développement ;
- la priorité de développement ;

et plus spécifiquement :

- les contraintes d'interfaces ;
- les différents attributs de sûreté de fonctionnement, scénario par scénario.

Figure 2–3
Diagramme de structure composite, exprimant le découpage en sous-systèmes

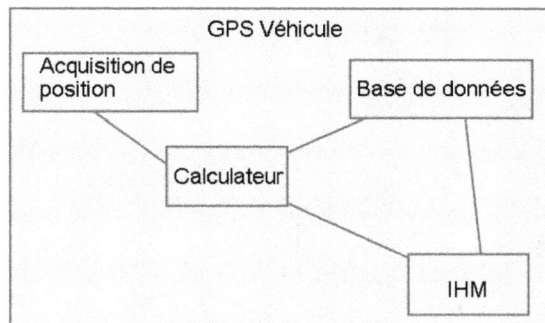

Dans le cadre du développement de système, le processus d'élaboration des cas d'utilisation est donc plus complexe dans la mesure où il met en œuvre un coordinateur et des sous-traitants chargés de réaliser différents composants. Il est alors nécessaire de décliner le processus d'élaboration sur deux niveaux.

Le coordinateur réalise les actions suivantes :

1 l'initialisation, dont découle un découpage en cas d'utilisation ;
2 la formulation des cas d'utilisation par entretiens avec les différents spécialistes du métier – ces cas d'utilisation se définissent alors aux frontières « externes » du système ;
3 la relecture des cas d'utilisation par les spécialistes et leurs corrections ;
4 la préparation des tests pour la recette d'ensemble du système ;

Figure 2–4
Contexte « externe » du système avec un diagramme de communication

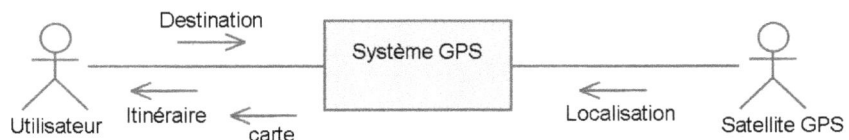

5 l'établissement des spécifications d'interfaces « internes » identifiées à partir des séquences des cas d'utilisation – des revues avec les sous-traitants permettent de converger itérativement sur une définition stable et précise ;

6 optionnellement, l'établissement de la validité économique du projet en coopération avec tous les sous-traitants.

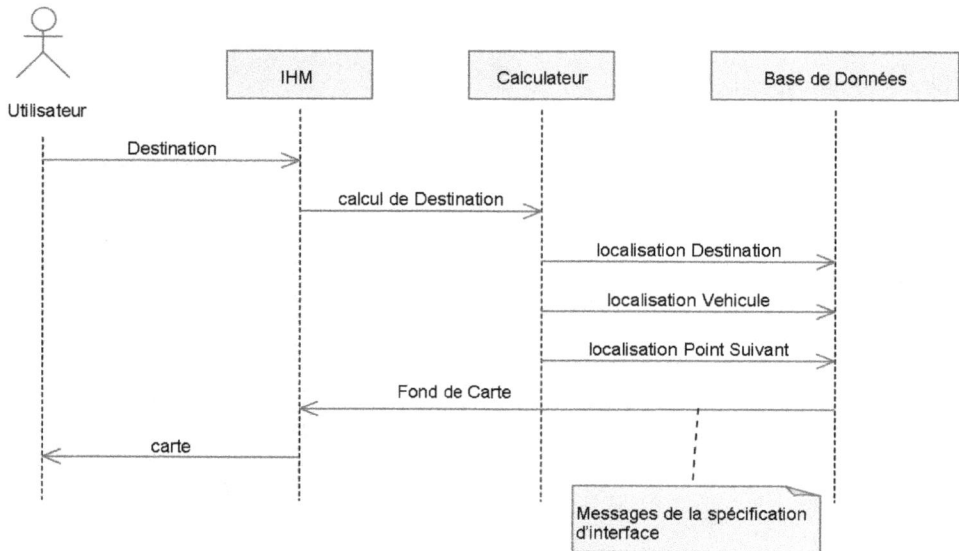

Figure 2–5 Diagramme de séquences aidant à établir la spécification d'interfaces

À son niveau, le sous-traitant recueille les besoins propres à son sous-système en formalisant les cas d'utilisation. Les autres composants du système deviennent les acteurs de son sous-système.

Figure 2–6
Contexte du sous-système Base de Données

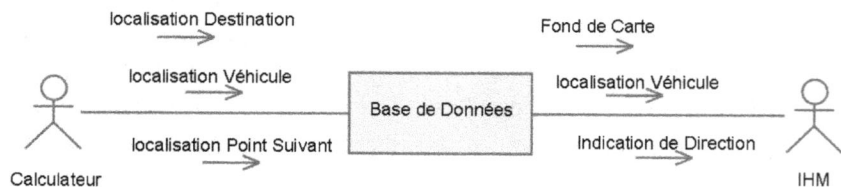

Le sous-traitant élabore ainsi ses cas d'utilisation en reprenant à son niveau la démarche proposée :

1 le découpage en cas d'utilisation du sous-système à partir des spécifications d'interface le concernant ;

2 la formulation des cas d'utilisation par entretiens avec les différents spécialistes et par contributions des experts internes ;

3 la relecture des cas d'utilisation et leurs corrections ;

4 la revue des spécifications d'interfaces avec le coordinateur, afin de converger itérativement sur une solution satisfaisante par toutes les parties ;

5 la préparation des tests pour la recette unitaire du composant.

En conséquence, l'usage des cas d'utilisation, bien qu'initialement pensé dans le cadre du développement de logiciels spécifiques, peut apporter efficacité et clarté dans le contexte plus critique de la spécification de systèmes.

Maintenance applicative

Le cadre d'une maintenance applicative s'apparente au développement de logiciels spécifiques, sauf qu'il s'agit ici de connaître des applications anciennement développées en disposant d'une documentation plus ou moins complète et à jour.

Par comparaison au développement logiciel, la maintenance applicative présente les spécificités suivantes :

- Le produit et sa documentation existent.
- Leur état est rarement complet et cohérent.
- L'expertise métier et technique, qui a permis l'élaboration du produit, a généralement disparu.
- Les corrections et évolutions demandées représentent des modifications d'appoint – elles doivent remettre en cause le moins possible la conception générale du produit.
- Un refactoring complet du produit doit être évalué lorsque cette même conception ne permet pas de satisfaire les corrections ou évolutions demandées.
- Tous les changements sur le produit représentent un risque important de régression.

Lorsqu'il s'agit d'un contrat de tierce-maintenance, une phase de prise en compte permet aux équipes de prendre en charge le parc applicatif cible afin d'en assurer à terme les actions de corrections et d'évolutions requises. Si cette phase prévoit la possibilité d'une rétro-documentation, la formulation de cas d'utilisation permet aux équipes de maintenance d'explorer les fonctionnalités en se concentrant sur le métier de l'application, et donc d'en percevoir rapidement l'essentiel.

L'établissement des séquences, que représentent les cas d'utilisations, apporte plusieurs avantages dans le cadre d'une maintenance :

- Le référentiel de comportements applicatifs que constitue les cas d'utilisation peut être facilement ajusté à l'application existante en exécutant les scénarios décrits.
- Les finalités métier de l'application existante deviennent rapidement explicites, ce qui compense la disparition éventuelle de l'expertise métier.
- La conception globale de l'application existante peut être confrontée aux finalités métier, ce qui permet de jauger plus aisément les cas nécessitant son refactoring.
- Les cahiers de recette issus des cas d'utilisation aident à assurer la non-régression des corrections et des évolutions à venir.

Le contexte d'une maintenance applicative modifie donc le processus d'élaboration des cas d'utilisation car il inclut la confrontation à une application existante.

Nous proposons la démarche suivante :

1 l'initialisation, réalisant un découpage en cas d'utilisation à partir de la documentation du produit, ou le cas échéant de la première perception que l'on s'en fait ;

2 la formulation des cas d'utilisation par exécution des séquences directement sur l'application – l'identification des séquences d'interactions permet d'envisager différents cas fonctionnels et d'en tester l'exécution sur l'application ;

3 l'élaboration des tests de non-régression.

En définitive, le cadre général de spécification logicielle que proposent les cas d'utilisation peut être avantageusement utilisé dans un contexte de maintenance applicative.

Déploiement de progiciels paramétrables

Nous sommes ici dans un cadre méthodologique qui est déjà bien jalonné par les éditeurs de progiciels. Nous pensons particulièrement à SAP, qui décrit chacun de ses processus métier dans un formalisme qui lui est propre et qui propose une méthode rapide de validation, de correction et de paramétrage de chacun de ces processus. Dans les cas de spécificités métier cependant, les utilisateurs peuvent ne pas y retrouver leur compte car ils attendent des fonctions précises du progiciel.

En conséquence, tantôt le déploiement de progiciels paramétrables s'apparente à de la maintenance évolutive (en ce sens qu'il s'agit d'une application existante à adapter dans un cadre particulier) et dans ce cas, la documentation fournie par l'éditeur suffit à réaliser le travail d'adaptation aux particularités de l'entreprise cible, tantôt certaines parties nécessitent le développement de parties de logiciel spécifique. Dans le second cas seulement, le recours aux cas d'utilisation permet de recueillir une image précise des besoins des utilisateurs et de les traduire en contraintes pour le progiciel.

Nous proposons alors la démarche suivante :

1 l'initialisation, identifiant les parties de développements spécifiques sous la forme de quelques cas d'utilisation ;

2 la formulation des cas d'utilisation par entretiens avec les différents spécialistes et contributions des experts internes ;

3 la relecture des cas d'utilisation et leurs corrections ;

4 la préparation des tests pour la recette des parties spécifiques du progiciel.

En synthèse, seuls les cas de développements spécifiques peuvent faire l'objet de l'élaboration de cas d'utilisation. Pour les autres cas, les méthodes de déploiement proposées par les éditeurs sont a priori plus adaptées et plus intégrées au progiciel.

Comment formaliser un cas d'utilisation

Les fondamentaux

En terme de formalisme UML, on rappelle qu'un cas d'utilisation se représente sous la forme d'une ellipse reliée aux acteurs impliqués dans les interactions avec le système. Le trait signifie simplement « participe à ».

Figure 2–7
Représentation UML
d'un cas d'utilisation

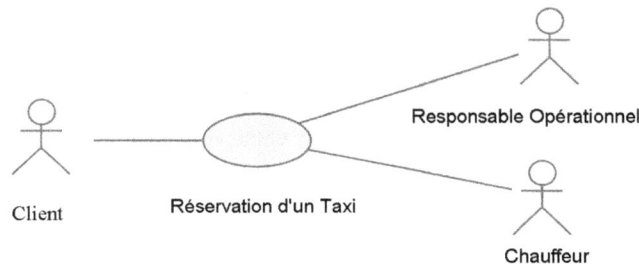

Responsable Opérationnel

Client   Réservation d'un Taxi

Chauffeur

Néanmoins, plus conformément à sa définition, un cas d'utilisation est la description textuelle d'une séquence d'interactions entre acteur et système. Il s'exprime donc, pour sa partie principale, sous la forme d'une liste de descriptions ordonnées de type « l'acteur réalise telle actions et le système lui renvoie tel et tel signaux ». Par exemple :

1 Le client demande à consulter l'état de son compte. L'application lui présente le bilan de ses 30 dernières opérations en débit/crédit et fait apparaître en premier plan son solde.

2 Le client consulte le détail d'une opération et le système lui renvoie les informations : montant, date, date de valeur, débit/crédit, bénéficiaire/créditeur.

3 Etc.

Les interactions apparaissent dans le texte suivant l'ordre d'un cheminement nominal. Des séquences alternatives peuvent survenir tout au long du discours et être récapitulées en fin de cas d'utilisation pour ne pas gêner la lecture du scénario nominal.

Afin de gérer les situations anormales, les séquences peuvent être entrecoupées d'exceptions qui renvoient à des actions de traitement particulières et qui mettent fin à l'exécution du cas d'utilisation. L'exception intervient dans le texte, sous la forme de renvois, exactement comme le ferait un GOTO dans un programme informatique. Par définition, une exception termine l'exécution du cas d'utilisation.

Étude de cas : Description d'un cas d'utilisation – Réservation d'un taxi

Scénario nominal

a) Le client demande une réservation de taxi par simple action sur l'IHM de l'application et le système lui renvoie l'écran de réservation de taxi.

b) Le client rentre l'adresse de prise en charge, le nom des usagers et choisit ou non l'option bagages. Il peut choisir parmi les choix d'adresses préenregistrées que le système a mémorisées pour lui [exception 1 : l'adresse n'est pas valide].

c) Le client modifie le numéro téléphonique de rappel s'il le désire.

d) Le client choisit de poursuivre sa commande et le système lui renvoie une confirmation et une estimation du temps d'attente [exception 2 : temps d'attente trop long].

e) Le client rentre son adresse de destination et le système lui renvoie une estimation du temps de la course et du devis.

f) Le client déclare soit payer la course, soit la faire payer aux usagers. Le système lui propose un récapitulatif des données rentrées et lui propose de valider sa commande.

g) Le client valide sa commande, le système alarme le chauffeur de taxi concerné par la course ainsi que le responsable des opérations.

Alternative(s)

d–1a) Lorsque le temps d'attente dépasse 15 min, un message intermédiaire prévient le client et lui demande s'il désire continuer.

d–1b) Si le client demande à poursuivre, le scénario se poursuit au point e).

e–1a) Si le client ne désire pas connaître le montant et le temps de la course, il peut directement passer au point f).

g–1a) Si le client refuse la commande, il annule l'exécution du cas d'utilisation.

g–2a) Si le client désire modifier une information, le système lui propose de parcourir à nouveau toutes les étapes depuis b) en lui permettant de retrouver les informations déjà saisies et de les corriger.

Exception(s)

Exception 1) L'adresse de prise en charge n'est pas valide : soit elle n'existe pas dans la base d'adresses, soit elle est en dehors du périmètre de prise en charge. Un message avertit l'utilisateur et termine le cas d'utilisation sur acquiescement.

Exception 2) Lorsque le temps d'attente dépasse 45 min, un message prévient le client qu'il n'y a pas de taxi disponible pour sa prise en charge et termine le cas d'utilisation sur acquiescement.

Formalisation du cas d'utilisation

Lorsque le cas d'utilisation est clairement exprimé, il se formalise facilement sous la forme d'un diagramme d'état, d'un diagramme d'activité ou d'un diagramme de séquence dans lequel apparaissent les étapes d'avancement de la séquence d'interactions.

Pour formaliser un cas d'utilisation avec un diagramme d'état, il suffit de transformer chaque étape exprimée dans le texte :

- sous la forme d'un état lorsqu'il y a durée dans le temps – par exemple, l'utilisateur peut prendre du temps pour décrire son adresse de prise en charge ;
- sous la forme d'une transition lorsqu'il s'agit d'une action qui n'a pas de durée dans le temps – par exemple, l'utilisateur réalise une demande de réservation par simple clic sur l'IHM.

Figure 2–8
Expression du cas d'utilisation avec un diagramme d'état

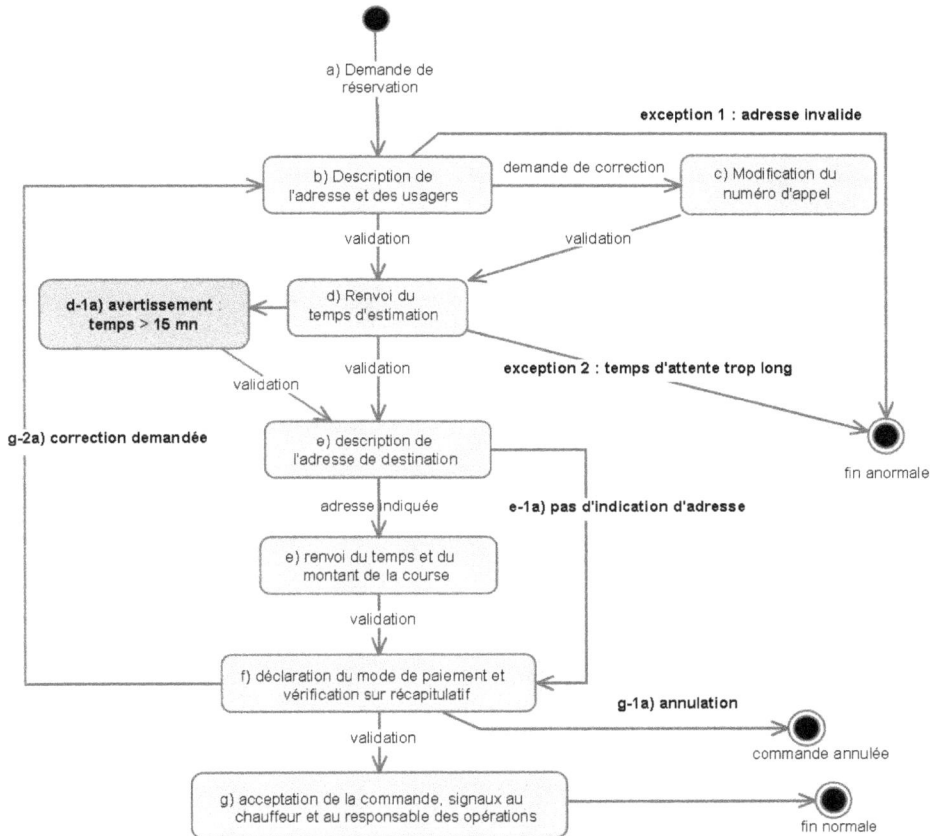

Une bonne pratique de formalisation consiste à rappeler, dans le nom des états et des transitions du diagramme, les numéros de séquence afin d'établir une relation claire entre le texte et le diagramme. En effet, lorsque l'analyste arrive à ce niveau de description du cas d'utilisation, en combinant texte et diagramme, il vous donne la garantie d'avoir formulé un cas d'utilisation correctement séquencé, parfaitement bien maîtrisé et prêt à être informatisé sans ambiguïtés.

Traditionnellement, il a été souvent conseillé de formaliser un cas d'utilisation avec un diagramme de séquence. Dans l'idée en effet, quoi de plus naturel que de formaliser des interactions acteur/système au travers du diagramme de séquence, initialement prévu pour cela.

Cependant, et avant l'arrivée de la norme UML 2, le diagramme de séquence a souffert d'une incapacité à mettre en valeur les différentes alternatives pouvant survenir tout au long de l'exécution du cas d'utilisation. En réponse à ce défaut, il a été préconisé de formaliser un diagramme de séquence par scénario d'interactions, à savoir un diagramme pour chaque occurrence possible de déroulement. En réalité, une telle pratique oblige à recopier plusieurs fois les mêmes interactions dans des diagrammes différents, ce qui complique toute correction à apporter au modèle et pénalise la souplesse de définition en phase d'analyse.

Depuis UML 2, les boucles et les alternatives s'expriment dans les fragments d'interaction et permettent de formaliser toutes les alternatives du cas d'utilisation comme dans le diagramme de la figure 2-9.

Figure 2–9
Expression du cas d'utilisation avec un diagramme de séquence

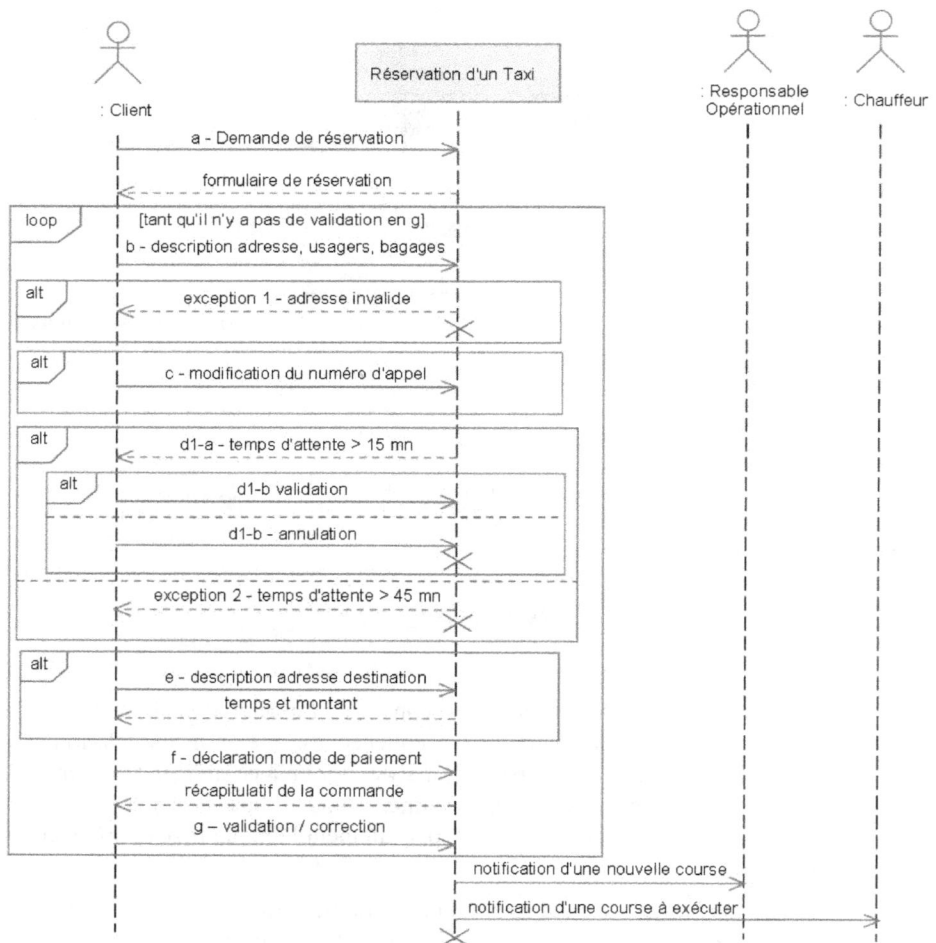

En conclusion, que l'on choisisse de décrire un cas d'utilisation avec un diagramme de séquence UML 2 ou avec un diagramme d'état, la formalisation permet de consolider le cas d'utilisation et constitue une pratique indispensable pour s'assurer de sa bonne description.

Le diagramme de séquence met en évidence les interactions entre les acteurs et le système, et en particulier les retours du système. Il permet donc de clarifier aisément les rôles et responsabilités de chacun dans l'exécution du cas d'utilisation. Le diagramme d'état, quant à lui, révèle facilement les différentes possibilités d'exécution d'un cas d'utilisation aux scénarios ramifiés. Ce formalisme aide donc à valider le cas d'utilisation : en cheminant visuellement au long des états et des transitions, l'analyste en élabore les différents scénarios d'exécution possibles et en vérifie la réalité métier.

Les conditions d'exécution d'un cas d'utilisation

Le cas d'utilisation représente une séquence d'interactions acteur(s)/système qui s'exécute chaque fois qu'un des acteurs en réalise la première sollicitation. Ainsi dans notre exemple, il y autant de cas d'utilisation qui s'exécutent sur le système qu'il y a de clients en cours de demande de réservation d'un taxi.

Certains prérequis à l'exécution du cas d'utilisation n'ont cependant pas été formulés, car il est implicite que plusieurs conditions ont été préalablement vérifiées par le système. Il s'agit des pré-conditions du cas d'utilisation.

Inversement, lorsque le cas d'utilisation s'est déroulé correctement, le système a enregistré, validé, mémorisé certains états. Il s'agit de ses post-conditions.

Ces conditions sont souvent communes à plusieurs cas d'utilisation. Elles correspondent par ailleurs à des exigences sur le système qu'il est inutile d'intégrer dans les séquences d'interaction, de par leur caractère répétitif, et de par le faible intérêt qu'elles représentent au regard du métier. Typiquement, l'authentification ou l'habilitation de l'acteur à réaliser le cas d'utilisation est une pré-condition récurrente qui ne présente pas, le plus souvent, d'intérêt à être décrite sous la forme d'interactions acteur/système.

Étude de cas : Description d'un cas d'utilisation – Réservation d'un taxi

Pré-condition(s)
– Le client est authentifié.
– Le service de réservation est ouvert.
– Le compte du client n'est pas bloqué.

Post-condition(s)
– La commande est archivée.
– S'il s'agit d'un paiement par le client, la facturation de la course est réalisée en fin de semaine.
– Un chauffeur de taxi identifié pour réaliser la course est prévenu et dispose des informations fournies par le client.
– Une confirmation de commande est envoyée au client par courriel.

Couvrir tous les types d'exigences avec un cas d'utilisation

Vous l'avez remarqué, les exigences formulées au travers du cas d'utilisation concernent exclusivement le déroulement du processus d'interactions acteur(s)/système vues sous un angle métier. Il ne s'agit pas d'une omission de notre part, mais d'une réelle volonté de concentrer la description du cas d'utilisation sur le réel fond du problème : le métier des utilisateurs.

Cette séparation demande certes un peu d'effort et de discipline mais, de notre point de vue, elle est indispensable pour clarifier l'expression des besoins et aider la maîtrise d'ouvrage à relire et valider votre travail.

Nous encourageons donc formellement à regrouper par natures les différents aspects d'une expression des besoins informatique dans un cas d'utilisation. L'exemple ci-après illustre notre conseil.

Étude de cas :
Description d'un cas d'utilisation – Réservation d'un taxi (à ne pas faire)

Scénario nominal

a) Le client demande une réservation de taxi en appuyant sur un lien HTML qui peut être présent aussi bien dans la page d'accueil de la société OpenTaxi que dans des bannières commerciales en location sur d'autres sites à grande fréquentation. Le système renvoie le premier formulaire HTML de réservation de taxi en moins de 3 secondes. Il faudra veiller à ce que le système puisse prendre en charge environ une centaine de transactions simultanées et gérer les interruptions de lignes qui sont fréquentes pour des clients encore dotés de lignes à faible débit.

b) Sur le formulaire HTML, le client doit rentrer l'adresse de prise en charge sous la forme d'un numéro suivi d'un nom de rue (les formules abrégées av et bd seront acceptées), d'un nom de ville et d'un code postal au format numérique (les 5 chiffres normalisés). Il peut choisir parmi les adresses préenregistrées que le système a mémorisées pour lui et qui lui sont présentées sous la forme d'une liste de liens HTML. Le choix d'un de ces liens remplit automatiquement les zones de l'adresse de prise en charge [exception 1 : l'adresse n'est pas valide]. Le client doit également indiquer le nombre de passagers et le nom de l'usager principal et choisit ou non l'option bagages sous la forme d'une simple case à cocher.

...

x) Sur demande du responsable opérationnel, le système affiche une grille de critères sur laquelle il peut définir d'une part l'ensemble du territoire, une région ou un département et d'autre part l'échelle de temps an, mois ou semaine. En fonction de ces critères, le système lui renvoie un tableau et un graphe montrant la répartition du nombre de commandes en fonction du lieu et du temps.

En structurant ainsi le cas d'utilisation et en séparant les domaines d'exigences, une maîtrise d'ouvrage a l'assurance d'avoir parcouru tous les aspects à expliciter.

Étude de cas :
Description d'un cas d'utilisation – Réservation d'un taxi (forme conseillée)

Scénario nominal

a) Le client demande une réservation de taxi par simple action sur l'IHM de l'application et le système lui renvoie l'écran de réservation de taxi

b) Le client rentre l'adresse de prise en charge, le nombre de passagers, le nom de l'usager principal, et choisit ou non l'option bagages. Il peut choisir parmi les adresses préenregistrées que le système a mémorisées pour lui [exception 1 : l'adresse n'est pas valide].

Exigences de reporting

Nombre de commandes par lieux : le responsable opérationnel peut obtenir le tableau des nombres de commandes pour le territoire/une région/un département répartis par années/mois/semaines.

Les lieux correspondent aux lignes du tableau : région par région si la couverture est le territoire, département par département pour une région et code postal pour une région. Il sera possible de descendre d'un niveau de détail en sélectionnant une ligne de résultats.

Les durées correspondent aux colonnes du tableau : une durée d'au maximum 10 ans pour un choix par années, de 2 ans pour un choix par mois et de 6 mois pour un choix par semaine. Il sera possible de descendre d'un niveau de détail en sélectionnant une colonne de résultats...

Exigences d'IHM pour les scénarios métier

Le client utilise exclusivement Internet pour réaliser ce cas d'utilisation. Il peut accéder à la réservation de taxi par un simple lien, de sorte que ce service puisse aussi être distribué par l'intermédiaire de bannières publicitaires achetées auprès de sites Internet à grande fréquentation.

Afin de choisir une adresse de prise en charge ou de destination, le client pourra choisir dans une liste d'au maximum 10 adresses qu'il aura pu enregistrer auparavant. Cette liste est visible aux étapes b) et e).

Pour rentrer une adresse manuellement, le client dispose :

– d'un champ numéro et nom de rue (les abréviations ave, av et bd seront reconnues du système) ;
– d'un nom de ville ;
– d'un code postal sous la forme de 5 chiffres normalisés...

Exigences d'IHM pour le reporting

Pour le *reporting* du nombre de commandes par lieux, les résultats seront présentés sous la forme de tableaux et de graphes de barres. Les résultats pourront être exportés vers MS–Excel...

Exigences techniques

Le site doit répondre en moins de 3 secondes, y compris pour les clients connectés en faible débit (50 Kbs).

Le site doit supporter au maximum 100 clients simultanés.

Pour prévenir les cas d'interruption de ligne, les commandes en cours et non validées auront une permanence d'au maximum 60 secondes sans recevoir de nouvelles requêtes de l'utilisateur...

Dans le cas d'appels d'offre, cela lui donne également de meilleurs atouts pour obtenir des réponses techniques comparables et conformes à ses attentes.

Afin de s'assurer de bien couvrir tous les aspects d'une expression de besoins informatique, nous vous proposons le plan d'examen suivant :

1 Définition du processus métier : description des interactions acteur(s)/système d'un point de vue exclusivement métier.

2 Identification des pré-conditions et des post-conditions.

3 Définition de tous les types de *reporting* et/ou de statistiques ayant trait au cas d'utilisation. Les protocoles d'obtention de ces informations sont aujourd'hui relativement standards et ne demandent pas une description formelle des interactions. Il suffit donc de décrire les critères de sélection, les mécanismes d'approfondissement disponibles (*drill-down*) et les rapports disponibles pour les différents acteurs du système.

4 Formalisation des besoins d'IHM en fonction des interactions du cas d'utilisation et des besoins de *reporting*. Décrire les moyens d'accès des utilisateurs, les facilités ergonomiques, les contraintes et les formats de saisie, les menus, les mécanismes d'activation, voire les standards à utiliser, comme un formulaire HTML, une liste *drop-down*, des menus déroulants, etc.

5 Identification des contraintes techniques :

- contraintes d'architecture : débits, volumétries, temps de réponse, nombre de sessions simultanées et disponibilité ;
- contraintes de transactions : durée maximale d'inactivité, retours arrière (*rollback*), synchronisation de systèmes distribués, concurrences d'accès et intégrité ;
- contraintes de sécurité : authentification, habilitation (ne pas oublier de traiter également le *reporting*), confidentialité et chiffrements ;
- contraintes d'intégration : synchronisation avec d'autres systèmes.

Lorsque l'acteur n'est pas humain

En résumé de ce que nous venons de voir, la description d'un cas d'utilisation repose sur l'expression d'un processus métier décrit du point de vue d'un acteur. Cette approche convient bien lorsque l'analyste peut se projeter comme un utilisateur de l'entreprise, mais qu'en est-il pour un cas d'utilisation piloté par un système externe ?

Deux cas sont en fait à considérer pour une interaction considérée :

- Dans le premier cas, le système répond et agit de façon synchrone aux sollicitations externes d'un autre système, exactement comme il le ferait pour un acteur. L'interaction s'exprime soit en forme active (« le calculateur demande la distance restant à parcourir et transmet la position X, Y du véhicule au système, ce dernier retourne la distance après le calcul de... »), soit en forme passive (« sur dépassement du seuil de température, le système envoie l'ordre d'ouverture des trappes d'aération à l'automate de contrôle, qui lui retourne un signal de validation »).

- Dans le second cas, le système répond de façon asynchrone. Les interactions sont alors exprimées sans liaisons entre elles, en mode *push-pull* (« le système envoie les coordonnées bancaires du client et le montant de la course, le système vérifie les acceptations de paiement qu'il a reçues et les traite… »), ou en mode *pull-push* (« le système vérifie la réception des coordonnées du véhicule et, à chaque occurrence, il les traite et renvoie au calculateur la distance restant à parcourir »).

Figure 2–10
Formalisation
d'interactions parallèles

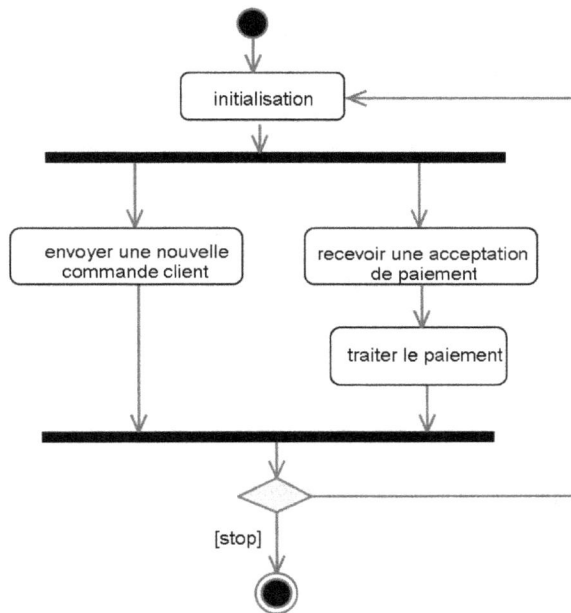

Les acteurs non humains sont fréquents en ingénierie système. La formalisation des cas d'utilisation pilotés par de tels acteurs décrit souvent des activités parallèles.

Le diagramme d'activité permet notamment de mettre en valeur de tels parallélismes, qui sont comme nous vous l'avons expliqué dans le chapitre 1, des parallélismes lâches – ils ne préjugent pas de quand les activités sont exécutées.

Proposition d'un plan type pour la rédaction d'un cas d'utilisation

En récapitulatif des techniques de formalisation des cas d'utilisation, nous conseillons à vos équipes d'élaborer un plan type de rédaction des cas d'utilisation, afin de s'assurer de n'avoir rien oublié en terme d'exigences informatiques. Cette technique est autant valable pour une maîtrise d'ouvrage désirant élaborer un cahier des charges, que pour un maître d'œuvre qui démarre un projet par une phase de capture des besoins. Vos équipes pourront s'inspirer du plan type de rédaction d'un cas d'utilisation que nous vous proposons ci-après.

Conseil : Plan type de rédaction d'un cas d'utilisation

<Titre du cas d'utilisation>

I. Intention

Dans cette partie, l'analyste développe la finalité du cas d'utilisation, à savoir la raison pour laquelle l'acteur en déclenche l'exécution. Cette partie, qui fait également office de résumé, rappelle le rôle des acteurs impliqués par ce cas d'utilisation. Par exemple :
– Le client est l'acteur déclencheur.
– Le responsable opérationnel est un acteur passif qui reçoit la commande une fois validée.
– Le chauffeur de taxi en charge de la commande est un acteur passif qui reçoit un ordre de mission, une fois la commande validée.

II. Description métier

II.1 Pré-conditions

Liste des pré-conditions nécessaires au démarrage du cas d'utilisation.

II.2 Scénario nominal

Description des interactions acteur(s)/système décrites d'un strict point de vue métier. Nous vous conseillons de numéroter les étapes sous la forme a), b), etc.

II.3 Alternatives au scénario nominal

Description des interactions acteur(s)/système alternatives au scénario nominal. Nous vous conseillons de les numéroter sous la forme :

a–1a), a–1b), etc. pour la séquence en première alternative au point a)
a–2a), a–2b), etc. pour la séquence en seconde alternative au point a)
etc.

II.4 Post-conditions

Liste des post-conditions assurées par le système en fin d'exécution du cas d'utilisation.

II.5 Exceptions

Description des comportements du système lors d'exceptions. On rappelle que le déclenchement d'une exception met fin systématiquement au cas d'utilisation et que les post-conditions ne sont pas respectées dans ce cas.

III Exigences de reporting

Pour chaque type de rapport que devra produire le système en liaison avec ce cas d'utilisation, description des critères d'entrées et des résultats obtenus.

IV. Exigences d'IHM

Liste de toutes les exigences d'IHM en rapport avec les étapes de description métier.

V. Contraintes techniques

Liste de toutes les contraintes techniques identifiées. Certaines d'entre elles, transverses à plusieurs cas d'utilisation, pourront être référencées dans un document séparé.

Les règles de découpage en cas d'utilisation

Qu'est-ce qu'un « bon » cas d'utilisation ?

Un cas d'utilisation représente à la fois une unité de spécification logicielle, relativement indépendante des autres descriptions, et une unité de gestion des exigences. N'oubliez pas en effet que les cas d'utilisation doivent complètement paver le domaine de vos exigences, ce qui implique que les spécifications qu'ils contiennent ne se recouvrent pas. Un cas d'utilisation représente d'autre part un petit dossier comprenant les descriptions textuelles et les schémas UML de vos spécifications. Ils représentent donc autant d'unités de gestion, tant en phase de constitution d'une expression des besoins, qu'en phase de développement. Ils doivent donc commodément représenter un lot d'exigences suffisant pour être considéré comme tel, sans pour autant couvrir un domaine trop vaste. Enfin, les cas d'utilisation décrivent implicitement des scénarios de tests, ce qui rend leur découpage critique pour toute la durée du développement logiciel.

Conseil : la taille d'un cas d'utilisation

On peut estimer empiriquement qu'un cas d'utilisation représente un scénario nominal d'environ 3 à 10 interactions acteur(s)/système. En deçà, il peut s'agir d'un cas d'utilisation décrivant une sous-partie « factorisée » d'enchaînements (voir les relations entre cas d'utilisation). Au-delà, nous vous suggérons de découper le cas en plusieurs sous-parties d'enchaînements.

Attention, nous insistons sur le caractère empirique de ce conseil, qu'il convient de ne pas appliquer à la lettre car vous serez certainement confronté à des contextes qu'il ne prend pas en compte.

En dernière caractéristique, un cas d'utilisation représente la description d'une unité de travail – il concerne un unique processus métier. Cette cohérence doit faciliter sa description en évitant la dispersion des analystes, lors de son élaboration. Voici quelques vérifications qui garantissent un cas d'utilisation cohérent et correctement découpé :

- Le cas d'utilisation décrit l'utilisation du système dans un cadre métier, à défaut d'être un pur regroupement d'exigences techniques, d'IHM ou de statistiques. Toute la difficulté d'une spécification informatique réside en effet dans la mise en valeur des règles métier, sachant que les autres aspects, que sont l'IHM, les statistiques, les performances, etc. représentent des techniques récurrentes et aujourd'hui standardisées par l'industrie informatique.
- Un seul et même acteur déclenche le cas d'utilisation.
- L'intention ou la finalité métier de cet acteur doit être facilement identifiable lorsqu'il en débute l'exécution. En d'autres termes, cela consiste aussi à vérifier que l'exécution du cas d'utilisation apporte une valeur ajoutée notable à son initiateur.
- Le cas d'utilisation regroupe un ou plusieurs acteur(s) autour d'une seule et même finalité.
- Le cas d'utilisation représente un processus facile à modéliser sous la forme d'un diagramme d'état, d'activité ou d'un diagramme de séquence d'UML 2.
- Le cas d'utilisation concerne un processus composé de plusieurs étapes d'enchaînements et regroupant les alternatives et les exceptions à ce processus.

Exemples de « bons » cas d'utilisation

Commençons par vous donner des exemples de ce que pourraient être de « bons » cas d'utilisation. Si nous nous plaçons du point de vue du responsable opérationnel, ce dernier va couvrir un certain nombre de processus métier grâce à l'application OpenTaxi que l'on désire spécifier.

Hormis sa participation à la réservation d'un taxi, le responsable opérationnel a en effet pour tâche de gérer ses ressources, à savoir les chauffeurs – et implicitement leurs véhicules – dans l'espace et dans le temps. De plus, le responsable opérationnel réalise la rétribution de ces derniers.

Sans rentrer dans le détail de l'application, une courte analyse du métier du responsable opérationnel permet de savoir que :

1 Il recrute ses chauffeurs, soit des chauffeurs indépendants, soit des salariés.
2 Il modifie ou met fin à leur contrat ou bien les chauffeurs y mettent fin.
3 Il planifie les chauffeurs dans le temps afin de disposer du nombre optimal pour couvrir les besoins identifiés par plages horaires et calendaires.
4 Il les répartit sur le territoire afin d'optimiser les déplacements de ces derniers en fonction des besoins identifiés par zones.
5 Il suit l'exécution des courses réalisées.
6 Il rétribue les chauffeurs indépendants par système de commisionnement.

Ce court travail d'analyse permet d'identifier les « intentions » avec lesquelles le responsable d'application utilise le système et d'énumérer la valeur ajoutée qu'il en attend. En conséquence, et en première estimation, on peut associer un cas d'utilisation à chacun des « grands » processus métier de l'acteur.

Conseil : mémorisez l'intention et la valeur ajoutée au premier jet

Dès que vous identifiez un indice de cas d'utilisation, formalisez-en le résumé en précisant l'intention, les quelques étapes de processus qui vous viennent à l'esprit et la valeur ajoutée pour l'acteur.

Exemple : répartition des taxis

Intention : donner un emplacement de départ aux taxis afin d'assurer un nombre optimal par zone d'attente.
Quelques étapes :
– afficher la cartographie des zones avec le nombre optimal de taxis calculés par le système pour un jour donné.
– afficher la réserve des taxis disponibles ce jour.
– répartir les taxis sur les zones.
Valeur ajoutée : optimiser l'utilisation de la flotte de taxis, donner aux chauffeurs des « directives » pour améliorer leur chiffre d'affaire en fonction des statistiques d'utilisation mémorisées par le système.

Figure 2–11
Exemples de cas
d'utilisation OpenTaxi

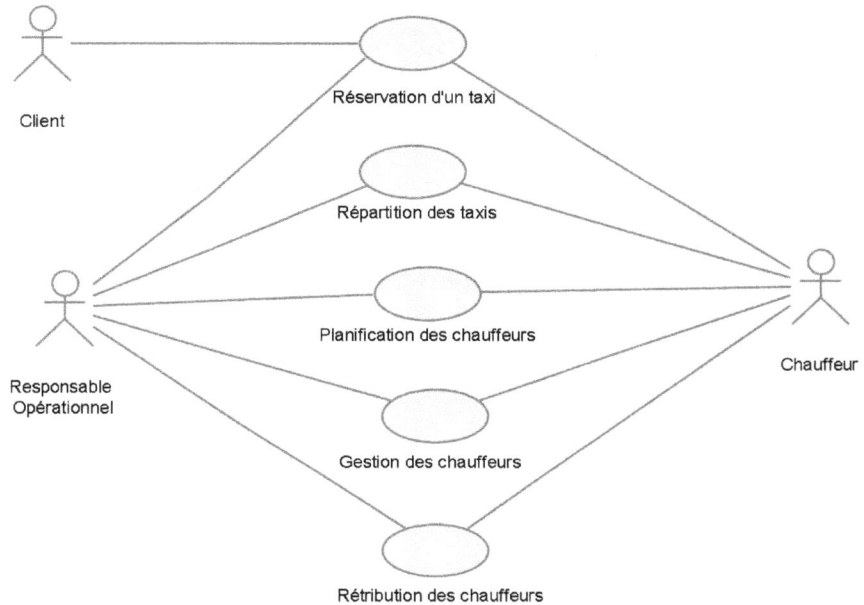

Le cas d'utilisation « gestion des chauffeurs » est un cas d'utilisation typique d'une spécification lorsqu'il s'agit de décrire des opérations de gestion de données métier. En effet, ce cas d'utilisation concerne la recherche, la consultation, la création, la modification et la suppression d'objets métier, en l'occurrence les chauffeurs. Notre conseil est de regrouper ces quatre actions dans le même cas d'utilisation, même si ce dernier s'apparente à décrire plusieurs séquences d'interactions parallèles. Ce regroupement vous permet d'identifier et de décrire sans redondance toutes les règles de gestion qui touchent au même objet métier.

Exemples de « mauvais » cas d'utilisation

Pour illustrer encore les conseils précédents, voici cette fois-ci quelques contre-exemples de maladresses récurrentes que l'on peut fréquemment trouver dans les projets. Notez qu'il ne s'agit pas d'erreur en soit, car cela signifierait que l'identification de tels cas d'utilisation aboutirait à une spécification erronée. Ce n'est pas notre propos. Les « mauvais » cas d'utilisation engagent simplement vos équipes à perdre un peu de temps à spécifier, à réorganiser, à rédiger, à répéter des exigences qui ne seront pas du niveau attendu et, plus grave, à oublier d'approfondir suffisamment le sujet de la spécification fonctionnelle.

Le cas d'utilisation « login » est le parfait contre-exemple qui anime encore aujourd'hui des débats de spécialistes – nous ne nierons pas que vous le trouverez peut-être dans certaines littératures de type « UML vu par les développeurs » ou comme illustration dans *UML en action*. En fait, hormis certains rares cas pour lesquels le *login* a un sens fonctionnel, il faut rechercher la valeur ajoutée métier pour l'acteur concerné. Vous avez trouvé ?

Figure 2–12
Modélisation sous la
forme d'un diagramme
d'activité du cas
d'utilisation « gestion
des chauffeurs »

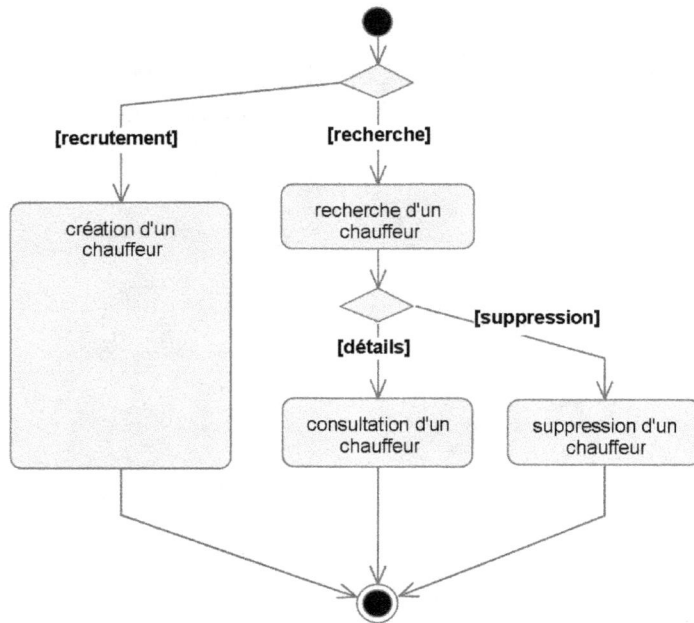

Figure 2–13
Contre-exemples de
cas d'utilisation

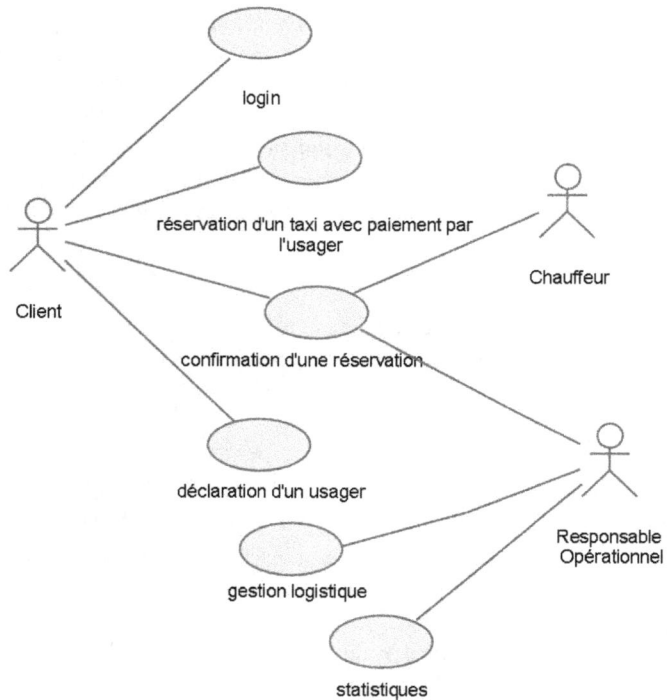

En finalité, le login est plus une exigence de sécurité qu'un cas d'utilisation, même si cette exigence implique une ou deux interactions acteur(s)/système.

Le cas d'utilisation « Réservation d'un taxi avec paiement par l'usager » n'est qu'un cas particulier du cas d'utilisation « Réservation d'un taxi ». N'oubliez pas qu'un cas d'utilisation peut contenir des alternatives et qu'il s'apparente plus à une classe de scénarios qu'à un scénario particulier.

Le cas d'utilisation « Confirmation d'une réservation » est pareillement l'ultime interaction du scénario nominal de « Réservation d'un taxi ». Une simple transaction n'est pas un cas d'utilisation et d'ailleurs combien d'étapes verriez-vous à ce cas d'utilisation ?

Si vous avez compris, alors que pensez-vous du cas d'utilisation suivant, « Déclaration d'un usager », lorsqu'il s'agit d'une case à cocher ou d'un nom à renseigner ?

Quant au cas d'utilisation « Gestion logistique », il couvre globalement tout le métier du responsable opérationnel, dont une simple analyse a permis d'énumérer au moins six processus métier différents. Nous sommes donc ici dans l'exemple du cas d'utilisation beaucoup trop vague ou trop vaste pour être traité en tant que tel.

Le cas d'utilisation « statistiques » est beaucoup plus délicat car l'obtention de statistiques et la création de rapports nécessite effectivement nombre d'interactions acteur(s)/système qui produisent en finalité une valeur ajoutée métier indéniable. Cependant – et nous considérons ici la majorité des cas – les statistiques touchent à toutes les données et implicitement à tous les processus du système. En conséquence, un tel cas d'utilisation répercute ou regroupe des besoins qui sont implicitement en rapport avec pratiquement tous les autres cas d'utilisation du système et voici qu'il dérange fâcheusement les qualités d'un modèle de spécification découpé en pavés indépendants, faciles à maintenir et à gérer.

En conséquence, et conformément à nos suggestions précédentes, nous préférons traiter les statistiques en tant qu'exigences à part, au même titre que les besoins d'IHM. Ajoutons à cela que ce n'est pas tant le protocole d'obtention du résultat qui nous intéresse que le résultat lui-même – le protocole d'interactions est quant à lui standardisé par les *requêteurs*, type MS-Query ou Business Objects. Notre conseil vous permet donc de rétablir les qualités d'un découpage des spécifications en cas d'utilisation, de traiter les statistiques en rapport avec le processus métier concerné et de ne pas réécrire des mécanismes d'obtention déjà traités par les *requêteurs* du marché et bien connus des développeurs.

Les techniques d'identification

On a maintenant cerné les attentes d'une spécification par les cas d'utilisation en précisant notamment le niveau de description et l'importance d'y faire apparaître le métier. Nous allons maintenant parcourir deux techniques permettant aux analystes d'identifier les cas d'utilisation et de construire rapidement un premier pavage ; certains parlent d'architecture de la spécification.

Définir les acteurs du système

La première activité consiste à définir les acteurs. Cet exercice n'est pas toujours aussi trivial qu'il y paraît. Dans l'exemple d'OpenTaxi, doit-on distinguer le chauffeur salarié du chauffeur indépendant sous contrat, ou doit-on assimiler les deux ? Ou doit-on encore considérer les trois cas en définissant le chauffeur comme représentation générique des deux catégories (utilisation d'une relation d'héritage entre acteurs) ?

Les participants doivent également garder en tête que l'acteur représente une classe d'utilisateurs et non un utilisateur particulier. La meilleure approche est d'évoquer les rôles dans l'entreprise et d'envisager leurs différentes utilisations du système.

Un rappel de la définition d'acteur au sens UML est donc nécessaire :

• Il s'agit d'une classe d'utilisateurs produisant les mêmes interactions vis-à-vis du système.

• Certains acteurs sont passifs, contrairement à l'étymologie du mot qui partage sa racine avec le verbe agir. Les acteurs passifs reçoivent des informations du système mais n'en modifient pas l'état.

• Les acteurs non humains sont tous les autres systèmes, logiciels ou non, passifs ou actifs, qui interagissent avec le système.

Dès qu'un acteur est identifié, il convient d'en écrire immédiatement une courte définition, comme dans l'exemple ci-dessous.

Étude de cas : définition rapide d'un acteur identifié, le client

Il a ouvert un compte auprès de la compagnie. Il s'agit généralement d'une entreprise qui passe des commandes de courses pour ses employés ou pour ses visiteurs.
Il bénéficie de remises et est facturé mensuellement.

Rappelons enfin que l'acteur interagit avec le système et non avec les autres acteurs du système.

Étude de cas : identification d'un faux acteur, l'usager

Il bénéficie de la course de taxi commandé par un client. Lorsque le client ne désire pas le prendre en charge, il paye lui-même sa course.
Question : comment se passe le paiement ? Est-il en interaction directe avec le système ou sa course est-elle enregistrée par le chauffeur ?
Dans le second cas, l'usager n'est pas en interaction directe avec le système, le chauffeur étant son intermédiaire. Il n'est donc pas un acteur du système.

La technique de découverte analytique

Cette technique, décrite par le RUP (méthode *Rational Unified Process* – voir sa présentation au chapitre 6), consiste à analyser un contenu métier obtenu par étude d'un premier cahier des charges plus ou moins formel, suivi d'entretiens avec les futurs utilisateurs. Ces entretiens peuvent aussi être organisés sous la forme d'un atelier regroupant les différents participants de la spécification. La définition d'un cas d'utilisation n'est généralement pas connue des participants. Il faut donc recourir à des questions simples comme : « que fait le système ? », « pour qui travaille-t-il ? », « quels sont les différents états par lesquels passe le système ? » ou « quelle valeur apporte-t-il ? ». Vous pouvez alors élaborer des cas d'utilisation possibles à partir des réponses qui mettent en relief un processus métier régi par le système, ou bien regrouper plusieurs réponse en un même processus.

Puisque les acteurs ont été déjà identifiés, une façon' plus méthodique de procéder est de passer en revue chaque acteur en posant les questions : « Que fait l'acteur avec le système ? », « Qu'en attend-il ? ».

Figure 2–14
Identification complète des cas d'utilisation du système. Les acteurs passifs d'un cas d'utilisation ont été identifiés par une relation unidirectionnelle.

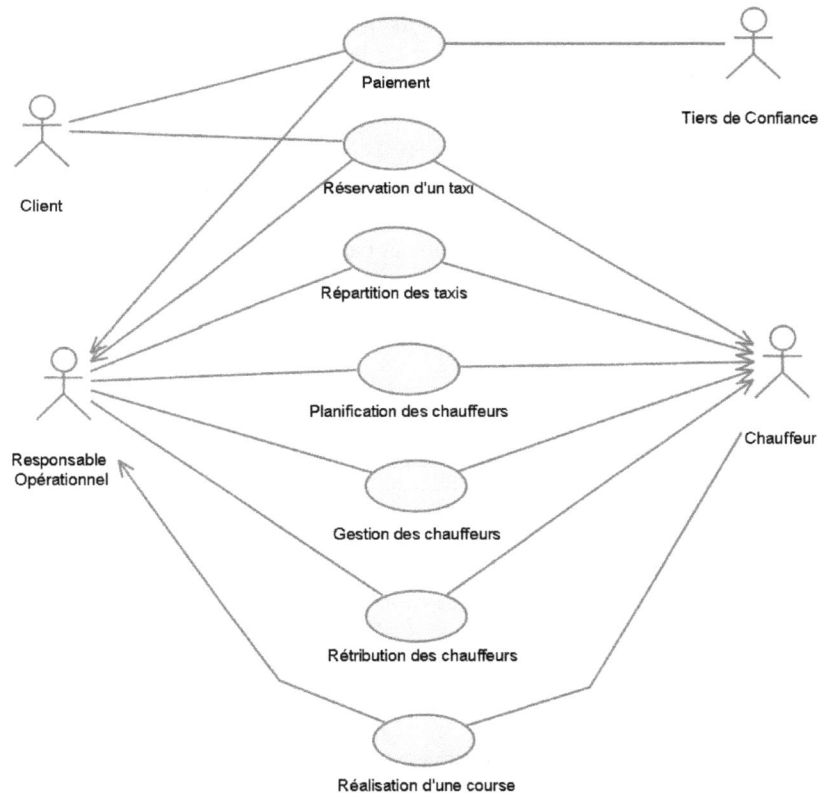

Dès qu'un cas d'utilisation est identifié, il convient d'en écrire immédiatement une courte définition en accord avec les participants, comme nous vous l'avons suggéré précédemment.

Étude de cas : réalisation d'une course

Acteur = chauffeur
Intention = transmettre au système les étapes de la réalisation d'une course
Quelques étapes =
– accepter la prise en compte d'une course
– informer de la prise en charge de l'usager et du début de la course
– renseigner sur l'emplacement du taxi en fin de course
– informer de la décharge de l'usager et transmettre les informations de paiement/facturation
Valeur ajoutée = sécuriser le suivi des taxis, connaître l'occupation et la localisation des taxis afin d'optimiser la répartition temps réel.

La technique du contexte

Une autre méthode consiste à identifier les données échangées entre les acteurs et le système. Dans la forme, vous procédez de la même façon, à partir d'un cahier des charges ou bien à partir d'entretiens.

Par la suite, posez les questions suivantes pour chaque acteur : « Quelles sont les données que l'acteur rentre dans le système ? », « Quelles sont les informations qu'il en attend ? ». Cette technique alternative vous permet de communiquer plus facilement avec des participants qui ne conçoivent pas la notion de cas d'utilisation ou qui jettent un regard critique sur des concepts qu'ils ne perçoivent pas concrètement.

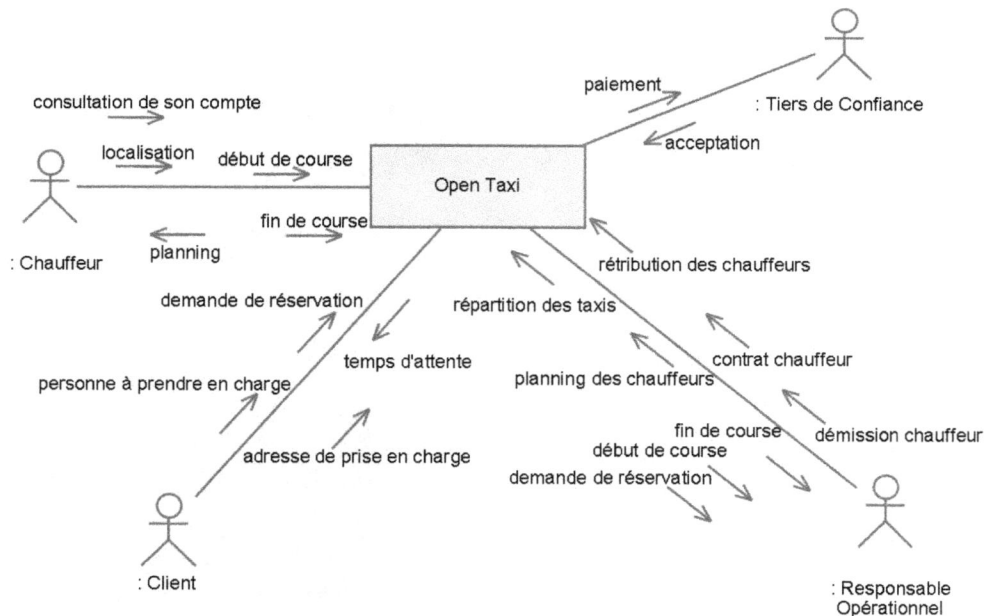

Figure 2–15 Identification des flux d'entrée/sortie sur un diagramme de communication

Au fur et à mesure des indications des participants, vous pouvez remplir un diagramme UML de communication, dit de contexte, sur lequel vous indiquez les principaux flux d'entrée/ sortie entre les acteurs et le système. Chaque flux doit également faire l'objet d'une courte définition à écrire avec les participants.

Étude de cas : le flux « temps d'attente »

Le temps d'attente est retourné par le système au client lors de la réservation. Suite à cela, le client peut annuler ou confirmer sa course.

Vous remarquez qu'il n'est pas nécessaire de formaliser tous les flux d'échanges entre acteurs et système. Une vision globale, complétée d'informations plus détaillées dans les définitions des messages, suffit généralement. Vous pouvez donc alléger le diagramme en supprimant des flux qui n'ont pas beaucoup d'importance pour sa compréhension. Il s'agit généralement des :

- flux de confirmation ou d'annulation (ok, nok, confirmation, annulation, etc.) ;
- flux de création/suppression/modification d'objets pris séparément – l'évocation d'un seul flux, nommant l'objet métier concerné, suffit généralement à décrire ce que l'acteur a la possibilité de réaliser ;
- flux d'obtention d'impression que l'on décrira plus tard avec les besoins d'IHM des cas d'utilisation ;
- flux d'obtention de statistiques que l'on décrira pareillement plus tard.

Une fois le comité en accord avec l'élaboration du contexte et les définitions des différents flux, l'identification des cas d'utilisation correspondants peut être exclusivement confiée à l'analyste. Ce dernier élabore un tableau dans lequel il regroupe les acteurs, les flux échangés et les cas d'utilisation déduits de ces informations.

Acteur	Flux	Cas d'utilisation identifié	Courte définition
Client	- Demande de réservation - Personne à prendre en charge - Temps d'attente	Réservation d'un taxi	Intention : … Quelques étapes : …

Relation entre cas d'utilisation

Une fois réalisée la phase d'identification, l'analyse se poursuit par la rédaction approfondie des cas d'utilisation. À ce moment, la description des séquences d'interactions acteur(s)/système met à jour plusieurs difficultés mettant à défaut le strict pavage des spécifications par des cas d'utilisation indépendants. Voici différents cas fréquemment rencontrés par les équipes de spécification :

- La même séquence d'interactions se répète sur au moins deux cas d'utilisation différents.
- Une séquence d'interactions se branche sur l'exécution complète d'un autre cas d'utilisation

Pour répondre à ces cas, en évitant la duplication des mêmes exigences – ce qui poserait le problème de l'évolution du dossier de spécifications et en alourdirait la gestion – UML a défini deux types de relations entre cas d'utilisation.

La relation d'inclusion permet d'isoler une séquence d'interactions répétée par plusieurs cas d'utilisation différents. Il s'agit en fait d'une sorte de « sous-cas d'utilisation » qui apparaît uniquement pour satisfaire un besoin de factorisation des exigences. Par exemple, la planification des chauffeurs et la répartition des taxis imposent au responsable des opérations de définir la zone géographique sur laquelle il désire travailler.

Figure 2–16
Illustration d'une relation « include » entre cas d'utilisation et apparition d'un nouveau cas d'utilisation

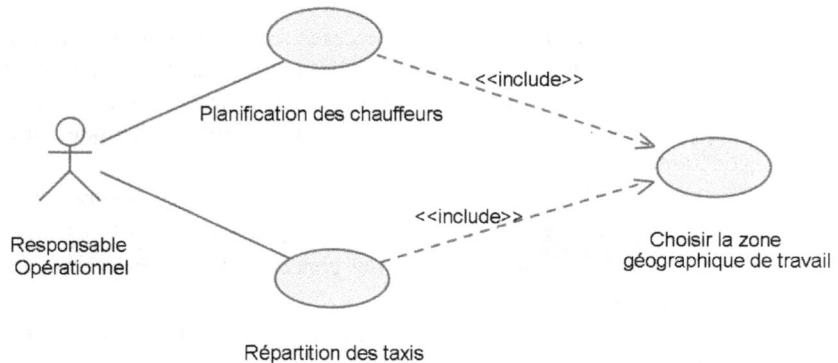

La relation d'extension permet de mettre en relation deux cas d'utilisation dont la séquence d'interactions de l'un est branchée sur l'exécution de l'autre. Par exemple, lors de la rétribution des chauffeurs, le responsable opérationnel peut être amené à rentrer dans la gestion des chauffeurs afin de rectifier un contrat.

Figure 2–17
Illustration d'une relation « extend » entre cas d'utilisation

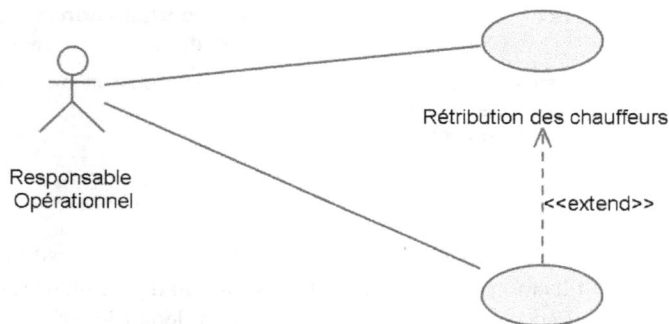

Il est important que ces relations, qui apparaissent dans les différents diagrammes, soient effectives dans les descriptions des cas d'utilisation. Elles s'expriment généralement sous la forme d'un renvoi formel au texte du sous-cas d'utilisation. Par exemple :

```
f) l'acteur décide de mettre à jour le contrat du chauffeur [Exécution cas
d'utilisation : Gestion des chauffeurs - séquences d) à f)]
```

Notez qu'il existe encore d'autres types de relation entre cas d'utilisation et qu'UML 2 permet de détailler encore un peu plus ces relations. Nous avons cependant désiré nous arrêter à l'essentiel en présentant les techniques utilisées dans 90 % des cas. Dans l'optique du décideur, en charge de piloter une équipe de spécification, il est plutôt important de comprendre les résultats obtenus et la méthode employée. C'est exactement ce que nous avons voulu décrire dans cet ouvrage.

Qualité d'une spécification avec les cas d'utilisation

La couverture des exigences

Les cas d'utilisation sont une unité de spécification servant à réaliser le pavage d'un cahier des charges. Cette caractéristique sert à couvrir vos exigences sans oubli, sans redondance et avec le maximum de clarté.

Les cas d'utilisation doivent aborder les exigences d'un point de vue fonctionnel, car l'expérience montre que c'est l'aspect qui présente le plus de difficulté en termes de spécificités et de règles. Les autres domaines de spécification, tels que l'IHM ou les performances, correspondent à des caractéristiques que l'industrie informatique a standardisées au travers de composants et d'architectures réutilisables.

La séparation du contenu métier des aspects techniques est donc un critère primordial de la qualité d'un cas d'utilisation. Dans ce contexte, le conseil que l'on vous a donné sur la structure d'un cas d'utilisation en séparant le processus métier, des besoins d'IHM, des besoins en statistiques et des exigences de performances techniques doit vous aider à rédiger des cas d'utilisation de qualité.

Les cas d'utilisation ne peuvent cependant pas contenir l'exhaustivité des exigences sur un système technique. Pour s'en convaincre, il suffit de passer en revue le type d'exigences définies pour un système donné, en référence à la norme *[IEEE Std 610.12.1990]* :

- les exigences fonctionnelles ;
- les capacités d'utilisation ;
- la fiabilité ;
- les performances ;
- les capacités d'intégration et de maintenance.

En conséquence, la description des cas d'utilisation est inévitablement complétée d'un document de spécification supplémentaire pour décrire en particulier les exigences non fonctionnelles qui sont transverses aux processus métier. Le tout forme le référentiel d'exigences ou dossiers de spécifications que l'on dénomme SRS (*Software Requirement Specifications*) dans le RUP.

Les exigences fonctionnelles

Elles sont représentées par ce que décrit le corps métier d'un cas d'utilisation. Il n'existe pas, de notre expérience, d'exigences fonctionnelles qui puissent être transverses à plusieurs cas d'utilisation. Les exigences fonctionnelles embarquent également les critères d'habilitation qui seront principalement traitées dans les pré-conditions.

Pour ce qui est des statistiques, production de rapports, etc. nous vous conseillons aussi de les traiter séparément pour chaque cas d'utilisation. Nous estimons que d'une part leurs protocoles de fabrication sont aujourd'hui standardisés, et que d'autre part leur contenu doit directement concerner un processus métier particulier.

Les capacités d'utilisation

Elles concernent :

- les besoins d'IHM, que l'on peut traiter avec les cas d'utilisation ;
- l'ergonomie, l'esthétisme et la cohérence de l'IHM ;
- les capacités d'internationalisation ;
- les besoins de personnalisation qui accompagnent les IHM dans leur description ;
- la capacité d'impression des résultats obtenus à l'écran ;
- toute la structure d'aide : aide contextuelle, manuel en ligne, manuel utilisateur ;
- les aides à la saisie, sous la forme de compagnons ou de *wizards* ;
- les supports de formation et/ou d'auto-apprentissage.

D'une manière générale, tous les besoins d'IHM qui ont trait directement à un cas d'utilisation particulier (formats de saisie, mécanismes spécifiques de déclaration, consultation de listes, capacités de personnalisation particulières, restitutions graphiques complexes – courbes 2D, 3D, etc.) peuvent être décrits en relation directe avec les interactions métier acteur(s)/système.

Pour les autres exigences, qui s'appliquent à l'ensemble du système, il sera nécessaire de les consigner dans un document d'exigences complémentaires qui vient s'ajouter à la rédaction des cas d'utilisation.

La fiabilité

La fiabilité représente, pour la plupart des cas, des exigences générales qui s'appliquent sur l'ensemble du système. Il est plus rare de les référencer directement pour un cas d'utilisation particulier. Les exigences de fiabilité que l'on trouve dans le document complémentaire concernent donc :

- la sécurité, en termes d'authentification, de confidentialité et d'intégrité ;
- la fiabilité système qui s'exprime en MTBF (*Medium Time Beetween Failure*) ;

- la capacité de récupération sur panne ;
- les modes dégradés possibles en cas de pannes diverses ;
- la précision obtenue des calculs.

Les performances

Ces exigences concernent l'architecture technique du système d'information et peut concerner un cas d'utilisation particulier comme le système dans son ensemble. Elles concernent :

- les temps de réponse, fonction de la bande passante disponible ou d'autres considérations d'architecture ;
- la disponibilité du système ;
- le nombre de processus parallèles supportés (nombre d'utilisateurs, de sessions ouvertes et de transactions simultanées) ;
- les qualités transactionnelles du système : atomicité des traitements, validation et annulation des traitements, cohérence des résultats, isolation des sessions, et persistance des états obtenus en fin de transaction ;
- les capacités d'accès aux ressources partagées.

Les capacités d'intégration et de maintenance

Il s'agit de toutes les contraintes liées à la facilité d'accueil et de maintenance du nouveau système dans son environnement. Ces exigences sont plutôt générales et ne concernent que très rarement un cas d'utilisation particulier :

- facilité de tests du système et capacité d'assurer la non régression en cas d'évolution ;
- facilité d'installation et de paramétrage, modes de livraison, *wizard* d'installation, documentation d'installation et de paramétrage ;
- facilité de distribution aux utilisateurs, mise en ligne, politique de licences ;
- intégration aux équipes de développement en place : langage, respect de normes de codages, documentation de conception et documentation du code ;
- intégration dans l'environnement de production : machines, places disques occupées, systèmes d'exploitation, portabilité, bases de données, annuaires ou méta-annuaires, *single-sign-on*, documentation d'exploitation ;
- intégration dans le système d'information : interactions et interfaces avec d'autres systèmes, procédures et technologies d'interopérabilité, documentation d'intégration.

La spécification du point de vue de l'utilisateur

Le succès du déploiement d'un système interactif dépend fortement de son acceptation par les utilisateurs. En conséquence, l'expression des spécifications du point de vue de l'acteur permet aux relecteurs, et futurs utilisateurs du système, de se projeter plus facilement dans l'avenir et d'anticiper l'efficacité du système dans le cadre de leurs différents processus métier.

Il est donc aussi important que les séquences d'interactions soient exprimées sous une forme qui mette en scène l'acteur et le système d'une part et que les besoins d'IHM soient correctement identifiés d'autre part. La combinaison d'une connaissance du métier et d'une expertise dans les mécanismes d'IHM est donc indispensable pour assurer la qualité de la spécification et du *design* qui en découle.

- La connaissance métier permet de comprendre rapidement et sûrement les besoins des utilisateurs, ainsi que de repérer, voire de corriger, les aberrations qui pourraient se présenter du fait d'une mauvaise expression initiale.
- L'expertise dans l'IHM des systèmes informatiques permet d'associer aux processus métier les mécanismes d'interface les plus ergonomiques et les plus efficaces pour les utilisateurs. Réfléchissez-y, lorsque le système sera déployé auprès de plusieurs centaines d'utilisateurs, pas toujours rompus à la manipulation d'un ordinateur, le gain de temps, de qualité et d'effort pour l'ensemble de l'entreprise peut rapidement se chiffrer en millions d'euros.
- La combinaison des deux compétences est donc l'idéal pour garantir rapidement l'obtention d'une spécification et d'un *design* de qualité.

Par ailleurs, plus l'expression du processus d'interactions sera claire, et plus l'ergonomie d'un système efficace sera facile à spécifier. Un facteur important de la réussite de cette expression est la formalisation du cas d'utilisation sous la forme d'un diagramme de séquence, d'état ou d'activité.

L'assurance qualité d'un dossier de spécification

Les activités de la spécification avec les cas d'utilisation aboutissent à la réalisation d'un dossier contenant :

- les cas d'utilisation représentant les exigences fonctionnelles et toutes les exigences non fonctionnelles qui s'y rapportent directement : IHM, statistiques et contraintes techniques ;
- les exigences complémentaires concernant toutes les caractéristiques techniques communes aux processus métier.

L'organisation des revues et des relectures du dossier, qu'implique l'assurance qualité, nécessite donc que toutes les expertises concernées soient représentées.

Les experts fonctionnels relisent les cas d'utilisation et vérifient leur adéquation aux pratiques attendues. Chaque expert ou groupe d'experts prend en charge les cas d'utilisation qui rentrent dans le cadre de sa spécialité. Lorsque le système couvre plusieurs processus d'entreprise, il est donc important d'associer un relecteur à chaque domaine concerné par le système : processus de vente, d'achats, de gestion de production, etc.

Les experts techniques apportent pareillement leurs avis pour chacun des aspects du système d'information : l'architecte pour le dimensionnement et l'exploitation, le responsable sécurité, l'urbaniste pour l'intégration fonctionnelle et le responsable des systèmes décisionnels pour la cohérence des statistiques demandées.

À cela, nous conseillons d'ajouter un avis sur l'ergonomie.

Reste à définir les directives avec lesquelles le dossier est livré à la relecture. Du point de vue fonctionnel :

- Pouvez-vous associer chaque acteur à un rôle identifié dans l'entreprise ?
- Le cas échéant, sauriez-vous organiser les rôles définis par les acteurs, en les associant aux différents personnels concernés par l'application ?
- Toutes les personnes concernées par l'entreprise sont-elles identifiées par au moins un acteur ?
- Les processus applicatifs décrits par les cas d'utilisation s'inscrivent-ils dans les pratiques en cours dans l'entreprise ?
- Le cas échéant, pensez-vous que ces processus apportent une amélioration dans l'organisation des tâches, qu'il sera facile de déployer dans l'entreprise ?
- Ces processus applicatifs répondent-ils aux attentes de l'entreprise ? Existe-t-il des possibilités d'en améliorer l'efficacité ?
- Les applications et autres systèmes connectés sont-ils conformes aux interactions décrites ?
- Sinon, quels aménagements faudra-t-il prévoir à ces systèmes avant de pouvoir déployer l'application ?

Du point de vue technique :

- Les mécanismes d'IHM décrits sont-ils ergonomiques et cohérents ?
- Les rapports et les mécanismes d'obtention d'informations statistiques sont-ils cohérents entre eux ?
- De manière plus globale, ces rapports s'inscriront-ils dans l'infrastructure d'informatique décisionnelle mise en œuvre dans l'entreprise ?
- Les performances demandées sont-elles réalisables dans le cadre de l'infrastructure informatique de l'entreprise ?
- La fiabilité, les capacités d'intégration et de maintenance exigées sont-elles compatibles avec les procédures d'exploitation mises en œuvre dans l'entreprise ?
- Quels aménagements seront nécessaires au niveau de l'architecture et de l'exploitation pour pouvoir accueillir l'application répondant à ces exigences ?

Calcul de retour sur investissement avec les cas d'utilisation

Méthode de calcul d'un ROI

Une méthode de ROI (*Return On Investments*) passe par deux étapes qui sont : identifier et estimer les dépenses liées à la mise en œuvre d'un système – au travers d'un projet ou d'une technologie – puis proposer un modèle d'estimation des gains que le système va apporter à l'entreprise considérée. Une difficulté reste de ne pas déborder du système étudié et de ne pas adjoindre des coûts ou des gains qui n'appartiennent pas en propre au système étudié. L'autre difficulté consiste à porter un regard précis et fiable sur les coûts et les gains, sans disposer des éléments de comptabilité analytiques qui seuls pourraient apporter cette vision. Nous sommes donc souvent réduits à proposer des modèles d'estimation dans les deux cas, qui seront sujets à caution dans une première phase mais qui pourront être améliorés avec l'expérience du contexte propre à l'entreprise.

Identifier les dépenses

Les dépenses liées à un système informatique correspondent à un modèle assez standard [Peaucelle 95]. Nous y incluons :

- les dépenses d'infrastructures : le coût du matériel nécessaire et son coût de maintenance pour faire fonctionner la solution ;
- les coûts d'achat logiciel : licence et maintenance des logiciels à déployer ;
- les dépenses de développement : le coût des équipes mobilisées pour la réalisation du projet et de sa maintenance ;
- les dépenses de gestion inhérentes à la bonne réalisation du projet : suivi, communication, effort de promotion ;
- les dépenses de formation et de montée en compétences.

L'obtention des cas d'utilisation facilite l'évaluation des dépenses de développement. Chaque interaction définit en effet les entrées, les sorties, les requêtes et les interfaces de l'application qui définissent des métriques à la base d'une méthode d'estimation par les points de fonction.

Identifier les gains

Ramenés au cadre général, les gains associés à la mise en œuvre d'une solution informatique peuvent se résumer à quatre points de vue qui vont permettre de structurer les apports du système au sein de l'entreprise :

- La bureaucratie, qui consiste à traiter des dossiers, données et formulaires divers. Les gains s'expriment en terme de contrôles systématiques qui réduisent les erreurs, les fraudes, améliorent la coordination et allègent les hiérarchies.

- L'automatisation, qui a trait à la gestion des équipements sur une chaîne de traitements industriels. Les gains s'expriment en terme de réduction du nombre d'intervenants et de temps de réaction plus rapides.
- La communication, qui concerne la transmission d'ordres, la gestion des demandes et le contrôle de l'exécution. Les gains s'expriment en termes de coordination, d'amplification du management, d'amélioration du travail collectif, de réduction des délais et de transparence vis-à-vis des activités de l'entreprise.
- Le virtuel, qui concerne l'anticipation par la modélisation et dont les gains portent sur les coûts d'essai réels évités et l'apport d'un support décisionnel mieux fourni.

L'importance de ces quatre points de vue réside dans son exhaustivité qui force à considérer la variété des impacts. Pendant longtemps en effet, les recherches de gain se sont limitées aux réductions de personnels et aux améliorations de productivité ; or, par ce biais, les calculs de ROI sont souvent décevants. Une typologie des bénéfices retraduit en conséquence les quatre points de vue cités précédemment en thématiques identifiées :

- productivité administrative = masses salariales économisées ;
- coût informatique = écart entre coûts prévisionnels et coûts réels ;
- objet géré = meilleure exploitation des machines, des ressources, atteinte d'objectifs plus précis ;
- commerciales = développement des ventes, influence sur les ventes, baisse du coût des transactions ;
- intuition du promoteur = toute raison mise en avant par le promoteur du projet qui ne rentrerait pas dans les lignes précédentes.

Il faut de plus résoudre le fait que les bénéfices seront soit directement tangibles, soit intangibles mais liés à l'environnement économique de l'entreprise comme le besoin de réactivité pour faire face à la pression concurrentielle ou bien l'alignement d'une offre aux exigences du marché. Dans ce cadre, un axe de criticité doit enrichir l'identification des gains d'un système informatique.

- **1er degré** = changement obligatoire. Si le système n'est pas mis en œuvre, la survie de l'entreprise est remise en cause.
- **2e degré** = automatisation. Le système permet des baisses d'effectifs et des gains sur la technologie.
- **3e degré** = fourniture d'informations. Les acteurs du système reçoivent plus d'informations susceptibles d'être valorisées dans le cadre de leur travail.
- **4e degré** = aide à la décision. Dans les domaines du marketing, de la logistique et de la gestion financière plus particulièrement.

À partir de ce niveau, les gains sont réputés plus difficiles à justifier.

- **5e degré** = amélioration de l'infrastructure. Amélioration des coûts liés aux architectures informatiques.
- **6e degré** = systèmes interorganisationnels. Amélioration des coûts des échanges avec des partenaires.

- **7ᵉ degré** = stratégique. L'informatique fournit un support pour conquérir de nouveaux marchés.
- **8ᵉ degré** = ré-ingénierie des processus métier. Amélioration de la productivité par une réorganisation des activités sur la base d'un système communiquant.

Calcul du Retour sur Investissements

Le calcul d'un ROI se définit sur une période, généralement de trois à cinq ans – de préférence trois ans dans le domaine de l'informatique.

Le rendement d'un investissement est calculé à partir de la Valeur Actuelle Nette (ou VAN) correspondant à la somme des *cash-flows* actualisés sur toute la durée de l'investissement. La VAN résultante correspond donc à la somme actualisée des recettes moins la somme actualisée des dépenses (τ est le taux d'actualisation).

$$\text{VAN}_{3\text{ ans}} = \sum_{3\text{ ans}} (\text{recette} - \text{dépense}) / (1 + \tau)^{\text{année}}$$

Le ROI tient également compte du temps de retour sur investissement correspondant à la date à partir de laquelle la VAN s'annule, à savoir que les recettes compensent les dépenses.

Finalement, le ROI représente la donnée du calcul du bénéfice à l'issue de la période et du temps nécessaire pour équilibrer les dépenses. Dans le tableau ci-dessous, le ROI sur trois ans est de **23 615 747,77** € avec une durée d'environ **14 mois** pour équilibrer les comptes.

	Année 1	Année 2	Année 3
VAN dépenses	5 842 896,23 €	12 220 913,31 €	18 692 035,45 €
VAN gains	4 432 729,95 €	18 659 270,29 €	42 307 783,22 €
ROI	-1 410 166,27 €	6 438 356,98 €	23 615 747,77 €
Temps de ROI (mois)	14,16		

Figure 2–18

Calcul d'un ROI : gain et durée d'équilibre

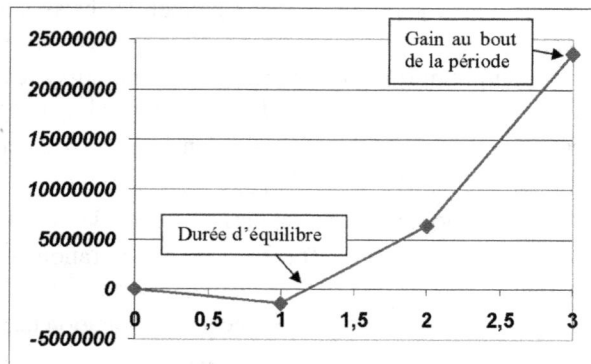

Estimation des coûts de développement avec les cas d'utilisation

Les cas d'utilisation permettent de mettre aisément en œuvre une méthode d'estimation basée sur les points de fonction. Une telle méthode consiste à comptabiliser les nombres d'entrées, de sorties, d'interfaces, de requêtes et d'objets de l'application, de les classer suivant leur complexité (simple, moyen, complexe) et d'en déduire un poids fonctionnel représentant une métrique théoriquement standard pour tous types d'applications.

L'étude de cas ci-dessous vous donne un aperçu de la façon de procéder et vous livre une méthode qui a été mise fréquemment en application, dans différents contextes d'estimation.

Étude de cas : estimation des points de fonction d'un cas d'utilisation (réservation d'un taxi)

Scénario nominal
a) le client demande une réservation de taxi par simple action sur l'IHM de l'application et le système lui renvoie l'écran de réservation de taxi
=> 1 sortie simple
=> 1 objet moyen : Réservation de Taxi
b) le client rentre l'adresse de prise en charge, le nom des usagers, et choisit ou non l'option bagages. Il peut choisir parmi les adresses préenregistrées que le système à mémorisées pour lui.
=> 1 entrée simple (adresse, noms, option bagage)
=> 1 requête + 1 sortie simples (adresses préenregistrées)
c) le client modifie le numéro téléphonique de rappel s'il le désire
=> le numéro téléphonique fait partie de l'entrée simple de l'interaction précédente
d) le client choisit de poursuivre sa commande et le système lui renvoie une confirmation et une estimation du temps d'attente.
=> 1 sortie simple
e) le client rentre son adresse de destination et le système lui renvoie une estimation du temps de la course et du devis
=> 1 entrée simple
=> 1 sortie simple
f) le client déclare soit payer la course, soit la faire payer aux usagers, le système lui propose un récapitulatif des données rentrées et lui propose de valider sa commande
=> 1 entrée simple
=> le récapitulatif fait partie de la sortie de l'itération précédente
g) le client valide sa commande, le système alarme le chauffeur de taxi concerné par la course ainsi que le responsable des opérations.
=> 2 sorties simples

Métriques comptabilisées pour le cas d'utilisation
- 3 entrées simples
- 3 sorties simples
- 1 objet moyen
- 1 requête simple
- pas d'interface

La pondération dépend essentiellement du nombre de règles de gestion qui sont associées à la métrique. Pour les entrées/sorties de l'exemple ci-dessus, nous estimons qu'une pondération simple caractérise les formulaires HTML qui seront à développer. L'objet Réservation de Taxi correspond à une classe possédant des états et des règles de gestion que nous estimons à moyen, parce qu'il est a priori possible de les spécifier précisément avant de rentrer en phase de développement. Les interfaces concernent les interactions avec les systèmes externes. Elles n'apparaissent pas dans ce cas d'utilisation.

Conseil : exemple de critères permettant de qualifier les métriques identifiées

Les équipes désireuses de mettre en œuvre cette méthode d'estimation par les cas d'utilisation, doivent appliquer des critères explicites permettant de classifier les métriques en simple, moyen et complexe.

Les informations ci-dessous livrent une base de travail qui pourra être enrichie en fonction des différents contextes possibles d'application.

Entrée
Toute entrée d'information dans le logiciel, sous la forme d'IHM, de fichiers ou d'imports de données de masse.

Entrée simple : une entrée qui ne demande pas de règles de contrôle métier, hormis de simples contrôles de saisie considérés indépendamment champ par champ.

Entrée moyenne : une entrée qui comprend des règles de contrôle métier (relation entre champs ou vérification vis-à-vis d'informations déjà rentrées dans l'application) et dont le traitement ne nécessite pas la mise en œuvre d'un processus applicatif particulier.

Entrée complexe : une entrée qui comprend des règles de contrôle métier dont la résolution passe par la mise en œuvre de processus applicatifs particuliers (recherche d'informations complémentaires, écrans de vérification de cohérence, etc.).

Sortie
Toute sortie d'information du logiciel, sous la forme d'IHM, de fichiers ou d'exports de données de masse.

Sortie simple : une sortie réalisée sous la forme d'un simple écran et dont le calcul n'a pas nécessité la mise en œuvre de règles métier.

Sortie moyenne : une sortie qui nécessite le déclenchement de règles métier (corrélations d'informations déjà rentrées dans l'application) et dont le traitement ne nécessite pas la mise en œuvre d'un processus applicatif particulier.

Sortie complexe : une sortie qui intègre des règles de contrôle métier dont la résolution passe par la mise en œuvre de processus applicatifs particuliers (recherche d'informations complémentaires, paramétrage de l'utilisateur, etc.).

Interface
Tout échange d'information automatisé entre systèmes. Une ou plusieurs interface(s) correspond(ent) généralement à l'identification d'un acteur non humain.

Interface simple : une interface dont les échanges sont assimilés à des entrées et à des sorties simples.

Interface moyenne : une interface dont les échanges nécessitent la mise en œuvre de règles métier qui ne nécessitent pas d'intervention humaine.

Interface complexe : une interface dont les échanges comprennent des règles métier, du paramétrage et/ou des interventions humaines permettant de traiter des cas particuliers.

> **Conseil : exemple de critères permettant de qualifier les métriques identifiées (suite)**
>
> **Requête**
> Toute recherche d'information au sein des données rentrées dans l'application. Il s'agit générale-ment des requêtes directement réalisées par l'utilisateur afin de produire une sortie particulière.
> **Requête simple** : une recherche d'information réalisée à partir d'une seule classe d'objets ou table, et en fonction de valeurs définies par l'utilisateur.
> **Requête moyenne** : une recherche d'information réalisée à partir de plusieurs classes d'objets ou de tables, et en fonction de valeurs et d'opérateurs de comparaison définis par l'utilisateur. Cette requête inclut également la recherche « plein texte ».
> **Requête complexe** : une requête moyenne dont les résultats doivent être filtrés soit par des mécanismes d'habilitation, soit par la mise en œuvre de règles métier particulières.
>
> **Objet**
> Toute entité d'information traitée par l'application. Cette notion, introduite pour l'analyse orientée objet, permet de prendre en compte, dans l'estimation, la réutilisation d'objets identiques par des processus applicatifs différents.
> **Objet simple** : correspond à une classe d'objets qui ne porte ni règle métier particulière, ni état. Exemple : l'adresse du client.
> **Objet moyen** : correspond à une classe d'objets porteuse de règle métier ou d'un diagramme d'état.
> **Objet complexe** : un objet moyen dont les règles ou les états dépendent d'un paramétrage de l'utilisateur.

À partir de ces métriques, l'application de multiplicateurs fixés par la méthode permet de déterminer le poids du cas d'utilisation en points de fonction.

	Objet			Interface			Entrée			Sortie			Requête		
	S	M	C	S	M	C	S	M	C	S	M	C	S	M	C
multiplicateur	7	10	15	5	7	10	3	4	6	4	5	7	3	4	6
métriques		1					3			3			1		
points de fonction	0	10	0	0	0	0	9	0	0	12	0	0	3	0	0
TOTAL =	**34**	Points de fonction													

Suivant l'environnement technique et la structure organisationnelle de l'équipe, le nombre d'heures travaillées par point de fonction varie de 5 à 12 heures environ.

Il convient à chaque entreprise de calibrer ce facteur d'interprétation en fonction de son expé-rience. Une première campagne d'estimation n'est en effet jamais fiable, tant que ce facteur d'interprétation n'a pas été calibré. Cependant, une fois ce travail fait, l'estimation fournit un cadre d'anticipation objective qui permet d'être mis en pratique par différents chefs de projet.

À raison de 6 heures par point, le cas d'utilisation représente donc un travail d'environ 26 jour*homme. Cette estimation représente le temps de développement et de gestion de projet en partant de l'analyse jusqu'aux recettes avant livraison, ce qui exclut d'une part les travaux inhérents à une maîtrise d'ouvrage (spécification, vérification d'aptitude au bon fonctionnement et vérification en service régulier), et d'autre part les travaux annexes d'une maîtrise d'œuvre (documentation, formations et transferts de compétence).

Estimation des gains avec les cas d'utilisation

Les gains et la criticité d'une application informatique d'entreprise peuvent être directement évalués à partir de la description des processus métier qui s'opèrent au travers des cas d'utilisation. Pour exprimer ceux-ci, on peut parcourir les thématiques et envisager les criticités évoquées précédemment dans ce chapitre. Ces dernières peuvent être considérées soit du point de vue des acteurs externes et internes à l'entreprise, soit de façon quantifiable et qualitative.

Étude de cas : évaluation des gains d'un cas d'utilisation

Réservation d'un taxi
Point de vue quantifiable du client
Non applicable pour les acteurs externes à l'entreprise.
Point de vue qualitatif du client
Obtention par avance des temps de prise en charge et des temps de course (atout compétitif).
Possibilité de travailler en commande ouverte avec une société de taxi (fidélisation de la clientèle).
Point de vue quantifiable du chauffeur
Diminution des trajets de prise en charge et des temps de stationnement en attente (gain sur les marges).
Diminution des temps de gestion de caisse pour toutes les courses payées par les clients (gain de temps).
Point de vue qualitatif du chauffeur
Attrait pour les chauffeurs indépendants (assurance d'un apport de clients).
Obtentions de directives de positionnement explicite (confort).
Point de vue quantifiable du responsable opérationnel
Meilleure gestion du parc de taxis (gain sur les marges).
Pilotage d'un plus grand nombre de taxis (gain sur les effectifs).
Point de vue qualitatif du responsable opérationnel
Suivi des chauffeurs plus fiable (confort et sûreté).
Anticipation sur les ressources à mobiliser (confort dans l'aide à la décision).

Tous les gains que les cas d'utilisation vont permettre d'expliciter vont être ensuite évalués de façon à alimenter le modèle de calcul du ROI.

UML et la modélisation des processus métier

L'approche par les cas d'utilisation représente une méthode pratique de spécification, qui s'attache à décrire ce qui a le plus de valeur dans un système informatique : les règles métier. Dans cette optique, nous avons réellement insisté pour bien différencier les spécifications métier du reste des spécifications.

Cependant, une formalisation d'exigences qui se limite à la mise en œuvre d'applications informatiques, impose de ne s'intéresser qu'aux seuls processus informatisables que l'on décrit au travers des cas d'utilisation. La spécification ne représente donc qu'un sous-ensemble des réels processus de l'entreprise, qu'il faut parfois comprendre et analyser afin d'apporter les meilleures réponses aux besoins des utilisateurs. Dans cette perspective, une utilisation plus large des techniques de modélisation UML traite de la modélisation des processus d'entreprise. Le RUP apporte notamment un cadre formel de modélisation des processus métier et d'incrémentation vers un modèle de cas d'utilisation. Nous en proposons ici un rapide aperçu, afin que vous puissiez envisager par vous-même l'utilisation potentielle dans la perspective de cartographier les processus de votre entreprise.

Qu'est-ce que la modélisation métier ?

La modélisation métier est une technique qui permet de formaliser visuellement les processus d'entreprise en termes d'activités et de collaborations. Les avantages d'une telle technique sont identiques à ceux d'une modélisation des exigences avec UML :

• Ils facilitent la communication et le partage d'information.

• Ils pérennisent la connaissance métier de l'entreprise.

• Ils permettent de bâtir des scénarios d'évolution, d'en anticiper les impacts et d'en évaluer le retour sur investissement.

• Ils facilitent l'identification des processus informatisables au sein d'une entreprise et s'inscrivent donc logiquement dans un processus incrémental de développement de systèmes informatiques d'entreprise.

La modélisation métier n'est donc pas indispensable – et de fait, nous l'avons rarement vue en œuvre, dans la mesure où les projets sont généralement lancés une fois que la décision d'informatisation d'un processus particulier a été prise – mais elle permet aux maîtrises d'ouvrage de comprendre plus précisément le contexte, les rôles et les concepts qui doivent y être traités. En conséquence, la modélisation métier est une étape préalable qui aide à établir la pertinence et la fiabilité d'une spécification informatique.

Quelles sont les techniques UML de modélisation du métier ?

La modélisation des processus n'est pas une technique nouvelle en soi. La cartographie des processus avec des notations telles qu'IDEF répond déjà à cette problématique. L'avantage d'UML est d'offrir la continuité de concepts et de notation depuis ces phases très en amont de modélisation métier, jusqu'aux phases les plus détaillées de développement de solutions informatiques.

La description d'un contexte métier

La description d'un contexte métier procède également d'une approche systémique de modélisation. Dans ce cas, le système à considérer n'est plus seulement l'application informatique que l'on désire développer mais l'entreprise, la division ou le département auquel nous nous intéressons.

Du fait d'un changement de perspective, la modélisation métier distingue donc :

- les acteurs métier, qui sont externes au système (donc à l'entreprise, la division ou le département considéré) ;
- les personnels internes (*business worker*), qui appartiennent au système.

Le contexte métier introduit de nouveaux concepts, définis sous la forme de stéréotypes UML.

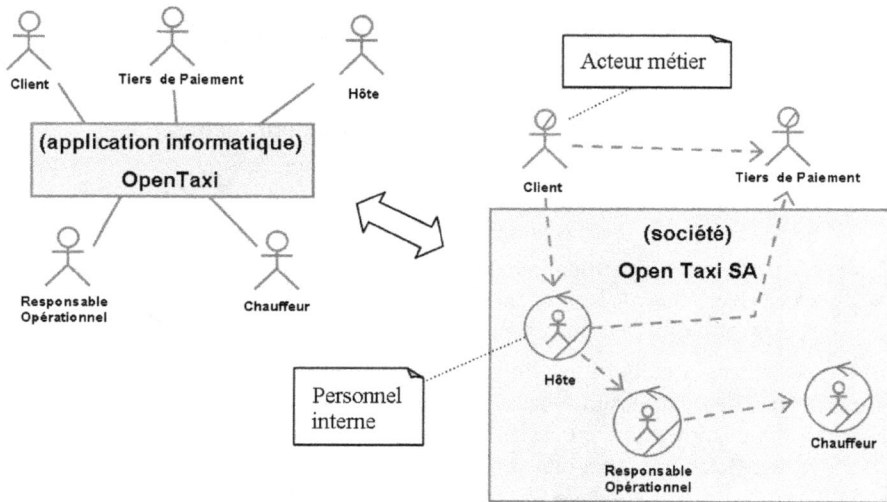

Figure 2–19 La modélisation métier change le point de vue systémique et introduit de nouveaux stéréotypes d'acteurs

De la même manière, la modélisation métier avec UML définit des cas d'utilisation métier servant à décrire une séquence d'interactions entre acteurs, dans l'optique de produire une valeur ajoutée particulière. Il n'est donc pas étonnant que les cas d'utilisation métier s'apparentent aux cas d'utilisation déjà identifiés par la spécification informatique, auxquels s'ajoutent des processus non informatisables.

Une fois identifiés, les cas d'utilisation métier sont décrits sous la forme de description de processus et peuvent correspondre à des cas d'utilisation « normaux » lorsque ceux-ci sont candidats à la spécification.

Figure 2–20
Modélisation des cas
d'utilisation métier

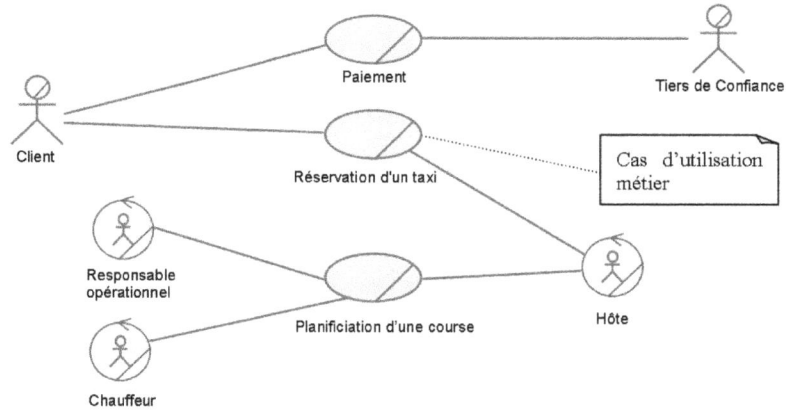

Figure 2–20
Modélisation des cas
d'utilisation métier

La formalisation des processus métier

Le processus métier décrit tout ou partie d'un cas d'utilisation métier et peut se formaliser sous la forme d'un diagramme d'activité ou d'un diagramme de séquence ou de communication. Avec un diagramme d'activité, l'utilisation de couloirs de responsabilité permet d'attribuer les différentes activités aux intervenants du processus.

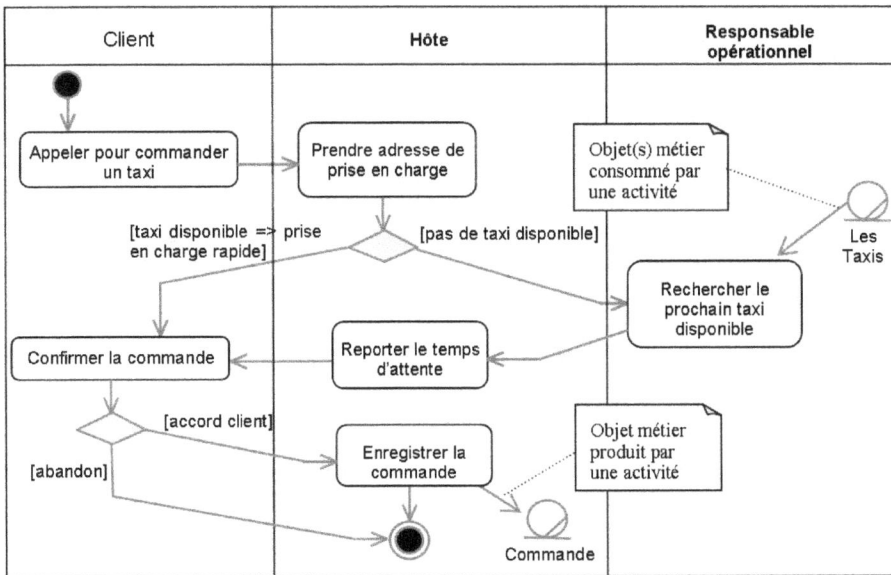

Figure 2–21 Formalisation d'un processus métier

La formalisation des objets métier

La formalisation des objets métier est réalisée par le biais d'un diagramme de classe regroupant acteurs et entités métier au sein d'une même représentation. Le concept d'entité métier correspond à un stéréotype de classe UML et peut être associé à toutes les formes de relations permises pour une classe.

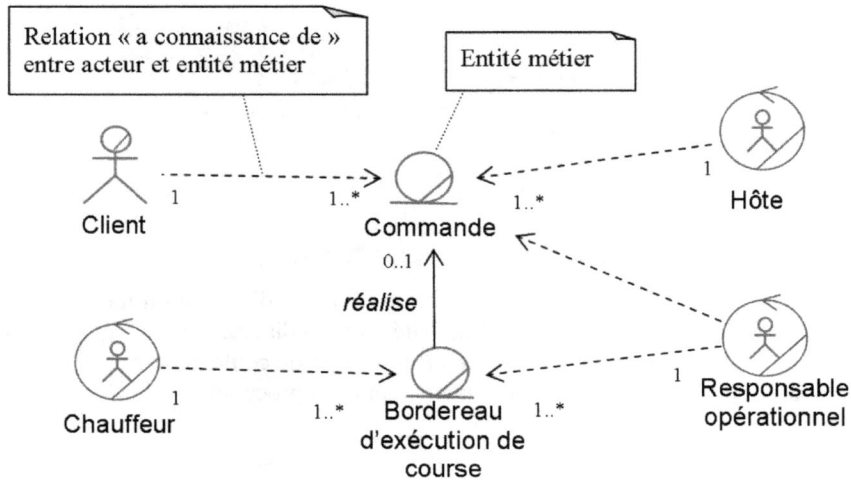

Figure 2–22 Formalisation des concepts métier en relation avec les acteurs

Les entités métier peuvent être complexes à modéliser immédiatement sous la forme de classes et de relations formelles. Elles le sont plus facilement dans la perspective d'une informatisation impliquant des choix de conception. Néanmoins, en phase de modélisation métier, il est souvent difficile de trancher. Il est donc préférable de formaliser les concepts métier en gardant des relations approximatives, plutôt que de prendre malencontreusement des décisions qui risquent d'orienter l'analyste vers de mauvais choix.

Étude de cas : exemple d'une relation ternaire

Commande – Taxi – Chauffeur

Point de vue métier

Une commande est réalisée par un taxi et un chauffeur. Cette relation ternaire (qui met en œuvre trois classes) répond à la perspective de mettre en œuvre des rapports statistiques à la fois sur l'utilisation des taxis afin de gérer les révisions à effectuer, et sur le suivi d'activité des chauffeurs.

Point de vue d'analyse

Afin de préparer la conception de l'application, l'analyste doit trancher entre deux modélisations possibles :
1) est-ce le chauffeur qui réalise des commandes à l'aide d'un taxi qui lui a été mis à disposition pour cette course ?
2) est-ce la commande qui est réalisée avec un taxi, le chauffeur étant une information supplémentaire ?

Pour illustrer ce propos, les cas de relations *n–aires* sont fréquents et, tandis que l'intelligence humaine s'en accommode très bien dans la vie journalière de l'entreprise, ils présentent un casse-tête pour le concepteur d'applications informatiques, voire souvent pour les maîtrises d'ouvrage qui ne désirent pas laisser cette décision importante à la seule responsabilité de leur maître d'œuvre.

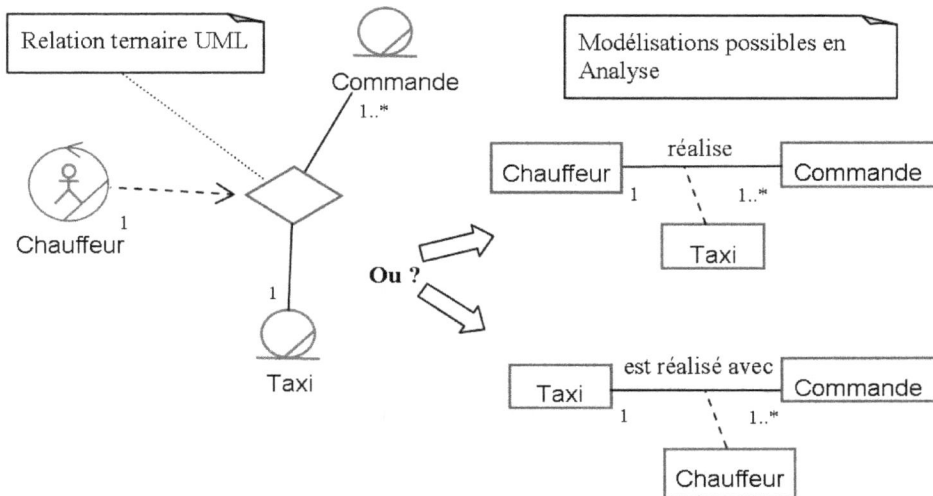

Figure 2–23 Résolution d'une relation ternaire en phase d'analyse

Quelle peut être l'utilité de la modélisation métier ?

De notre point de vue, et conformément aux pratiques observées dans de nombreuses entreprises, la modélisation avec UML est une pratique propre à l'ingénierie des logiciels et des systèmes. Il nous paraît inopportun de chercher à en élargir le périmètre dans la mesure où son intérêt réside précisément dans le prolongement possible de cette modélisation sur le développement informatique.

Dans le même prolongement d'idée, le RUP donne différents scénarios d'utilisation de la modélisation métier avec UML :

- Cartographie d'organisation : vous découvrez l'organisation d'une entreprise et désirez comprendre quels en sont les rôles et les concepts. Sans prétendre aucunement procéder à une réelle analyse des processus d'organisation, ce travail vous permet de comprendre les modalités de travail actuelles en regard de ce qu'apporte l'informatisation de certains processus.

- Modélisation d'un domaine métier : vous désirez modéliser un métier particulier au travers de ses concepts, répertorier les différentes pratiques possibles autour d'un modèle d'objets métier et explorer les différentes possibilités de processus qui pourront s'y appliquer.

- Un métier pouvant être couvert par plusieurs systèmes : pour certains métiers ou certaines problématiques d'entreprise qui touchent plusieurs divisions, la réalisation parallèle de plusieurs développements informatiques nécessite de partager les mêmes fondamentaux métier. La réalisation d'une modélisation métier permet donc d'assurer une relative cohérence entre les différentes équipes de développement.
- Modélisation métier générique : vous êtes éditeur et désirez modéliser un métier, y répertorier les différentes pratiques possibles et explorer les différentes possibilités de paramétrage qu'il vous faudra concevoir pour votre ligne de progiciels.
- Modélisation d'un nouveau métier : lorsqu'une entreprise investit dans un nouveau domaine métier et désire s'appuyer sur un système d'information spécifiquement dédié.
- S'ajoute à cela la modélisation en support d'une ré-ingéniérie des processus. Conformément à notre point de vue, l'utilisation d'UML dans cette perspective n'a de sens que si la démarche aboutit à des développements logiciels.

Les cas d'utilisation pour l'architecture technique et logicielle

Utiliser les cas d'utilisation dans une approche purement fonctionnelle masque les exigences que l'on pourrait découvrir en tenant compte du point de vue technique d'acteurs du système qui sont :

- L'utilisateur du système au sens large : tous ces utilisateurs ont implicitement des besoins d'ergonomie, d'authentification, d'habilitation, d'intégrité, etc. qui ne sont pas exprimés de leur point de vue, comme pourrait le faire un cas d'utilisation.
- Les administrateurs fonctionnels dont les modalités de paramétrage du progiciel sont rarement spécifiées. De ce point de vue, il est flagrant de constater que les besoins des administrateurs arrivent souvent dans les phases de développement avec des réponses de développeurs : fichiers ou tables multiples de configuration, documentations réduites au fameux readme.txt, etc.
- Les administrateurs techniques, dont les procédures d'exploitation sont généralement traitées une fois l'application développée.

Le recours aux cas d'utilisation techniques permet en conséquence d'exprimer les spécifications du point de vue technique des exploitants du système. Cette pratique décrite dans [Roques 2004], accompagne la mise en œuvre d'un processus de développement, dit en Y, qui attribue autant d'importance aux aspects fonctionnels que techniques.

La description d'un contexte technique spécifique

Les cas d'utilisation techniques sont utiles pour approfondir certains aspects techniques du logiciel et éviter de laisser libre cours aux initiatives du maître d'œuvre. Ce formalisme peut être particulièrement utile pour :

- homogénéiser les mécanismes d'IHM ;
- spécifier les mécanismes de personnalisation et de paramétrage ;
- spécifier les mécanismes de sécurité ;
- spécifier l'administration des utilisateurs et de leurs habilitations ;
- spécifier les protocoles de supervision et d'exploitation des erreurs.

Au même titre que les exigences techniques qu'ils complètent, les cas d'utilisation techniques sont transverses aux cas d'utilisation. Le rattachement d'un cas d'utilisation technique à un cas d'utilisation n'a donc aucun sens dans la mesure où il s'agit en quelque sorte de deux plans de spécifications orthogonaux.

Dans le cadre d'utilisation d'UML, l'acteur et le cas d'utilisation technique se représentent avec des stéréotypes, au même titre que l'acteur et le cas d'utilisation métier.

Figure 2–24
Exemple de cas d'utilisation techniques (les stéréotypes et la symbolique sont une proposition de l'auteur)

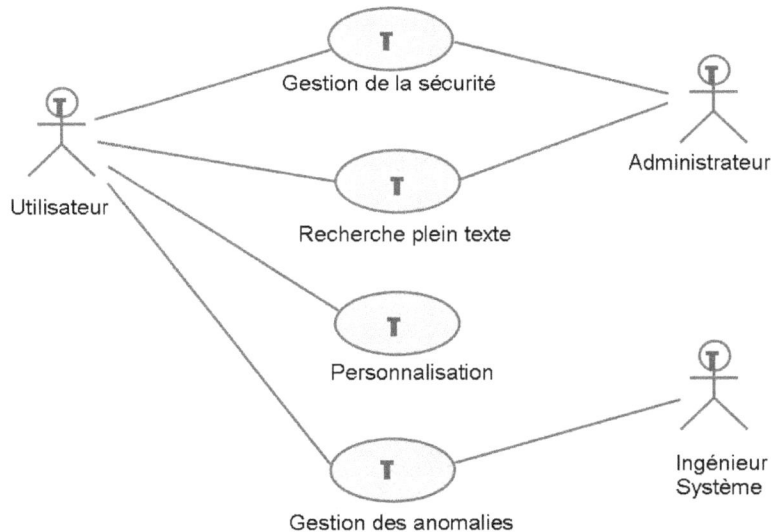

La formalisation d'un cas d'utilisation technique

Un cas d'utilisation technique exprime le point de vue de l'acteur technique. C'est dans la perspective de pouvoir exprimer les exigences techniques de ce point de vue qu'il est ici proposé.

Dans ce cadre, le cas d'utilisation technique est décrit suivant les mêmes techniques et avec la même structure qu'un cas d'utilisation fonctionnel.

Étude de cas : Description d'un cas d'utilisation technique

Gestion de la sécurité

Pré-condition(s)

L'administrateur est authentifié en tant que tel.

À l'installation de l'application, un compte administrateur « system/manager » est créé par défaut.

Les zones de travail ont été définies dans le paramétrage de l'application lors de l'installation.

Le compte de l'utilisateur créé n'est pas bloqué mais disponible pour une connexion.

Scénario nominal

a) L'administrateur déclare créer un nouvel utilisateur, le système lui renvoie le formulaire de création d'utilisateur.

b) L'administrateur donne un nom de *login* (il s'agit généralement du couple prénom.nom) au nouvel utilisateur, renseigne obligatoirement une adresse électronique valide, attribue un rôle à l'utilisateur : hôte, responsable opérationnel, chauffeur ou administrateur, et choisit ses zones de travail. Sur validation, le système calcule un nouveau mot de passe qu'il envoie directement par courriel à l'utilisateur.

c) L'utilisateur se connecte à l'application en utilisant la bannière de *login* qui lui demande de rentrer son nom et son mot de passe. [exception 1 : échec de connexion].

d) L'utilisateur valide son inscription en se connectant dans les 24 heures à l'application [exception 2 : inscription non validée]. À sa première connexion, le système impose à l'utilisateur de modifier son mot de passe.

e) L'utilisateur demande à modifier son mot de passe et le système lui renvoie le formulaire de modification du mot de passe. Sur validation, le système vérifie que ce changement soit effectif et demande le cas échéant un nouveau mot de passe jusqu'à satisfaction.

f) Par la suite, l'administrateur peut consulter le journal des connexions, vérifier les échecs de connexion et identifier les comptes utilisateurs bloqués.

h) L'administrateur débloque un compte par simple action sur la liste des utilisateurs créés. Un nouveau mot de passe est créé et envoyé à l'utilisateur par courriel.

Alternative(s)

Aucune

Post-condition(s)

Les utilisateurs sont créés et reconnus par l'application.

Ils peuvent s'authentifier et modifier leur mot de passe lorsqu'ils le souhaitent.

L'administrateur n'a jamais connaissance d'aucun mot de passe.

Les zones de travail de chaque utilisateur ont été assignées par l'administrateur.

Tous les échecs de connexion sont répertoriés dans le journal des connexions.

Exception(s)

Exception 1) au bout de 3 tentatives infructueuses de connexion, le compte utilisateur est bloqué.

Exception 2) si au bout de 24 heures, l'utilisateur n'a pas validé son inscription, le compte utilisateur est bloqué.

Quelle peut être l'utilité des cas d'utilisation techniques ?

A priori, l'approche des spécifications techniques par les cas d'utilisation n'a aucun sens, dans la mesure où l'industrie informatique a standardisé nombre de mécanismes et de protocoles récurrents aux différents développements d'applications. En effet, tous les mécanismes d'IHM, les protocoles de sécurité, les solutions de distribution et les techniques d'enregistrement des données sont implicitement définis au travers des divers composants que l'on peut trouver au travers des architectures Java J2EE ou Microsoft .Net. Par ailleurs, l'ensemble des spécifications techniques, que nous avons énumérées dans ce chapitre, représente généralement un cahier des charges relativement standard, qui peut être réutilisé d'un projet à l'autre. En d'autres termes, les services d'architecture informatique des grandes entreprises ont établi depuis longtemps des dossiers d'exigences techniques standards, assortis de comités de revue qui permettent d'aider les maîtrises d'ouvrage à traiter tous les aspects d'une spécification technique.

A posteriori cependant, toutes ces exigences ne sont pas exprimées du point de vue des utilisateurs. On peut ainsi réutiliser des spécifications techniques, mais s'est-on assuré de l'exhaustivité de tous les détails d'exploitation en regard des spécificités fonctionnelles de l'application ? À titre d'exemple, le traitement générique des spécifications techniques ne couvre généralement pas :

- l'homogénéité des mécanismes d'IHM et la cohérence d'interface nécessaire pour assurer une bonne ergonomie ;
- les possibilités de paramétrage de l'application ;
- les données nécessaires à l'initialisation de l'application ;
- la gestion d'habilitations qui sont systématiquement corrélées à des aspects fonctionnels ;
- les problématiques de remontée automatique et de traitement des anomalies ;
- les exigences de sauvegarde et d'archivage.

Par ailleurs, l'argument de réutilisation d'exigences techniques ne tient pas dans le cas d'une spécification d'ingénierie système, dans la mesure où les mécanismes et les architectures de tels systèmes sont encore loin d'être standardisés – et d'ailleurs quels points communs trouvez-vous entre un système de pilotage de métro et le logiciel embarqué d'un téléphone mobile ?

Nous proposons en conséquence d'utiliser les cas d'utilisation techniques en appoint des dossiers d'architecture technique ou de spécifications techniques, lorsque :

- Le point de vue de l'utilisateur compte pour des raisons d'ergonomie. Par exemple : assurer que tous les protocoles de recherche d'information par critères sont homogènes et intuitifs.
- Il est important d'assurer la complétude des exigences techniques. Le développement des scénarios d'exploitation permet, au travers des cas d'utilisation techniques, de vérifier que tous les aspects ont été pris en compte.

- Le dossier d'architecture technique est trop générique et ne détaille pas les protocoles à mettre en œuvre. Il existe par exemple une différence notoire entre une simple exigence de type « le système assure la remontée des erreurs » et le développement complet d'un cas d'utilisation technique « gestion des anomalies » en tenant compte des points de vue de l'administrateur et d'une équipe de maintenance applicative.

En résumé

La technique de spécification par les cas d'utilisation apporte un cadre précis et exhaustif qui est valable dans différentes situations de formalisation d'exigences : le développement de logiciels spécifiques, l'ingénierie système, la maintenance applicative et une partie du paramétrage de progiciels.

Le cas d'utilisation décrit textuellement une séquence d'interactions acteur/système, comportant des pré-conditions, un scénario nominal, des alternatives, des exceptions et des post-conditions. Il est conseillé de concentrer cette description sur les aspects métier et de reporter les exigences d'IHM, les besoins en statistiques et *reporting*, ainsi que les exigences d'ordre technique dans des sections séparées. En complément de la description du cas d'utilisation, sa formalisation UML, sous la forme d'un diagramme d'activité, d'un diagramme d'état ou d'un diagramme de séquence, permet de consolider la compréhension des différents scénarios d'utilisation possibles du système.

Le découpage en cas d'utilisation apporte une structuration de la spécification en autant d'unités de gestion indépendantes qui facilitent le travail en équipe. Pour ce faire, il est nécessaire de se mettre d'accord sur la granularité d'un cas d'utilisation en s'appuyant sur l'idée d'un processus métier à mi-chemin entre une transaction informatique, trop simple, et une des activités métier de l'entreprise, trop vaste. La spécification avec les cas d'utilisation contribue à améliorer la qualité d'une expression de besoins et à assurer la complétude des exigences lorsqu'elle est complétée d'un document de spécification traitant des exigences non fonctionnelles. De plus, les cas d'utilisation aident à établir précisément le ROI d'un projet de développement informatique.

En complément des cas d'utilisation, qui ne traitent que des aspects fonctionnels et applicatifs, il est possible d'étendre l'utilisation d'UML pour la modélisation métier ou pour traiter les exigences techniques du point de vue des utilisateurs.

3

Construction du logiciel avec la modélisation

La modélisation soutient l'activité d'analyse et de conception du logiciel et en prépare le codage afin de ne laisser plus aucun doute sur la façon dont doit être conçu le système cible. Ce chapitre passe en revue les techniques de modélisation UML 2, ce que l'on doit en attendre et les conseils pour en piloter l'exécution.

L'usage de la modélisation en construction du logiciel

La modélisation est une technique qui a accompagné le développement de systèmes logiciels à partir du moment où les langages de programmation ont permis d'atteindre un niveau, même minime, d'abstraction. Avec la programmation structurée, les premières velléités de modélisation ont été la représentation des fonctions avec des ordinogrammes, puis des modélisations fonctionnelles plus évoluées comportant des activités imbriquées et des structures de données (nous pensons ici aux méthodes SA). La programmation orientée objet a apporté avec elle une plus grande capacité d'abstraction de la programmation et de fait, le besoin encore plus évident de schématisation.

Malgré tout, depuis l'origine de la modélisation, les intentions sont restées les mêmes.

Il s'agit de :

- spécifier la façon dont doit se comporter le système cible et partager cette vision avec la maîtrise d'ouvrage, les experts métier et les utilisateurs ;
- aider et compléter les travaux d'analyse afin de découvrir l'ensemble des règles et des possibilités d'un système logique, d'en vérifier la conformité au contexte d'utilisation fonctionnel et d'en assurer la cohérence avec le métier des utilisateurs ;
- concevoir le système à partir des technologies dont on dispose afin d'anticiper et de résoudre les problèmes avant même de coder et d'améliorer la qualité de la construction du système, notamment en termes d'évolutivité et de réutilisabilité ;
- assurer au mieux la qualité du système et sa conformité aux exigences dans le but de réduire le nombre d'allers-retours entre recettes et mises au point et d'évacuer tous risques de réfection coûteuse ;
- diminuer les coûts de maintenance applicative par le biais d'une documentation d'analyse et de conception qui permette aux équipes de maintenance de percevoir rapidement les enjeux métier et les solutions techniques mises en œuvre.

Organisation du modèle

Les travaux d'analyse et de conception sont réalisés essentiellement à partir de modèles : le modèle d'analyse et le modèle de conception. Chacun de ces modèles est évidemment construit avec les concepts et les notations proposés par UML, mais aussi les extensions que vous pouvez y adjoindre et un ensemble de documents complémentaires qui accompagnent le projet, comme le dictionnaire des termes métier.

On rappelle qu'UML se divise en deux grands domaines qui sont le structurel et le comportemental. Cette distinction n'est pas un hasard dans la mesure où depuis leur origine, les méthodes orientées objet ont au moins préconisé cette séparation entre structure et comportement. On parle également souvent de modèle statique et de modèle dynamique pour désigner clairement les différents types de tâches de modélisation réalisées.

Les diagrammes structuraux servent à étudier l'organisation des concepts métier pour l'analyse, et l'architecture du logiciel à coder pour la conception. Dans les deux cas, on peut affirmer que la structure constitue les fondations du modèle et qu'elle fait systématiquement l'objet des premières tâches de modélisation. Le recours au concept de modèle statique et de modèle dynamique séparé est à notre avis un peu abusif, car même si un ensemble de diagrammes structuraux distincts contribuent au modèle, le modèle est lui un tout indissociable. On peut par exemple difficilement séparer la définition structurelle d'une classe de son diagramme d'état, puisque la classe est un tout qui comporte à la fois des définitions statiques (ses attributs, opérations, associations, etc.) et des définitions dynamiques (ses interactions et ses états).

Les diagrammes comportementaux servent à étudier les processus, les interactions et les états métier pour l'analyse, ainsi que les enchaînements dynamiques du logiciel pour la conception. Dans les deux cas, une étude des comportements n'a de sens que pour une structure déjà identifiée, à l'exception des processus d'entreprise et des cas d'utilisation, qui sont plutôt utilisés dans la phase amont de capture des besoins (voir chapitre 2). En conséquence, ce que l'on désigne habituellement par un modèle dynamique correspond plutôt à un ensemble de diagrammes comportementaux qui complètent une structure déjà identifiée.

Ces considérations nous permettent d'élaborer l'organisation de modèles quasi-standards et de vous donner des indications de démarrage afin d'aider vos équipes à surmonter le syndrome de la page blanche. Comme vous pouvez le constater, tous les diagrammes d'UML ont leur utilité et permettent d'exprimer différentes facettes du modèle : tantôt la structure, tantôt les comportements et optionnellement les fonctions.

Organisation d'un modèle d'analyse type

Un modèle d'analyse type est composé de :

- l'explication de la manière dont est organisé le modèle (diagramme de package) ;
- la structure logique des classes métier (diagramme de classe) ;
  - optionnellement, les états des classes ayant un cycle de vie particulier (diagramme d'état) ;
  - optionnellement, des vérifications ou des illustrations (diagramme d'instance) ;
- la structure logique des interactions métier qui expliquent comment sont réalisés les cas d'utilisation (diagramme d'interaction, généralement de séquence) ;
  - optionnellement, les collaborations qui réalisent les cas d'utilisation (diagramme de structure composite) ;
- optionnellement, la structure logique des processus qui expliquent comment sont réalisées certaines fonctions métier (diagramme d'activité) ;
  - optionnellement, les états des processus ayant un cycle de vie particulier (diagramme d'état exprimant un protocole) ;

Figure 3–1
Organisation d'un
modèle d'analyse type

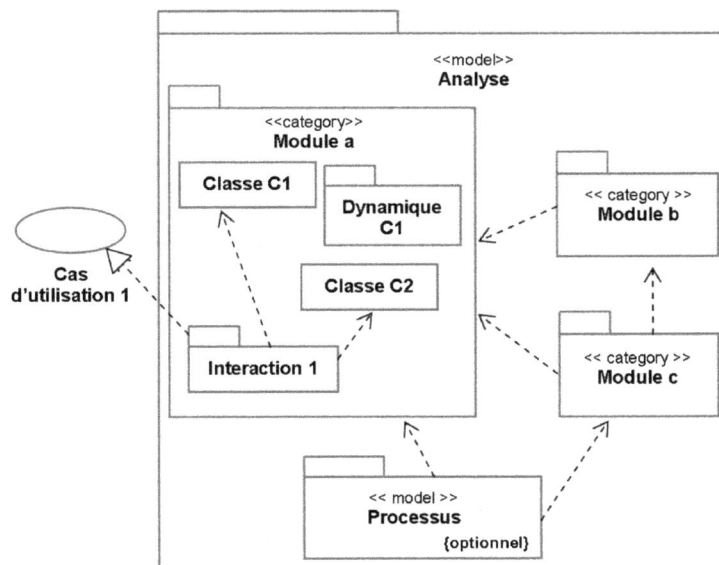

Organisation du modèle de conception type

Le modèle de conception type est composé de :

- l'explication de la manière dont est organisé le modèle (diagramme de package) ;
- la structure logicielle du système correspondant au regroupement des classes par couches et par sous-systèmes (diagramme de package) ;
  - la façon dont est organisé l'intérieur de chaque couche ou sous-système (diagramme de classe) ;
  - optionnellement, les interfaces et les classes « externes » proposées par chaque sous-système (diagramme de classe) ;
  - optionnellement, la structure complète du sous-système (diagramme de structure composite) ;
- la structure de conception des classes (diagramme de classe) ;
  - optionnellement, les états des classes (diagramme d'état) ;
  - optionnellement, la réalisation des opérations (diagramme d'interaction ou diagramme d'activité) ;
- optionnellement, l'architecture logicielle des composants et les classes qui les réalisent (diagramme de composant) ;
- optionnellement, l'identification des artéfacts, les composants et/ou les classes qui le réalisent (diagramme de déploiement)
- optionnellement, le déploiement du système (diagramme de déploiement).

Figure 3–2
Organisation d'un
modèle de conception
type

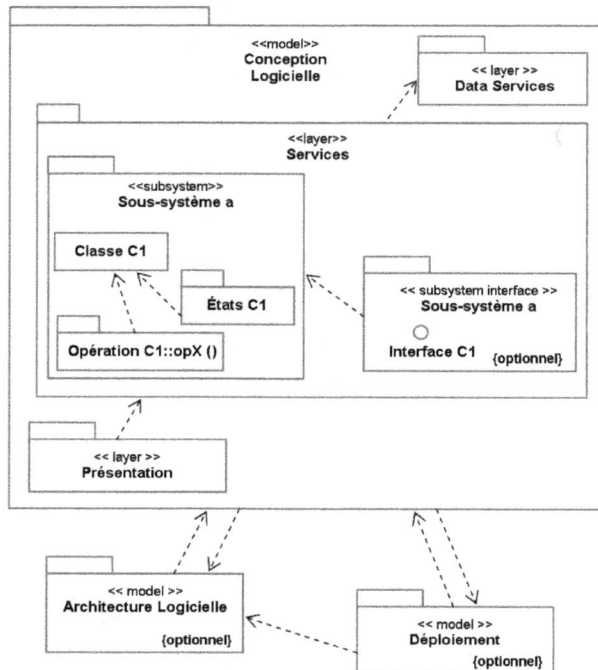

Le processus de construction

Il est toujours délicat de rentrer dans des considérations de processus lorsque l'on écrit sur UML, dans la mesure où UML est un langage et non une méthode. Or, le fait de commencer à détailler une séquence d'activités, comme nous allons nécessairement le faire pour illustrer l'usage de la modélisation, nous oblige à apporter des rudiments de méthode. Fort heureusement, il existe un dénominateur commun à pratiquement toutes les méthodes, qui nous permet de ne pas enterrer notre discours dans les partis pris de méthodologistes. Les méthodes comportant systématiquement des tâches de spécification, d'analyse, de conception et d'architecture, il nous est permis d'évoquer un macro-processus de construction.

De la même façon, les concepts orientés objet imposent de considérer tour à tour les classes, leurs environnements et leurs contenus. Toute méthode de construction orientée objet implique donc de recourir, même implicitement, à un micro-processus de développement identique, qui peut se résumer à une sorte de pense-bête.

Le macro-processus se présente donc en quelque sorte comme la stratégie mise en œuvre par la méthodologie. Il définit les activités nécessaires au développement et dans notre cas, celles qui font un usage intensif de modélisation. Par opposition, le micro-processus représente la tactique de construction du modèle qui se répète sur différentes phases d'activité.

Figure 3–3
Les processus communs à toutes les méthodes de développement orientées objet

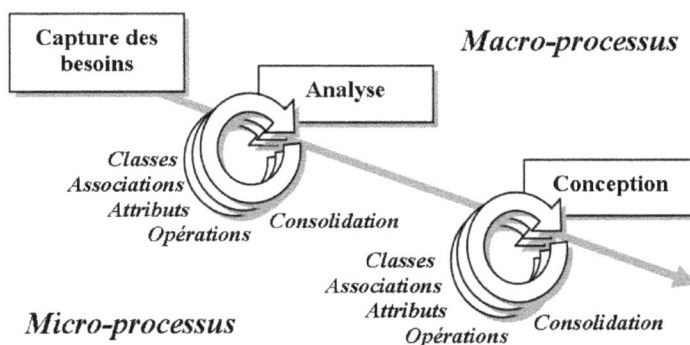

Le macro-processus de construction

Le macro-processus décrit toutes les activités de modélisation qui vont de la capture des besoins – activité largement décrite dans le chapitre 2 – au déploiement. Nous développons dans ce chapitre les trois activités restantes :

• L'analyse détaillée consiste à poursuivre le travail initié lors de la capture des besoins en approfondissant les concepts métier et leur organisation logique afin de dégager l'ensemble des règles de gestion qui vont régir le système. Les diagrammes structuraux servent à développer la structure statique des concepts – principalement classes, attributs, opérations, associations – et à identifier des contraintes relationnelles. Les diagrammes comportementaux permettent d'analyser la dynamique logique du système – principalement états et interactions – et d'en retirer des règles de séquencement et des contraintes temporelles.

- La conception logicielle consiste à élaborer des solutions informatiques à partir du modèle d'analyse en mettant en œuvre les technologies dont on dispose pour le codage. Il s'agit dans un premier temps d'organiser la structure logicielle afin de dégager des sous-systèmes ou modules qui pourront être plus faciles à tester et à maintenir. Il consiste, dans un second temps, à construire le modèle de chaque sous-système, en précisant la façon dont sont conçues les classes qui le composent.

- Le déploiement représente la façon dont est conçue l'architecture du système. Tous les travaux de modélisation du déploiement sont à notre avis optionnels, car ils découlent assez naturellement du modèle de conception logicielle. On peut inversement s'imposer une vision du déploiement avant de débuter la conception. Le déploiement devient ainsi plus une cible qu'une conséquence, dans l'optique d'anticiper plutôt que de subir.

S'il fallait ne retenir que quatre diagrammes UML pour accompagner toutes les activités de construction, nous choisirions sans conteste le diagramme de package, le diagramme de classe, le diagramme d'état et le diagramme de séquence.

Le micro-processus de construction

L'analyse et la conception orientées objet reprennent de concert les mêmes éléments de modélisation. À partir de ce constat, certains méthodologistes ont érigé en principe tactique de passer en revue ces éléments en allant de la structure au comportemental.

Ils préconisent donc de procéder dans l'ordre suivant et de réitérer autant de fois qu'il est nécessaire pour construire le modèle :

1 Élaborer les classes, étant donné qu'il s'agit du concept fondamental de toute démarche objet. Dans cette activité, il s'agit de les identifier, de les définir et de les organiser en modules, couches ou sous-systèmes. On peut également y associer des diagramme d'état afin d'identifier les stimuli auxquels les classes réagissent.

2 S'occuper des associations, puisqu'elles permettent de compléter la connaissance structurelle du modèle. Des règles de gestion, des attributs qualifieurs, des classes d'associations doivent apparaître à ce niveau.

3 Considérer les attributs, en complément de la connaissance des classes. Le passage en revue des associations avant les attributs évite en règle générale de masquer les premières par les seconds (voir les explications concernant le diagramme de classe au chapitre 1). Par ailleurs, les attributs se déduisent en partie de la définition de la classe et des informations que l'on connaît à son sujet, mais aussi des états.

4 Développer les opérations finalise la connaissance de la structure objet. Les opérations proviennent de toutes les informations accumulées sur le modèle : les réceptions de messages associées aux transitions sont implicitement des opérations, les associations nécessitent des opérations de gestion de la relation et les attributs s'accompagnent d'opérations de gestion de leurs valeurs. Par ailleurs, le détail d'une opération, sous la forme d'une interaction, permet d'approfondir les rôles des différentes classes participantes et de leurs associer de nouvelles opérations. Cette phase est donc de loin la plus ardue et malheureusement souvent, la moins accomplie de toutes les tâches de modélisation.

5 Le micro-processus se termine par une nécessaire consolidation du modèle afin de laisser ce dernier dans un état cohérent. C'est aussi l'occasion d'organiser les modules, de répartir les classes différemment et optionnellement de penser aux interfaces.

Domaines d'application

Les domaines d'application de la modélisation restent relativement variés et dépendent également de la profondeur à laquelle sera menée l'activité de développement avec UML. On a pu constater en effet que plus on s'approche du code et moins les différents projets accordent de l'importance à la modélisation. En d'autres termes, il existe un seuil, qui se situe un peu après les premières phases d'analyse, au-delà duquel les équipes perçoivent le logiciel à développer et se sentent en confiance pour en attaquer directement le codage. Dans le même registre, beaucoup d'entreprises pensent que la valeur est dans le métier et que seule la modélisation des concepts métier compte. On remarque également souvent la persistance d'une approche qui se concentre exclusivement sur l'établissement d'un modèle de données de type MERISE, dont le seul but est de définir un schéma de base de données – pour le reste, les développeurs se débrouillent.

Ces constats montrent clairement que la population des informaticiens n'a pas encore complètement intégré une culture d'ingénierie qui consiste à appréhender les problématiques par la modélisation. Par ailleurs, le code, s'exécutant et produisant du « tangible », rassure les équipes qui sont dans l'obligation de livrer leur produit dans des délais et des coûts serrés. Le manque d'avancement dans la modélisation ne constitue pas en soit une hérésie méthodologique, mais on peut simplement se demander si ses capacités de communication, d'anticipation et de documentation sont bien exploitées correctement ?

En effet, la capacité à exprimer toutes les règles de gestion au travers d'un modèle d'analyse évite de les découvrir au moment du codage, lorsque les experts métier ne sont plus disponibles, ou pire par des allers-retours incessants en phase de recette. De plus, ces règles encodées dans les phases ultimes de mise au point sont très rarement documentées, puisque la documentation aura généralement été livrée auparavant. C'est ainsi qu'apparaissent le plus souvent les verrues et sparadraps autant disgracieux que coûteux en phase de maintenance.

De la même façon, les mécanismes de conception, conçus au travers d'un modèle, permettent d'anticiper les malfaçons et uniformisent la façon dont sont codés les mécanismes généraux du logiciel. Lorsque inversement plusieurs développeurs ont inventé à leur façon les mêmes mécanismes, des surprises apparaissent en phase d'intégration puis lors des tests de validation technique. La disparité de conception technique, associée au manque de documentation, contribue ainsi à compliquer les phases ultérieures de maintenance.

Développement de logiciels spécifiques

On rappelle que l'approche orientée objet, les méthodes et les notations associées ont été pensées dans le cadre du développement de logiciels. Il n'est donc pas étonnant qu'UML et toutes les techniques présentées dans cet ouvrage soient particulièrement bien adaptés au cadre du développement de logiciels spécifiques. Dans cet optique, le modèle d'analyse est autant utile que le modèle de conception, bien que nous trouvions rarement un travail de modélisation complètement achevé dans ce domaine.

Comme nous le verrons au chapitre 6, le développement des outils supports du MDA (*Model Driven Architecture*) va contribuer à mieux positionner la modélisation, dans la mesure où ils produisent directement le code complet des applications, et certains permettent d'en exécuter le modèle avant tout codage.

Développement de systèmes

Dans le cadre de l'ingénierie système, la durée de vie et la criticité généralement plus importants du logiciel, accroissent l'importance de la documentation, de l'anticipation et de la validation à toutes les phases de développement. La modélisation UML ainsi que l'approche MDA y prennent donc une place de première importance.

Les gains de qualité que sont la facilité de maintenance du code, la conformité aux exigences, la productivité, voire la fiabilité, sont à notre connaissance en cours de probation dans l'industrie aéronautique et électronique. Certains industriels sont également en phase de définition de profils spécifiques afin de partager leurs concepts et leurs techniques de modélisation avec différents sous-traitants. Les profils sont également indispensables pour renseigner convenablement une plate-forme MDA.

Maintenance applicative

Dans le cadre d'une maintenance applicative, la rétro-conception d'une application sous la forme d'un modèle UML peut avoir du sens pour documenter et partager une même problématique logicielle. UML contribue ainsi à diminuer les temps de prise en charge et à améliorer les capacités de rotation au sein d'une équipe de maintenance.

Dans cette perspective, il n'est généralement pas nécessaire de distinguer le modèle d'analyse du modèle de conception. Une schématisation des concepts métier et des mécanismes logiciels perçus au sein d'une application permet de bâtir la connaissance d'un code au fur et à mesure de son exploration.

Déploiement de progiciels paramétrables

Lorsqu'il s'agit de déployer un progiciel paramétrable, il est parfois intéressant d'en capturer la structure pour documenter et améliorer la connaissance des concepts qu'il renferme. Dans ce cas, la simple élaboration de diagrammes de classe, exprimés à un niveau d'analyse, permet de discuter en connaissance de cause des objets disponibles ainsi que des possibilités de paramétrage.

L'exemple de la figure 3–4 montre le résultat d'un tel exercice. L'introduction du stéréotype parametric nous a permis d'identifier les associations que l'on peut modifier par paramétrage du progiciel. On peut ainsi définir jusqu'à trois niveaux d'organisation de vente au sein d'une entreprise et à chacune d'elle peut correspondre un département logistique.

Figure 3–4
Exemple d'une capture
de concepts SAP-R3,
module SD (Sales &
Distribution)

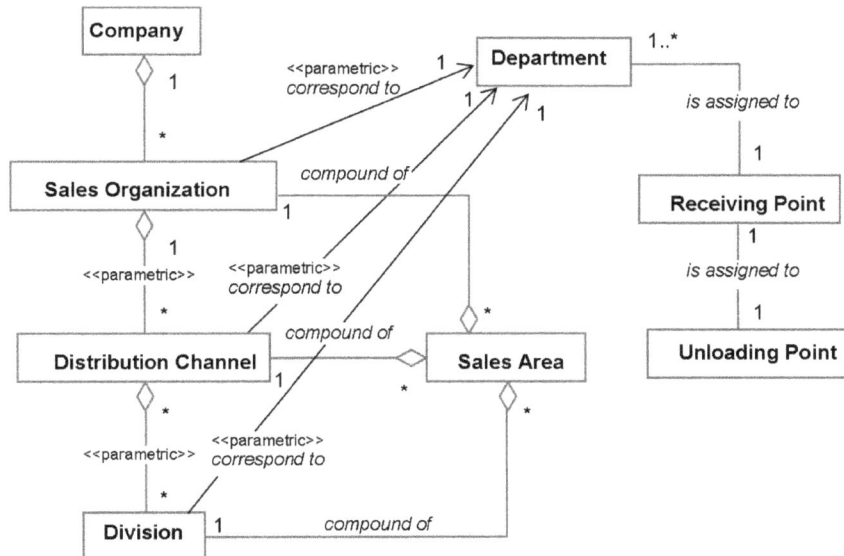

La phase d'analyse détaillée

Conformément à nos explications du chapitre 1, l'analyse au sens large peut être considérée en deux phases distinctes : la capture des besoins et l'analyse détaillée.

La capture des besoins a été complètement présentée au chapitre 2. Elle se différencie de l'analyse détaillée par les fréquentes interactions entre analystes et utilisateurs experts métier ou représentants de la maîtrise d'ouvrage. En effet, la capture des besoins est le moment où s'expriment les desiderata et où sont formalisés les cas d'utilisation en vue d'obtenir un pavage complet de tout le domaine fonctionnel.

L'analyse détaillée demande moins d'interactions avec les utilisateurs car il s'agit maintenant d'un travail d'informaticien qui s'appuie sur des outils d'informaticien. L'expérience prouve en effet que, malgré la simplicité apparente de certains formalismes UML, les utilisateurs ne peuvent pas suivre les travaux d'analyse détaillée parce qu'ils sont réticents à relire et à valider des modèles dont ils ne maîtrisent pas toutes les subtilités et parce que ce n'est tout simplement pas leur métier de le faire. En conséquence, l'approfondissement des besoins va permettre d'identifier des règles structurelles et comportementales qui pourront être retranscrites aux utilisateurs par des assertions, comme ci-après.

- Pour des règles structurelles : « la suppression d'une agence locale entraînerait la réaffectation des chauffeurs vers l'agence régionale. Sommes-nous d'accord ? ».
- Pour des règles comportementales : « dès qu'un chauffeur est affecté à une course, ce dernier doit acquiescer dans les 5 min. Sinon son responsable opérationnel doit être alarmé

pour gérer le problème par appel radio, auquel cas il pourra réaffecter la course. Est-ce bien comme cela que l'application doit réagir ? ».

La négation d'une assertion, signifie que le travail de capture des besoins n'a pas été suffisamment approfondi. Il est donc nécessaire de revenir à la spécification pour creuser des points de détail :

- Approfondissement structurel : « que deviennent les chauffeurs affectés à une agence locale, lors de sa disparition ? ».
- Approfondissement comportemental : « que se passe t-il si le chauffeur n'acquiesce pas à l'affectation de sa course ou comment le responsable des opérations vérifie-t-il qu'un chauffeur va bien prendre en compte sa course ? ».

À noter : les règles sont soit implicites car les concepts UML en sont intrinsèquement porteurs – l'identification d'une association dans un diagramme de classe représente par exemple une contrainte structurelle –, soit explicites parce qu'il est nécessaire de formaliser des contraintes supplémentaires sur le modèle.

En résumé :

- Pendant la capture des besoins, on engrange de l'information en reformalisant les spécifications au travers des cas d'utilisation afin de s'assurer d'une parfaite et précise compréhension du besoin. Cette phase implique une forte implication des experts métier.
- Pendant l'analyse détaillée, on approfondit l'information engrangée et on cherche à établir l'exhaustivité des règles de gestion qui en découlent. Ces règles sont établies implicitement et explicitement par l'intermédiaire du modèle UML d'analyse. Il s'agit d'un travail de modélisation informatique qui s'appuie au mieux sur des séries de questions avec les experts métier.

L'analyse structurelle

L'analyse structurelle est forcément la première étape d'une analyse détaillée orientée objet, car il n'est pas concevable de rentrer dans le vif d'un sujet avant même d'en avoir identifié les concepts et les structures. La mise en œuvre du micro-processus d'élaboration orientée objet permet en conséquence de procéder d'une façon méthodique et facilite l'initialisation d'une démarche d'analyse orientée objet.

Identifier les classes

Le travail d'identification des classes est l'étape qui démarre la construction du modèle d'analyse orienté objet. Il existe pour cela plusieurs sources d'information dont en premier la formalisation des cas d'utilisation. En effet, lorsqu'ils sont disponibles, les cas d'utilisation couvrent tout le domaine de l'application et vous assurent de ne pas ajouter des concepts métier qui tombent en dehors du périmètre de développement. En complément, vous pouvez trouver des informations dans un cahier d'expression des besoins, dans différents documents métier et puiser également dans la connaissance des experts métier.

L'analyse commence par le recensement de tous les mots communs utilisés, puis par un filtrage sémantique qui permet de ne retenir que les concepts propres à encapsuler de l'information pertinente pour l'application. Dans le cas d'une application d'entreprise, un classement direct entre les objets d'Organisation, de Ressources et de Processus, permettent de faciliter l'appréciation sémantique et de développer un début de structure.

Étude de cas : Identification des classes

Les mots soulignés dans la description du cas d'utilisation ci-dessous, donnent lieu à une analyse sémantique : est-ce une classe ou non ?

Réservation d'un taxi

a) Le client demande une réservation de taxi par simple action sur l'IHM de l'application et le système lui renvoie l'écran de réservation de taxi.

b) Le client rentre l'adresse de prise en charge, le nom des usager(s) et choisit ou non l'option bagages. Il peut choisir parmi les adresses préenregistrées que le système a mémorisées pour lui **[exception 1 : l'adresse n'est pas valide]**.

c) Le client modifie le numéro téléphonique de rappel s'il le désire.

d) Le client choisit de poursuivre sa commande et le système lui renvoie une confirmation et une estimation du temps d'attente**[exception 2 : temps d'attente trop long]**.

e) Le client rentre son adresse de destination et le système lui renvoie une estimation du temps de la course et du devis.

f) Le client déclare soit payer la course, soit la faire payer aux usagers, le système lui propose un récapitulatif des données rentrées et lui propose de valider sa commande.

g) Le client valide sa commande, le système alarme le chauffeur de taxi concerné par la course ainsi que le responsable des opérations.

Il serait hors propos d'expliquer tour à tour l'analyse détaillée que nous faisons de ces mots, étant donné que cet ouvrage a pour vocation d'aller à l'essentiel. Sachez simplement que les non-classes tombent dans des cas récurrents, parmi ceux qui apparaissent dans l'exemple :

- Les acteurs ne sont pas des classes mais dès qu'ils sont porteurs d'informations pertinentes pour l'application, ils peuvent donner lieu à des objets ressources. Exemple, le client qui est une ressource de l'application.

- Les mots qui signifient une action ou un processus ne sont a priori pas des classes. Cependant, ils donnent souvent lieu à des objets processus. Exemples, la commande, la course et la réservation qui sont autant d'objets qui tracent les états d'un processus métier.

- Les mots vagues ou trop généraux qui ne permettent pas de préciser un objet avec un périmètre défini, ne donnent généralement lieu à aucune classe. Exemples : le système, l'action, les données.

- Les mots qui désignent implicitement des attributs auxquels on peut associer une valeur ou des rôles qui mettent les classes en relation les unes avec les autres. Exemples : le devis peut être exprimé en euros, les bagages désignent une option Oui/Non, l'adresse correspond à une simple structure de données et la destination est équivalente à une adresse.

- Les mots qui expriment des concepts informatiques n'ont pas de raison de s'introduire dans l'analyse qui doit rester axée sur le métier. Exemples : l'écran et les données.
- Les synonymes ou des mots différents qui désignent le même objet dans un état différent. Exemple : commande et réservation.

À l'issue d'une première identification, le modèle s'enrichit de classes dont la définition doit être sommairement exprimée dans un dictionnaire des termes projet, comme dans l'exemple ci-après. La classification conseillée en Organisation/Ressources/Processus n'est pas critique à ce niveau et elle pourra se préciser en cours d'analyse.

Étude de cas : définition d'une classe

Classe : Commande
La commande trace l'action de commander un taxi par un client. On parle également de réservation aux premiers stades d'une commande.
Classe(s) apparentée(s) :
Course
Rôle et responsabilité dans le système :
Archive les demandes des clients ainsi que le résultat des actions qui en ont découlé.
Répertorie toutes les informations transmises par un client ainsi que les réponses calculées du système : temps de prise en charge et devis.

Figure 3–5
Exemple d'identification des classes en début d'analyse détaillée

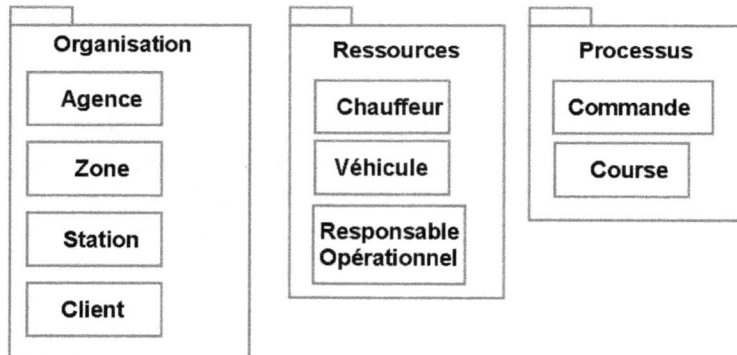

Identifier les associations

La structure du modèle commence avec les associations puisqu'elles en constituent le principal liant. Les associations relient les concepts les uns aux autres et elles permettent de fixer les orientations fonctionnelles prises par le modèle. Que penser en effet d'une classe qui n'est reliée à aucune autre ? A-t-elle un sens dans le modèle d'analyse ? Et par quel biais sera-t-elle connue des autres classes ? Par ailleurs, l'association influence directement ce que l'on cherche à représenter dans un modèle. Comparez par exemple les différences de signification suivant que l'on associe la classe Véhicule directement à une Agence ou directement à un

Chauffeur. On ne modélise plus le même problème : qui est propriétaire des véhicules, Agence ou Chauffeur ?

Alors que l'identification des classes est relativement simple et qu'il peut procéder d'une méthode quasi-mécanique, l'élaboration des associations reste une phase plus délicate pour laquelle aucune méthode valable n'a vraiment été édictée. Il s'agit donc pour l'analyste de procéder à une approche cognitive du sujet et de pouvoir surtout revoir sa copie autant de fois que nécessaire.

Figure 3–6
Exemple d'identification des associations en analyse : il n'y a pas vraiment d'autres méthodes que de partir de la connaissance du problème et d'itérer autant de fois que nécessaire

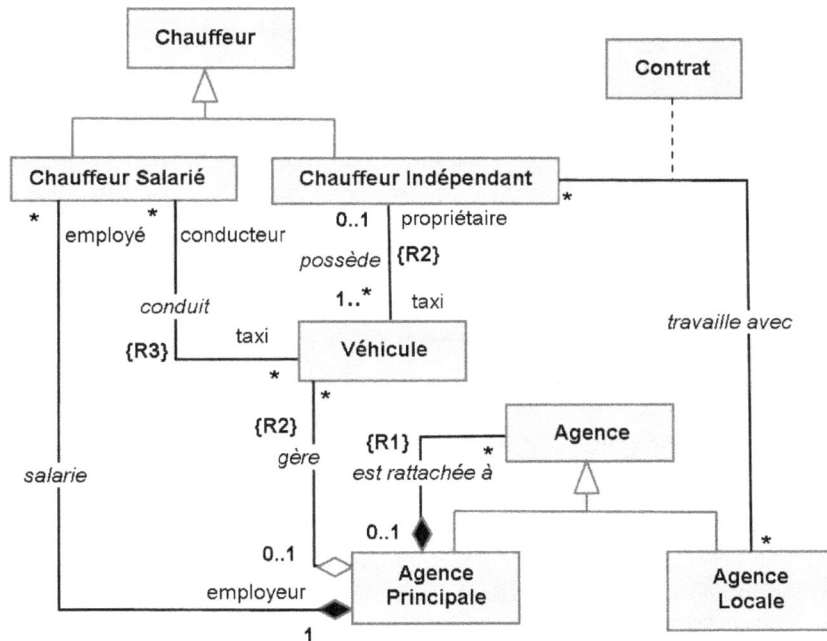

Le diagramme de la figure 3-6, illustre le travail d'identification des associations. Le lecteur assidu pourra s'entraîner à le décrypter en regard des explications apportées au chapitre 1. Ce diagramme révèle également différentes facettes intéressantes de l'analyse orientée objet.

Nous y trouvons d'abord une structure de récursivité entre agences locales et agences principales : par la relation d'héritage, une agence principale peut en effet être elle-même rattachée à une autre agence principale et ainsi de suite à l'infini. La contrainte R1 définit les limites de cet emboîtement.

Nous trouvons ensuite l'importance des rôles vis-à-vis des classes. En effet, le Chauffeur Salarié est aussi conducteur et employé, ce qui implique des règles, des attributs et des opérations en complément du concept. Si nous estimons que le modèle doit rendre possible d'autres types de salariés que les chauffeurs, le concept `Employé` peut être ajouté en utilisant l'héritage. On parle alors d'héritage multiple, comme illustré dans le diagramme de la figure 3-7.

Figure 3–7
Exemple d'évolution d'un modèle – le rôle devient une classe et par héritage multiple, le chauffeur salarié est à la fois chauffeur et employé

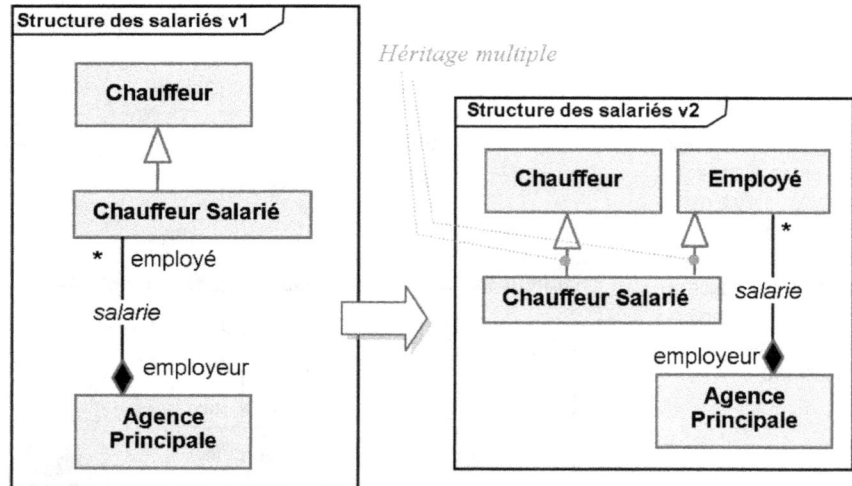

En conclusion, l'identification des associations est une étape très importante de l'analyse structurelle car elle permet d'élaborer la structure du modèle tout en précisant ses finalités. Cette étape apporte par ailleurs nombre de règles importantes pour la compréhension du problème. Un travail cognitif doit être apporté dans cette phase, les rôles pouvant devenir des classes et inversement. Il ne faut donc pas hésiter à développer et analyser plusieurs versions possibles du même modèle. L'expérience montre notamment qu'il y a souvent permutation entre classe et rôle.

Identifier les attributs

Une fois les classes identifiées et la structure du modèle stabilisée au travers de la formalisation des associations, on peut commencer à rapporter les attributs dans les classes. D'expérience, il n'existe que peu de sources textuelles à analyser pour identifier les attributs, hormis les encarts des cas d'utilisation qui décrivent les besoins d'IHM. L'identification des attributs s'appuie donc essentiellement sur la connaissance du problème par entretien avec les utilisateurs en leur demandant notamment les informations qu'ils rentreraient dans l'IHM de l'application.

Il est par la suite utile d'identifier les règles associées aux attributs : s'agit-il :

- de valeurs pouvant être initialisées, relues, modifiées par quiconque ;
- de valeurs calculées (voir attributs dérivés) ;
- de valeurs valables pour tous les objets de la classe (voir attribut de classe) ;

- de valeurs permettant de désigner d'autres objets au travers d'une association (voir attributs qualifieurs) ;
- de valeurs énumérées ou bien de données structurées (voir stéréotypes enumeration et datatype) ?

Figure 3–8
Renseignement d'une classe, à l'issue de l'identification de ses attributs

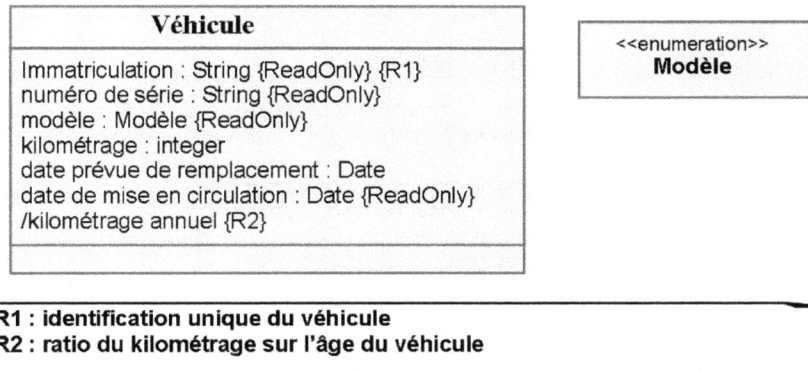

Identifier les opérations

Bien que certains courants méthodologiques soient pour reporter l'identification des opérations à la phase de conception, nous pensons au contraire que beaucoup d'opérations doivent apparaître dans cette phase, tant par analyse structurelle que comportementale. L'édiction des pré- et post-conditions représente en effet l'occasion d'identifier de nouvelles règles de gestion du modèle et d'approfondir encore par ce biais la connaissance du métier de l'application.

Un premier lot d'opérations peut se déduire des éléments identifiés par l'analyse structurelle :

- Les classes elles-mêmes donnent lieu à des constructeurs et un destructeur qui représentent respectivement les règles et les moyens dont on dispose pour fabriquer une nouvelle instance et les règles qui s'appliquent lors de la disparition d'un objet. Notez que les attributs en lecture seule (propriété ReadOnly) et les associations de multiplicité au moins 1 doivent apparaître implicitement dans les paramètres de construction.
- Les associations et les règles qui leur sont associées se traduisent en opérations de gestion des liens.
- Les attributs enfin, impliquent l'existence d'accesseurs (opérations simples qui permettent de lire et de modifier la valeur de l'attribut, traditionnellement dénommés get et set) qu'il peut être inutile de faire apparaître sur le modèle.

En rapport avec les diagrammes des figures 3-6 et 3-8, le diagramme ci-après représente les nouvelles opérations et contraintes identifiées sur la classe Véhicule.

Figure 3-9
Renseignement d'une
classe, à l'issue de
l'identification de ses
opérations de gestion
structurelle

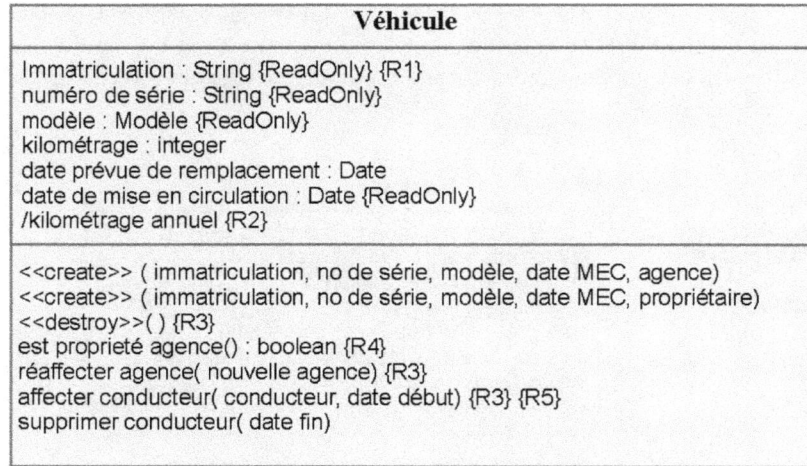

Véhicule
Immatriculation : String {ReadOnly} {R1} numéro de série : String {ReadOnly} modèle : Modèle {ReadOnly} kilométrage : integer date prévue de remplacement : Date date de mise en circulation : Date {ReadOnly} /kilométrage annuel {R2}
<<create>> (immatriculation, no de série, modèle, date MEC, agence) <<create>> (immatriculation, no de série, modèle, date MEC, propriétaire) <<destroy>>( ) {R3} est propriété agence() : boolean {R4} réaffecter agence(nouvelle agence) {R3} affecter conducteur(conducteur, date début) {R3} {R5} supprimer conducteur(date fin)

```
R1 : identification unique du véhicule
R2 : ratio du kilométrage sur l'âge du véhicule
R3 : pré : propriétaire = 0
R4 : post : Vrai si créé avec une agence, Faux sinon
R5 : pré : si conducteur # 0 alors supprimerConducteur( date début)
```

L'analyse comportementale

L'analyse comportementale se construit sur la structure des classes identifiées afin d'exprimer la connaissance dynamique du modèle. Il s'agit plus particulièrement de décrire les états possibles des classes et de développer les interactions liées aux processus de l'application.

Approfondir le comportement des classes

Toutes les classes disposent potentiellement d'états lorsqu'elles ne réagissent pas de la même façon à une même sollicitation externe. La plupart des objets qui représentent le suivi d'un processus (exemples : Commande, Facture, Course) font l'objet d'une machine à états. En proportion inverse, les ressources (exemples : Véhicule, Chauffeur) ont quelquefois des états et les objets d'organisation (exemples : Agence, Station) en ont beaucoup plus rarement.

Dans cette optique, les cas d'utilisation fourmillent d'états que l'on peut désormais associer à l'une des classes du modèle. Le cas d'utilisation Réservation d'un Taxi indique implicitement les états de constitution d'une commande. On peut ensuite formaliser ces règles comportementales comme dans le diagramme de la figure 3-10.

Hormis l'expression des cas d'utilisation qui doivent exprimer les processus de l'application et mettre en avant les états des objets processus, une analyse des interactions peut être également réalisée afin de détecter des états éventuels. L'envoi de messages au chauffeur indique

Figure 3–10
Analyse
comportementale d'une
classe avec un
diagramme d'état

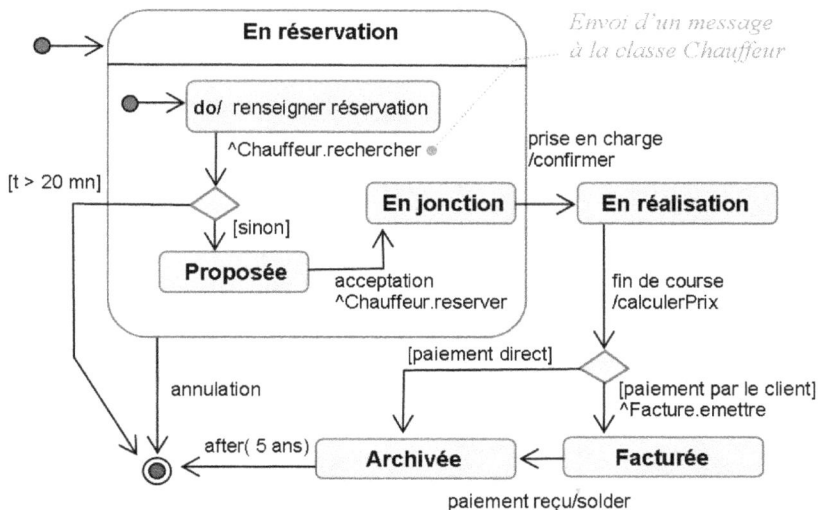

par exemple une interaction qui pourrait signifier des états particuliers pour ce dernier. Le message Réserver implique notamment qu'un chauffeur relève d'au moins deux états : Réservé et Libre.

Approfondir le comportement des associations

Les associations sont l'objet de règles de gestion, dont la complexité implique parfois d'en analyser les fonctionnements spécifiques. Dans cette optique, la gestion des liens entre objets peut être décrite par un diagramme d'interaction lorsqu'il existe des contraintes de synchronisation entre objets, de séquencement ou de temps.

Figure 3–11
Association complexe
dont la gestion fait
l'objet d'une analyse
comportementale

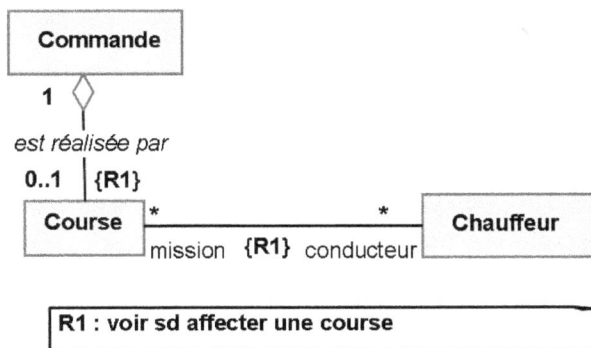

Ainsi, le fait d'affecter une course à un chauffeur implique la réservation préalable du chauffeur et la création d'une course dont le rôle est de tracer la réalisation de la commande.

Figure 3–12
Seule l'affectation de
mission permet de gérer
l'association entre les
classes Commande,
Course et Chauffeur

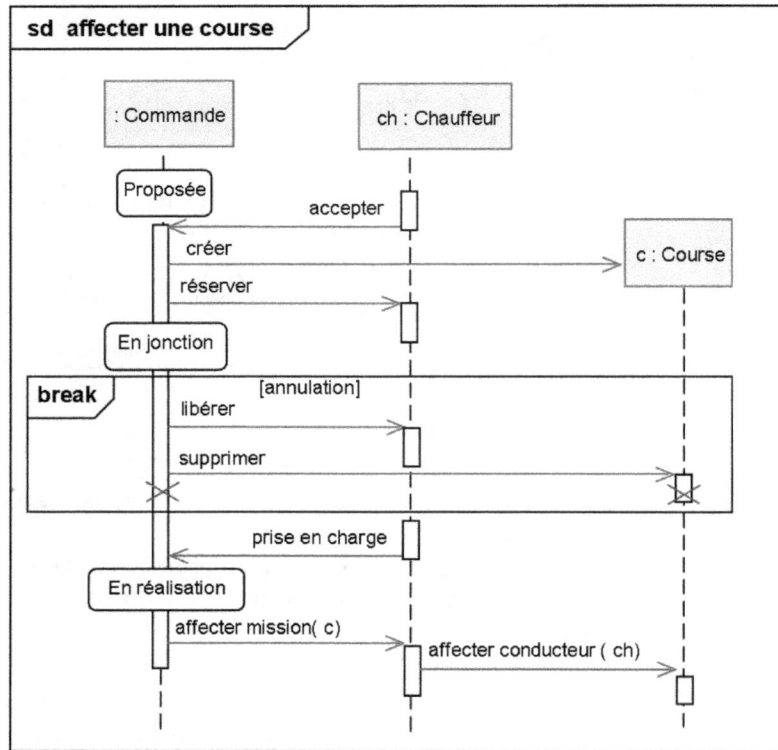

Identifier les nouveaux attributs

Les attributs sont assez peu concernés par l'analyse comportementale. De nouveaux attributs apparaissent simplement pour tracer les états, pour transmettre des informations manquantes en paramètres des messages ou pour calculer les transitions conditionnées par une durée ou par une valeur de seuil.

En regard du diagramme de la figure 3-10, il faut ainsi ajouter la date d'archivage pour satisfaire à la condition d'archivage après 5 ans et la valeur d'un attribut d'état qui permet de distinguer les états : En Réservation, En Réalisation, Facturée, Archivée.

Approfondir les opérations

Le concept d'opération couvre un large spectre fonctionnel qui va de l'orchestration d'un processus d'entreprise au simple accesseur. Il existe en conséquence de nombreuses possibilités pour analyser le comportement d'une opération avec UML.

Une opération peut être élaborée avec un diagramme d'activité, à partir du moment où l'on désire exprimer un algorithme avec de nombreuses ramifications. Lorsqu'il s'agit d'un processus d'entreprise, l'expression d'une collaboration dans un diagramme de structure composite accompagnée d'un diagramme d'interaction peut être envisagée. Lorsqu'il s'agit d'un service à assurer par la mise en œuvre de plusieurs composants avec des exécutions parallèles – cas fréquent en ingénierie système –, l'expression d'une classe composite remplace avantageusement la collaboration. Pour le cas d'opérations mettant en œuvre la coopération de quelques classes, un simple diagramme d'interaction suffit, généralement un diagramme de séquence tel que celui de la figure 3-12. Pour une grande majorité d'opérations simples enfin, déclarez-les uniquement dans un diagramme de classe, assortie éventuellement de contraintes de pré- et post-conditions.

L'identification de nouvelles opérations provient des transitions, des actions et des activités relatées dans un diagramme d'état, ainsi que des messages reçus par la classe lors des interactions. On trouve ainsi les nouvelles opérations de la classe Commande par analyse du diagramme d'état de la figure 3-10 reportée dans le diagramme de classe ci-après.

Vous pouvez constater à cette occasion, le nombre important de règles de gestion qui apparaissent dans le modèle. Il s'agit là d'un travail très important de l'analyse qui permet de préciser les modalités de fonctionnement du métier et leur transcription sous la forme des règles de gestion de l'application. Par ce biais, le codage des objets métier n'en sera que plus systématique et plus fiable dans sa réalisation.

Figure 3–13
Renseignement d'une classe, à l'issue de l'identification de ses opérations de gestion comportementale

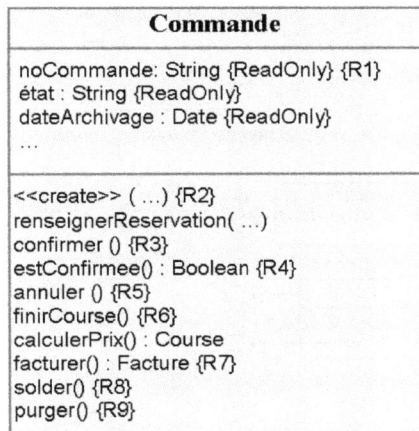

Commande
noCommande: String {ReadOnly} {R1} état : String {ReadOnly} dateArchivage : Date {ReadOnly} ...
<<create>> (...) {R2} renseignerReservation(...) confirmer () {R3} estConfirmee() : Boolean {R4} annuler () {R5} finirCourse() {R6} calculerPrix() : Course facturer(): Facture {R7} solder() {R8} purger() {R9}

R1 : identification unique de la commande
R2 : post : calculer un nouveau numéro, état = « En Réservation »
R3 : post : état = « En Réalisation »
R4 : post : Vrai si état <> « En Réservation »
R5 : pré : estConfirmee() = Faux, post : objet détruit
R6 : post : call calculerPrix(), si PaiementDirect alors état = « Archivée » sinon call facturer() et état = « Facturée »
R7 : post : facture nouvellement créée et émise
R8 : post : état = « Archivée », dateArchivage = now()
R9 : pré : now() – dateArchivage > 5 ans, post : objet détruit

La recherche d'un chauffeur concerne la mise en œuvre d'un algorithme complexe qui doit répondre à des exigences métier : favoriser l'utilisation de chauffeurs salariés et optimiser les temps de prise en charge afin de gagner la satisfaction client.

Figure 3–14
Algorithme de recherche d'un chauffeur

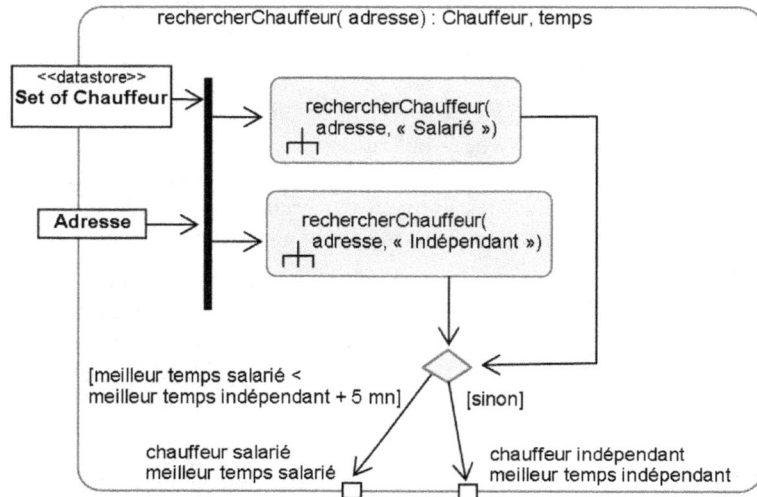

Figure 3–15
Algorithme de recherche d'un chauffeur, décomposition de l'activité « rechercherChauffeur »

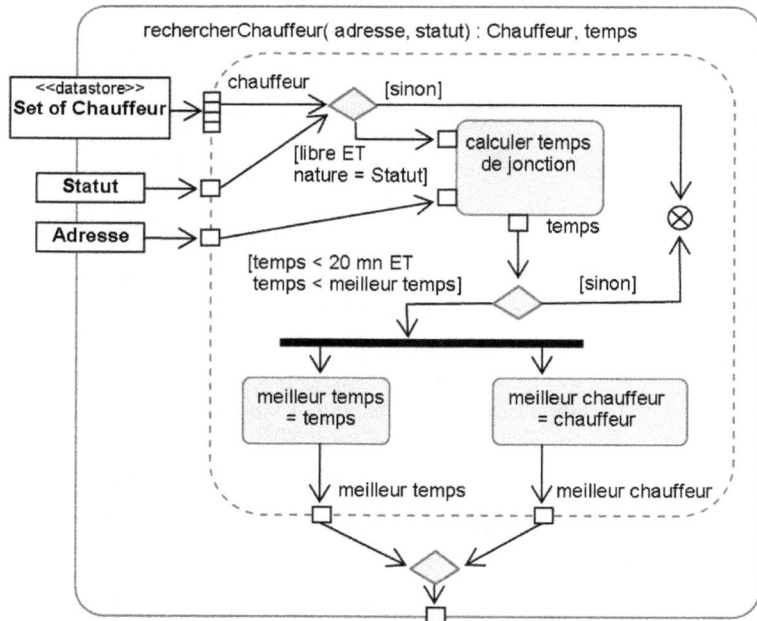

Découpage en catégories

Lorsque le domaine métier de l'application est étendu, l'organisation du modèle d'analyse peut s'avérer indispensable afin de permettre à plusieurs analystes de travailler parallèlement sur le modèle. Le découpage du modèle représente également un intérêt car la structuration de l'application en modèles fonctionnels distincts aide à la construction itérative d'une application ainsi qu'à son élaboration en composants.

Grady Booch a introduit le concept de catégorie dans sa méthode antérieure à UML. Nous vous conseillons d'utiliser ce concept d'organisation du modèle d'analyse par l'introduction du stéréotype category (qui ne fait pas partie des stéréotypes standards d'UML).

Définition : catégorie

Une catégorie est un package qui regroupe logiquement des classes en recherchant une forte cohésion interne et un faible couplage externe.

Le modèle d'analyse a une organisation structurelle et il peut commencer dès l'identification des classes lorsque l'on débute l'analyse. Lorsque le domaine métier de l'application est relativement étroit – ce qui représente d'expérience 80 % des développements d'entreprise –, on peut se contenter d'une première tentative de découpage suivant la logique Processus-Ressource-Organisation indiquée à plusieurs reprises dans cet ouvrage. Si plusieurs analystes travaillent en parallèle, le plus expérimenté s'occupera des objets processus, tandis que le moins expérimenté travaillera plutôt sur les ressources.

Lorsque le domaine métier est large, ce qui est le cas pour les applications de grandes entreprises qui impliquent plusieurs directions ou services, le découpage résultant peut correspondre aux grandes fonctions que sont la vente, la production, la logistique et l'administration.

Dans le domaine de l'ingénierie système, ce découpage est souvent plus systématique, dans la mesure où les sous-systèmes interconnectés représentent chacun une spécialité faisant intervenir des experts et des analystes différents. On trouvera par exemple pour un système d'armes : le système de visée et IHM, le radar, les contre-mesures, etc.

Chaque catégorie représente un sous-domaine fonctionnel avec lequel un analyste peut travailler séparément. Elle constitue de fait une brique du modèle d'analyse, dans laquelle nous conseillons de regrouper tous les diagrammes produits tant par l'analyse structurelle que par l'analyse comportementale. Dans l'idéal, chaque catégorie regroupe des classes et optionnellement des structures composites qui chapeautent elles-mêmes les diagrammes d'état et d'activité qui leur sont éventuellement associés. Lorsqu'une des classes de la catégorie est le principal pilote d'un cas d'utilisation, l'ensemble des interactions qui décrivent la réalisation du cas d'utilisation et qui interagit notamment avec les classes de la catégorie est inclus dans la catégorie. En d'autres termes, le rapprochement de tous les concepts structuraux et comportementaux, qui concernent le même domaine métier, facilite le travail modulaire et la cohérence du modèle.

Figure 3–16
Organisation d'une
catégorie en fonction
des classes qu'elle
regroupe

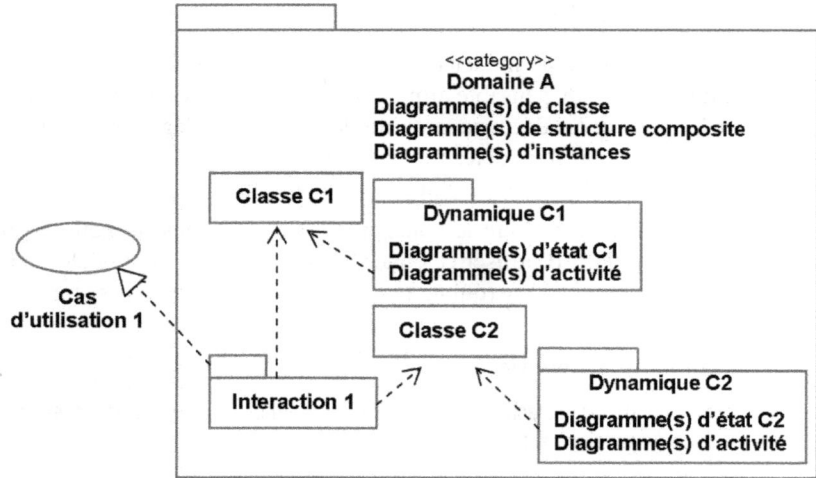

Qualité du processus d'analyse

Le modèle d'analyse représente le support principal de la réflexion d'analyse. Il en résulte également un dossier qui, par le biais d'outils spécialisés, peut être directement constitué à partir des éléments du modèle. Une analyse détaillée, complète et cohérente, permet d'approfondir la connaissance de l'application cible et d'accélérer ainsi les phases subséquentes du développement.

Revue d'analyse

Nous sommes convaincus que le travail d'analyse ne s'arrête pas au simple établissement d'un modèle de données et qu'il permet d'exprimer beaucoup de choses par le biais d'UML. La qualité d'analyste suppose d'une part une grande qualité d'écoute, de formalisation ainsi qu'une véritable expertise des systèmes d'information, dans la mesure où il est vain de spécifier des contraintes qui ne peuvent pas être réalisées avec les technologies envisagées pour le projet. L'analyste se doit par ailleurs d'approfondir la connaissance métier pour déterminer in fine les comportements logiques de l'application. Sa curiosité doit donc rester en éveil afin de découvrir les règles non formalisées au travers de questions de type structurelles ou comportementales :

• Que se passe t-il lorsque l'on supprime un objet ?

• Comment retrouve-t-on un objet particulier ?

• Quelles sont les conditions que doit satisfaire un objet pour appartenir à un ensemble particulier ?

• Comment réagit le système si tel acteur adopte une réaction imprévue ?

• Quelles sont les valeurs de seuil qui peuvent influencer l'état d'un objet ?

• Combien de temps doit-on conserver l'objet dans le système ?

- Quelles sont les pré-conditions d'exécution d'un service ?
- Quelles sont les conditions finales du système à l'issue de l'exécution d'un service (post-conditions) ?
- Qui a les droits pour réaliser tel service ou telle modification du modèle ?

L'ensemble de ces questions sert également à la revue d'un modèle de conception, afin de vérifier qu'il répond aux questions que pourront se poser les développeurs lors du codage de l'application. Un autre facteur de qualité réside également dans la cohérence obtenue entre les différents diagrammes du modèle.

Cohérence du modèle

Les méthodologistes conseillent pour la plupart de dérouler l'analyse suivant plusieurs micro-processus itératifs en commençant par s'intéresser à la structure orientée objet de l'application. Les phases d'activité décrites dans cette partie dédiée à l'analyse détaillée ne représentent en effet qu'une première itération, qu'il est nécessaire de raffiner sur plusieurs passages. On rappelle que l'analyse orientée objet repose sur la connaissance préalable d'une structure dont il faut ensuite découvrir les comportements. Par la suite, l'analyse comportementale permet d'enrichir la structure dont les derniers apports peuvent influencer les diagrammes comportementaux et ainsi de suite, jusqu'à l'obtention d'un modèle satisfaisant.

Il va de soi qu'après la première itération, l'analyse a d'expérience déjà atteint 80 % de son contenu optimal et que deux à trois itérations suffisent généralement à boucler le travail. La cohérence du modèle doit être cependant maintenue afin de garantir aux développeurs qu'ils ne trouveront plus ou peu de contradictions dans l'établissement des règles de gestion de l'application. La qualité de l'analyse passe donc aussi par la cohérence du modèle et notamment entre les diagrammes structuraux et comportementaux.

Figure 3–17
L'élaboration du modèle d'analyse consiste à dérouler plusieurs micro-processus en considérant tour à tour la structure et les comportements

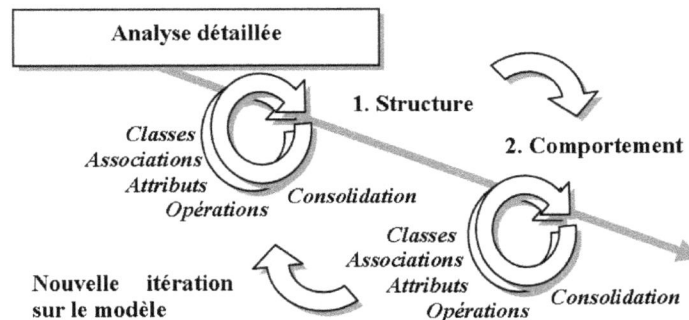

La vérification de cohérence consiste à passer en revue les points suivants :

- Tous les objets représentés dans les diagrammes d'interaction correspondent-ils à un classifieur déjà identifié : classe, classe composite, package, composant ou nœud ?
- Chaque diagramme d'état représente-t-il pareillement le comportement d'un classifieur déjà identifié ?

- Les attributs représentant les états sont-ils formalisés ?
- Les attributs représentant les seuils ou les déclenchements temporels sont-ils formalisés ?
- Les transitions, les actions et les activités des diagrammes d'état sont-ils chacun représentés par une opération ?
- Les réceptions de messages sont-elles chacune représentées par une opération ?
- Les règles et contraintes exprimées sont-elles lisibles et cohérentes avec les processus décrits dans les diagrammes comportementaux ?
- Les comportements des classes et des associations sont-ils bien connus et font-ils l'objet de diagrammes comportementaux pour les cas les plus complexes ?
- Les exécutions des opérations sont-elles bien connues et ont-elles fait l'objet de diagrammes comportementaux pour exprimer les algorithmes ou les collaborations ?

La phase de conception

Conformément à nos explications du chapitre 1, la conception avec UML comporte deux domaines d'activités parallèles : la conception logicielle et la conception de l'architecture. Il n'y a pas vraiment de règle qui puisse préciser par quel biais commencer la conception de l'application. D'une part, la conception logicielle permet d'élaborer un modèle proche du code à développer en préparation de la phase de codage. D'autre part, la conception de l'architecture définit les composants qui seront finalement développés et la façon dont ils seront déployés sur la cible matérielle.

Lorsque les caractéristiques de performance et de fiabilité priment, comme souvent dans le domaine de l'ingénierie système, il peut être opportun de commencer par la conception de l'architecture afin de répondre aux contraintes par l'étude d'un déploiement de composants répartis sur un réseau d'unités de calcul. Dans ce cadre, la définition et la connaissance préalable des performances attendues sur chacun des composants du système engage les équipes à réaliser une conception logicielle pilotée par les contraintes. Dans le même ordre d'idée, lorsque le projet s'est donné pour objectif d'aboutir à une architecture de composants réutilisables, la conception du déploiement permet de se fixer dans un premier temps les composants cibles du système. Dans cette optique, la structure du déploiement en composants guide la conception logicielle de l'application.

Lorsqu'il n'existe inversement ni contrainte de performance ou de fiabilité particulièrement difficile à résoudre, ni volonté d'aboutir à des composants réutilisables, débuter avec la conception logicielle offre une approche relativement plus confortable, dans la mesure où elle se situe dans la continuité de l'analyse détaillée.

Figure 3–18
Schéma de principe de
la conception partagée
en deux activités :
conception logicielle et
conception de
l'architecture

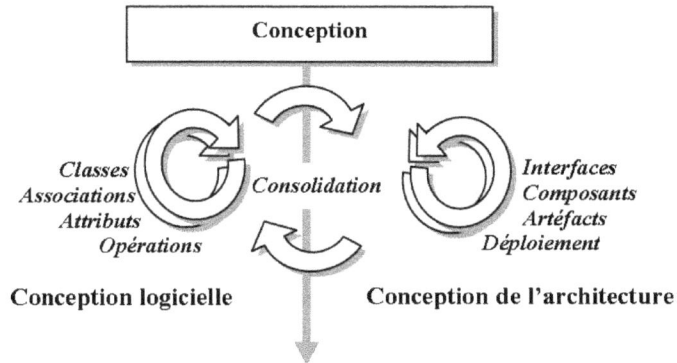

Figure 3–18
Schéma de principe de
la conception partagée
en deux activités :
conception logicielle et
conception de
l'architecture

La conception logicielle

La conception logicielle a pour véritable finalité de rapprocher le modèle du code. Une difficulté méthodologique majeure du projet à ce niveau consiste à définir la nature et le degré de détail de ce rapprochement.

Il est en effet toujours très délicat d'aborder le problème de la conception logicielle au sens large, tant elle diffère suivant la cible technologique à laquelle elle s'adresse. Lorsqu'il faut réinventer complètement tous les mécanismes qui président à la performance, au parallélisme et à la gestion des ressources, la conception logicielle représente un travail conséquent dont l'intérêt prévaut. Lorsque, inversement, l'application doit être déployée sur une architecture déjà jalonnée par des langages et des architectures évoluées – telles que J2EE ou .NET –, les travaux d'une phase de conception peuvent paraître superficiels.

Intérêts de la conception logicielle

L'intérêt de la conception logicielle ainsi que le niveau de détail qu'elle doit atteindre sont donc deux sujets à traiter dans le pilotage du projet. Trop peu de conception conduit souvent à une certaine inefficacité du codage, à des disparités parfois incompatibles entre les styles de conception adoptés par différents développeurs et la prise en compte tardive de problèmes non anticipés que l'on découvre à la réalisation des tests d'intégration ou des tests de performance.

Dans le même ordre d'idée, forcer une équipe à réaliser une conception, alors qu'elle n'est pas convaincue de son intérêt, est une pure perte d'énergie qui se révèlera aussi inefficace qu'une absence de conception. Alors : conception avec UML ou codage direct ?

Certains proclament l'inutilité de la conception orientée objet, dans la mesure où les technologies orientées objet offrent aujourd'hui une gamme de langages, de composants et de *frameworks* qui permet de s'affranchir d'un travail de conception par la modélisation. Cet argument penche également dans le sens de la culture de la résolution des problèmes par le codage intensif. Beaucoup de chefs de projet en effet, et pas toujours les plus expérimentés, mesurent encore l'avancement de leur projet au nombre de lignes de code produites.

Cette démarche qui touche une grande partie des informaticiens va à l'encontre d'une démarche d'ingénierie au travers de laquelle la modélisation permet d'anticiper et de résoudre les problématiques avant qu'on ne les rencontre. Dans le même ordre d'idée, on débuterait aujourd'hui difficilement l'édification d'un bâtiment sans les plans et les calculs qui permettent d'en vérifier la solidité. La conception est donc en premier lieu un travail d'anticipation et pour anticiper à plusieurs, il est nécessaire de partager la même vision et donc de communiquer autour de schémas adaptés à la construction de logiciel, bref de centrer sa conception autour de modèles UML.

Le travail de sensibilisation à la conception d'une équipe de développeurs commence par préparer les problématiques non fonctionnelles et à en rechercher ensemble les solutions que l'équipe devra adopter. L'énumération des contraintes non fonctionnelles, évoquées au chapitre 1 de cet ouvrage, représente une liste exhaustive de ces problématiques :

- les capacités d'utilisation ;
- la fiabilité ;
- les performances ;
- les capacités d'intégration et de maintenance.

Pour répondre à la question « comment comptez-vous résoudre ? », les développeurs ont donc deux alternatives : soit la plate-forme cible apporte déjà des solutions toutes prêtes (par exemple les EJB résolvent par eux-mêmes la problématique transactionnelle), soit leur talent d'ingénieur est mis à l'épreuve. Dans ce dernier cas, il n'y a pas d'autre alternative que de documenter les décisions prises par l'élaboration de diagrammes UML de conception. Les solutions identifiées par la conception correspondent alors à deux catégories :

- Soit elles décrivent des mécanismes indépendamment des travaux d'analyse et implicitement des concepts métier. Il s'agit d'une conception générique dont les travaux pourraient débuter en parallèle de l'analyse. Il s'agit de la démarche, dite en Y, dans laquelle un processus de conception technique est initié parallèlement à l'analyse. Cette méthode est développée en détail dans [Roques 04].
- Soit elles s'appliquent cas par cas aux éléments issus de l'analyse métier. Cela concerne donc des travaux spécifiques à l'application qui ne peuvent que découler d'une phase d'analyse préalable.

En conclusion, quel que soit le niveau de votre architecture cible et de votre analyse, aucun modèle n'apporte réellement de solutions à toutes les problématiques non fonctionnelles. La conception logicielle permet donc d'anticiper les problématiques par l'élaboration de solutions et de les partager entre plusieurs développeurs. Par ailleurs, l'atteinte d'un niveau de description suffisant pour expliciter le codage à réaliser – sans rentrer dans les détails insignifiants d'utilisation du langage cible – doit suffire à compléter le modèle de conception.

A contrario, il est inutile de produire des schémas UML dans le seul but de représenter le codage qui doit être réalisé. En effet, une vision des solutions à mettre en œuvre dans le modèle de conception, accompagnée d'un modèle d'analyse correctement abouti, peut suffire à débuter le codage d'une application.

Les techniques de conception logicielle

Les techniques de conception logicielle concernent en premier lieu leur expression avec UML, puisqu'il s'agit d'anticiper, d'élaborer ensemble et de documenter des décisions prises en équipe. Les technologies orientées objet ont par ailleurs apporté différentes techniques, les *frameworks* et les *patterns*, qui ont leur traduction particulière dans un modèle UML.

Modéliser la conception avec les frameworks

> **Définition : framework**
>
> Un *framework* est une infrastructure logicielle qui facilite la conception des applications par l'utilisation de bibliothèques de classes ou de générateurs de programmes.

Un framework définit un cadre de développement issu d'une activité de conception logicielle. Cette dernière peut être le produit interne d'une équipe rompue à la conception orientée objet, mais elle est le plus souvent issue d'une réutilisation venant de produits du commerce, de solutions du logiciel libre ou d'échanges au sein des communautés de pratique de développeurs.

Un framework se présente le plus souvent sous la forme d'une ou plusieurs collaboration(s) qui défini(ssen)t des rôles. Ces rôles sont ensuite réalisés sous la forme de classes abstraites et d'interfaces dont les comportements sont transmis à l'application par l'intermédiaire de l'héritage.

Figure 3–19
Exemple d'introduction d'un framework dans un modèle de conception – ici le composant de présentation Open Source Struts

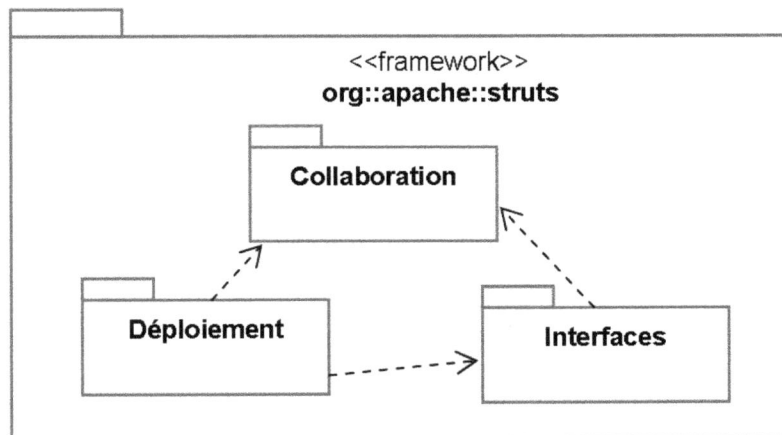

L'insertion d'un framework dans un modèle de conception implique une organisation particulière de ce dernier. La réutilisation des classes du framework nécessite de les introduire dans le modèle et d'en documenter le fonctionnement.

Étude de cas : utilisation du framework Struts

Le framework Struts réalise un mécanisme Modèle-Vue-Contrôleur adapté à l'architecture J2EE (voir la section consacrée à la conception d'une couche de présentation ci-après).

Le Modèle, représenté par la classe `FormBean`, est chargé d'être la copie mémoire des éléments rentrés ou vus par l'utilisateur à l'écran. Pour mémoire, Form signifie « formulaire HTML » ; elle constitue la technique de saisie d'informations d'une application Internet.

La Vue correspond à une page JSP qui embarque la représentation HTML du modèle.

Le Contrôleur correspond à la prise en charge des actions que peut réaliser l'utilisateur via l'IHM. La classe `Action` représente toutes les actions disponibles et la classe `ActionForm` pilote la vérification des modifications réalisées par l'utilisateur.

Figure 3–20
Déclaration des classes et des rôles du framework sous la forme d'une collaboration

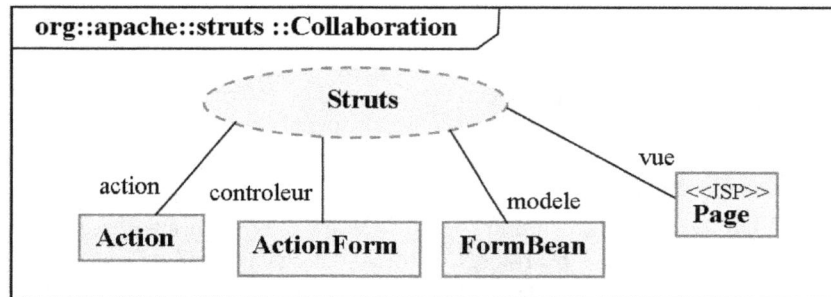

L'utilisation du framework influence ensuite l'organisation en composants qui rentre, il est vrai, dans la conception du déploiement.

Figure 3–21
Déclaration des composants du framework

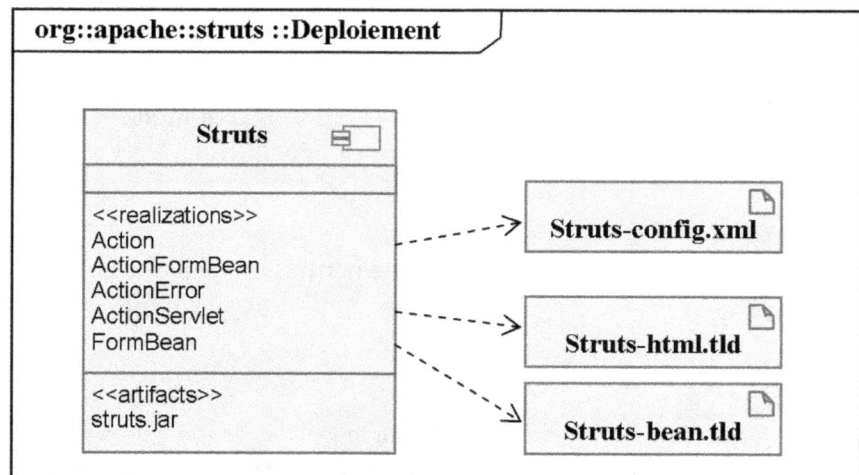

Étude de cas : déploiement du framework Struts

Dans l'exemple, le composant Struts fonctionne avec un fichier de configuration XML et des bibliothèques spécifiques (bibliothèques de *tags* Java/JSP spécifiques à l'architecture J2EE) qui permettent d'introduire des *tags*
HTML particuliers dans les pages destinées aux navigateurs Web.

Le fichier de configuration XML décrit l'ordonnancement des vues en fonction des actions réalisées par l'utilisateur, ainsi que l'association entre les URL de l'application, les vues et les modèles correspondants. En véritable
description de tous les états et transitions d'une application J2EE, le fichier de configuration Struts permet de
modifier dynamiquement le comportement d'une application et apporte une capacité incomparable de souplesse et d'évolution au système ainsi conçu.

La réutilisation d'un framework se fait globalement par héritage de ce dernier. On peut dans
ce cas utiliser deux techniques pour tracer la réutilisation d'un framework au sein d'une
conception : l'héritage entre packages du modèle de conception et l'héritage des classes du
framework.

L'héritage entre packages est beaucoup moins formel que l'héritage entre classes. Dans
l'idée, le package dérivé s'engage à respecter la structure, les interfaces et les comportements
du package de base.

Figure 3–22
Déclaration de la
réutilisation d'un
framework par héritage
de packages : la
structure des packages
reste identique
dans ce cas.

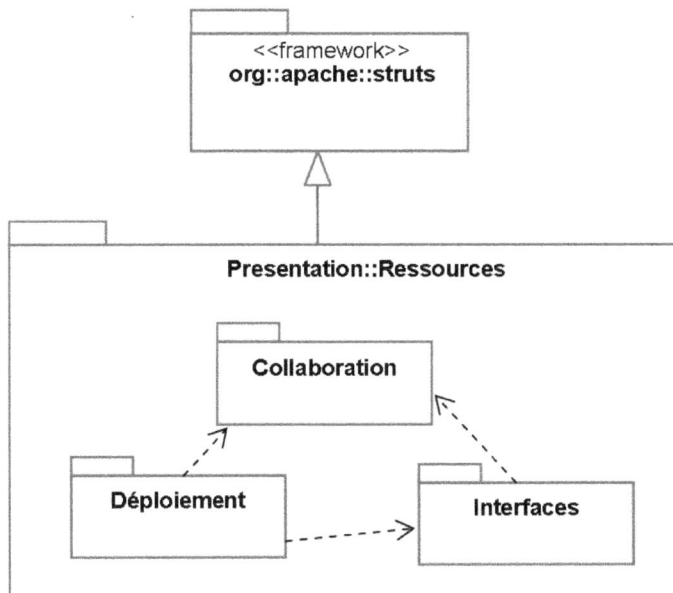

Par la suite, les classes du framework sont réutilisées afin d'instancier le mécanisme qu'il
représente pour réaliser l'application. Dans l'exemple ci-après, il s'agit des éléments de présentation permettant de créer, de mettre à jour ou de supprimer un objet de la classe Véhicule.

Étude de cas : gestion des Véhicules avec Struts

Après analyse, il s'avère que l'application OpenTaxi doit permettre la création, la mise à jour et la suppression d'objets Véhicule. Il s'agit d'autant d'actions qui doivent rentrer dans les mécanismes Struts. Par ailleurs, la saisie des informations d'un véhicule doit être vérifiée par l'intermédiaire d'une classe héritée d'ActionForm.

En ce qui concerne la vue et le modèle, tous deux reflètent la même information avec des types et des contraintes différentes.

Au niveau de l'IHM, les types des attributs de la page sont ceux des mécanismes de saisie disponibles pour une page. De même, la contrainte {mandatory} permet de fixer les attributs obligatoires lors de la saisie d'un nouvel objet.

Au niveau du modèle, les types des attributs sont ceux du langage Java. La contrainte {ReadOnly} permet de définir les valeurs qui ne peuvent plus être modifiées après création de l'objet.

Notez que la définition de ces attributs est directement issue des travaux de l'analyse. On pourra à toutes fins utiles comparer les diagrammes des figures 3-23 et 3-8.

Figure 3–23
Réutilisation du framework par héritage de ses classes

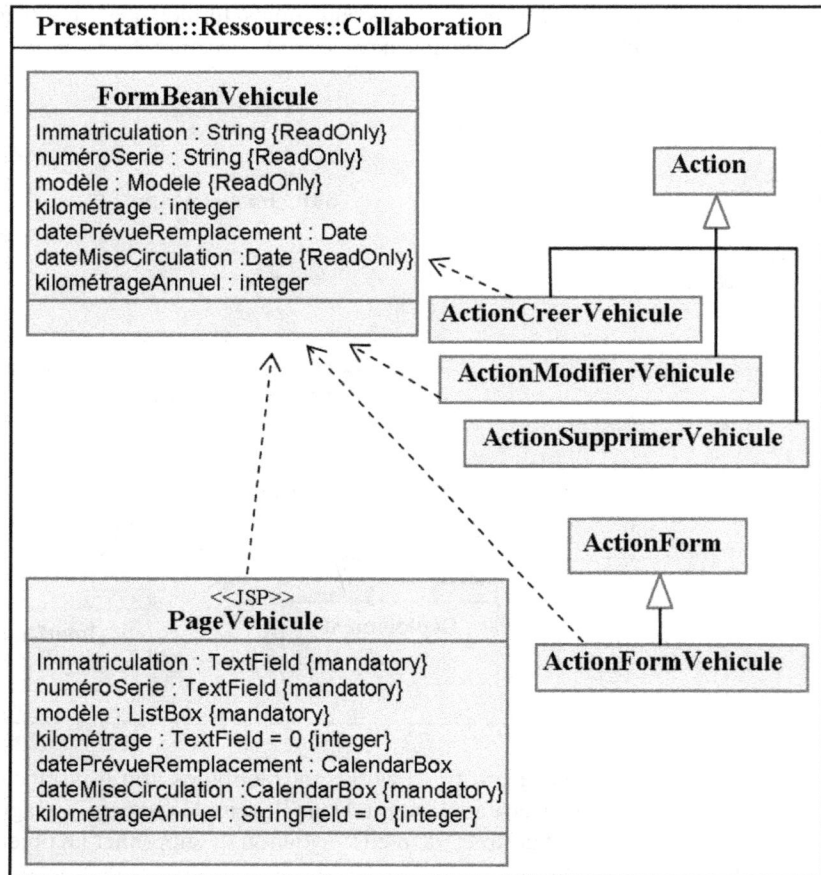

En résumé, la conception avec un framework est, depuis l'origine des technologies orientées objet, une démarche incontournable. Les éléments de conception et de déploiement de ce dernier doivent être intégrés dans le modèle de conception pour pouvoir être facilement réutilisés. C'est ce que proposent certains outils UML qui intègrent par défaut les définitions de plusieurs frameworks courants de l'industrie du logiciel.

Modéliser la conception avec les design patterns

Définition : design pattern

Un *design pattern* est une solution de conception commune à un problème récurrent dans un contexte donné.

Les *design patterns* correspondent à une technique de conception orientée objet qui consiste à reproduire les bonnes pratiques de développement. Cette technique, qui est apparue après l'étude d'universitaires et la publication de leur ouvrage [DP 95], s'est énormément popularisée depuis. Le recours aux design patterns implique de pouvoir les documenter et les tracer dans un modèle de conception logicielle.

Contrairement aux frameworks, les design patterns correspondent à des modèles qui ne sont pas directement intégrables dans la réalisation d'une application. Autrement dit, un design pattern ne peut être illustré que par un exemple générique qui ne représente pas de code particulier pour l'application cible. Un design pattern se présente en effet sous la forme d'une fiche référencée par un nom spécifique. La fiche décrit principalement l'intention du design pattern, la motivation d'utilisation, les indications pour l'utiliser, la structure génériquement représentée par un ou plusieurs diagramme(s) UML et les conséquences liées à l'utilisation du pattern ainsi décrit. La fiche peut être également illustrée par des exemples de code et par des références d'utilisation au sein d'applications ou de composants réputés.

Conseil : utilisez le référencement des design patterns

Les design patterns sont systématiquement connus et déjà référencés par les ouvrages spécialisés et la communauté des développeurs. Il est donc inutile de le documenter à nouveau dans votre modèle de conception.
En fait, un design pattern se présente la plupart du temps sous la forme d'une collaboration qu'il vous suffit d'introduire au sein du modèle afin d'en répertorier l'utilisation.

La conception des couches d'architecture

Comme nous vous l'avons expliqué en introduction, les techniques de la conception logicielle diffèrent fortement suivant le langage et la technologie mise en œuvre. À ce titre, il nous parait inutile d'évoquer sa mise en œuvre sans définir précisément les cibles technologiques auxquelles elle doit s'adresser. Nous approfondissons donc nécessairement la conception logicielle de l'application Open Taxi sur la base d'une architecture 3–tiers, ou en 3 couches :

Figure 3–24
L'utilisation d'un design pattern est le plus souvent répertoriée par la simple déclaration d'une collaboration

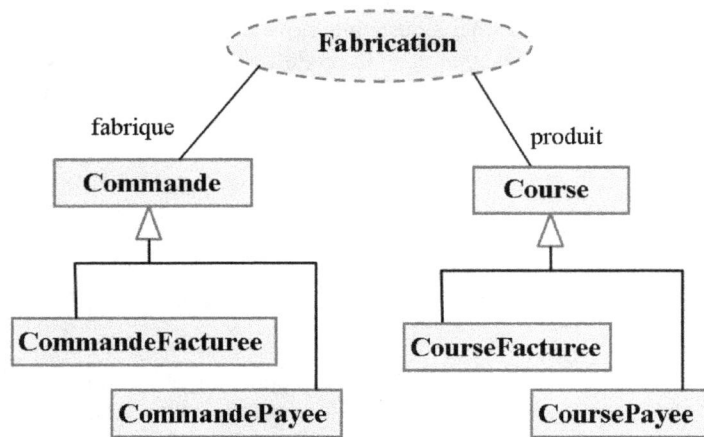

Étude de cas : utilisation du design pattern Fabrication (Factory)

Le design pattern Fabrication définit des liens de création entre deux arborescences de classe, lorsque les classes de la première arborescence fabriquent les classes de la seconde.

Suite à l'analyse du processus de commande et de gestion des courses, il s'avère qu'une Course est systématiquement créée à partir d'une Commande – voir le diagramme de séquence de la figure 3-12.

Par ailleurs, la conception introduit deux arborescences symétriques des classes Commande et Course, suivant que la commande est payée directement par l'usager ou qu'elle est refacturée au client. Notez que ce type de structure en arborescences parallèles est extrêmement fréquent en conception orientée objet.

Le concepteur y a vu l'opportunité d'introduire et de respecter les conventions du design pattern Fabrication.

• La couche de présentation regroupe les techniques d'IHM qui permettent à l'utilisateur d'interagir avec l'application. Celles-ci concernent deux aspects : la structure des vues et les processus d'interaction avec l'utilisateur.

• La couche de services représente l'ensemble des objets distribués de l'application qui sont regroupés en composants métier éventuellement réutilisables.

• La couche des données correspond au stockage des objets, généralement à partir d'une base de données relationnelles. Elle comprend dans ce cas les mécanismes d'accès aux données qui encapsulent les transformations objet/relationnel et la déclaration des tables spécifiques de stockage.

Il est évident que l'architecture en couches peut être différente suivant les cas – pour l'ingénierie système notamment. Dans tous les cas, une couche correspond à un ensemble homogène de technologies mises en œuvre pour réaliser un rôle technique spécifique au système. Rappelons que nous vous conseillons de structurer le modèle de conception en fonction des couches d'architecture, comme nous l'avons illustré par la figure 3-2. Chacune des couches représente ainsi le champ d'application du micro-processus de conception à un ensemble de langages et de technologies spécifiques.

Pour illustrer la conception des couches, nous sommes donc contraints de nous référer à une technologie particulière – en l'occurrence J2EE – et à des concepts techniques avancés destinés à transmettre une culture de conception technique aux décideurs. Au besoin, cette partie peut être survolée voire sautée.

Conception d'une présentation orientée objet

Les couches de présentation orientée objet sont aujourd'hui communément structurées autour du paradigme Modèle-Vue-Contrôleur. Ce dernier répartit sur trois rôles des responsabilités de gestion de la présentation : le rôle de Modèle pour référencer les données visionnées à l'écran, le rôle de Vue en charge de tous les modes possibles de représentation des objets et le rôle de Contrôleur pour appliquer toutes les règles de cohérence nécessaires aux flux d'entrée/sortie.

Concevoir les objets de présentation à partir des classes de l'analyse peut être relativement systématique dans la mesure où elles représentent des ressources sur lesquelles l'utilisateur opère les opérations CRUD.

Lettre	Opération élémentaire	Vue de présentation correspondante
C	*Create* : création d'un nouvel objet par l'intermédiaire de l'IHM.	Masque ou formulaire HTML permettant de rentrer les attributs et de déclarer les associations d'un nouvel objet.
R	*Retrieve* : recherche d'un nouvel objet par critère. Capacité d'obtenir une liste d'objets, de les classer et de les sélectionner.	Liste de références d'objets permettant de les identifier et de les sélectionner.
U	*Update* : mise à jour d'un objet existant dans l'application.	On réutilise idéalement le masque de création d'un nouvel objet afin de pouvoir modifier les attributs et les associations d'un objet.
D	*Delete* : suppression d'objets individuellement ou par lots	On réutilise idéalement la liste de référence pour pouvoir les supprimer sur sélection.

Figure 3–25
Pour les cas simples, la conception des objets de présentation se déduit relativement aisément des classes d'analyse

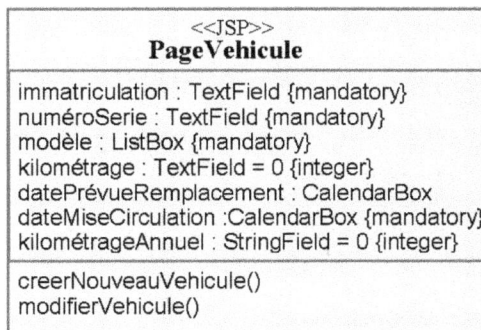

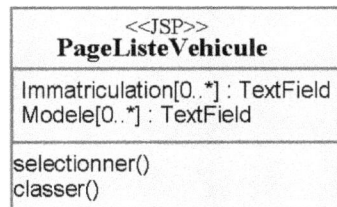

Attention cependant, car une IHM ne s'arrête pas toujours aux simples opérations CRUD, ni à la représentation d'un objet par l'intermédiaire d'un formulaire. Pour des applications à connotation industrielle, la représentation d'un objet peut être réalisée par l'intermédiaire d'un graphique complexe ou apparaître sur un synopsis de supervision. Dans ce cadre, l'IHM représente souvent une agrégation d'objets qui peuvent évoluer indépendamment les uns des autres et il comporte des mécanismes permettant d'en modifier graphiquement l'état. La mise en œuvre du Modèle-Vue-Contrôleur exige alors de réfléchir à sa conception et de la modéliser avec UML.

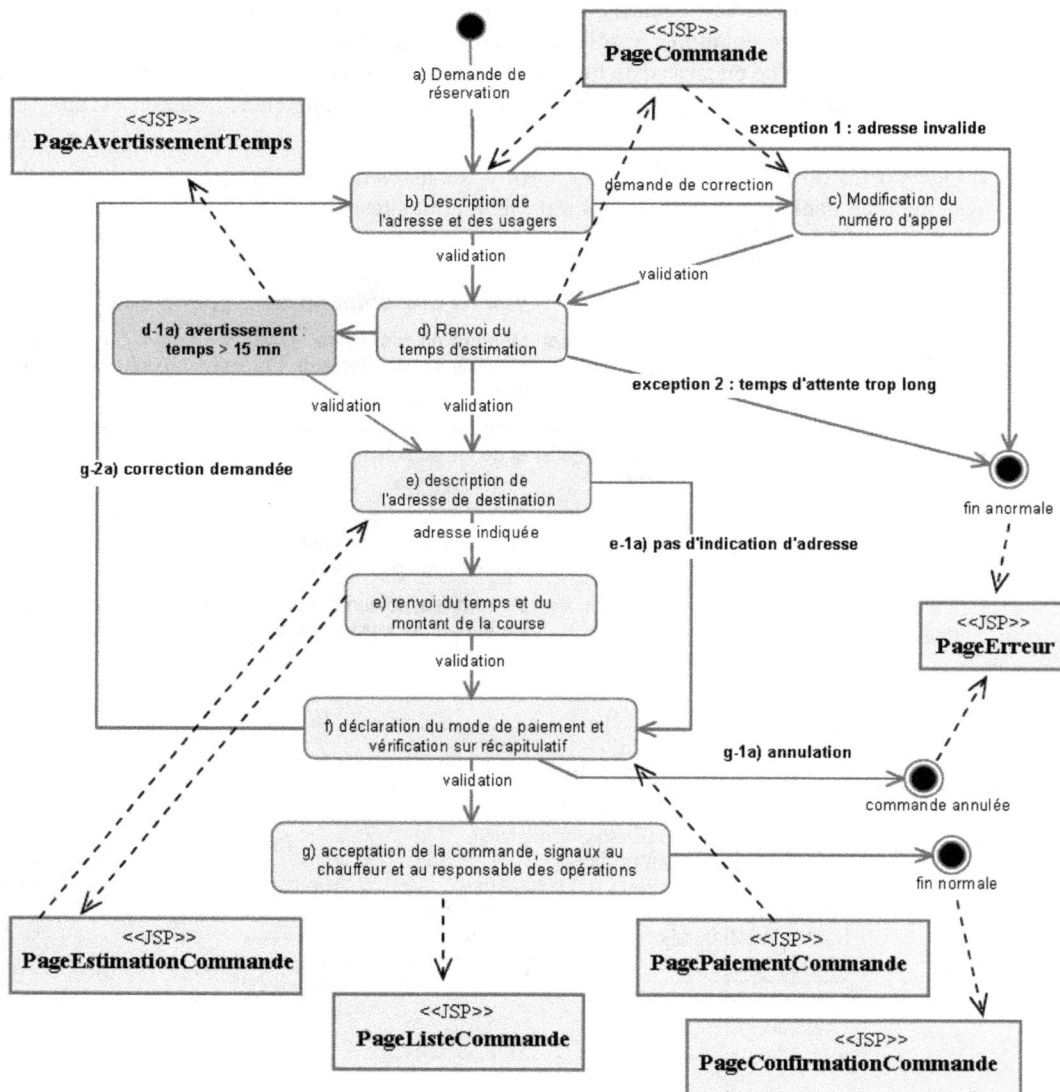

Figure 3–26 Identification des pages à partir du diagramme d'activité d'un cas d'utilisation

La conception d'une IHM inclut par ailleurs la définition des différentes cinématiques d'écrans qui sont nécessaires à la réalisation des différents cas d'utilisation. La base des diagrammes d'activité identifiés pour chaque cas d'utilisation permet d'identifier la succession d'écrans et d'y positionner les pages nécessaires.

Dans un diagramme d'activité, les objets consommés correspondent alors aux écrans de saisie permettant aux acteurs de rentrer les données nécessaires à l'activité, et les objets produits sont les écrans de résultat d'une activité. Notez que du point de vue de sa conception, un même écran peut servir à la fois en saisie et en présentation de données.

Pour en revenir à la méthodologie de construction préconisée dans cet ouvrage, la mise en œuvre du micro-processus de conception d'une couche de présentation, donne lieu aux réalisations présentées ci-dessous.

Concevoir les classes dans la présentation

Sur la base des mécanismes du Modèle-Vue-Contrôleur, les vues sont identifiées à partir de la cinématique des cas d'utilisation. Les vues, servant à gérer les opérations CRUD sur les classes du modèle, peuvent compléter utilement la conception de la couche de présentation. Une fois les vues identifiées, les modèles et les contrôleurs en sont implicitement dérivés.

Concevoir les associations dans la présentation

Les associations donnent lieu à une cinématique spécifique qui permet de compléter les attributs d'un objet par le choix d'une ou plusieurs référence(s) d'objets liés. Ces mécanismes peuvent mettre en œuvre des listes déroulantes ou un enchaînement d'écrans permettant à l'utilisateur de sélectionner un regroupement d'instances.

Il est à noter que la gestion des objets liés nécessite de pouvoir référencer de manière univoque les instances par l'intermédiaire d'un sous-ensemble d'attributs significatifs. Par exemple, le nom et le prénom permettent de référencer un utilisateur ou l'immatriculation et le modèle servent à identifier un véhicule. L'exemple de la figure 3-27 illustre la référence d'une agence ; il s'agit de renseigner le lien entre un véhicule et son agence de rattachement.

Concevoir les attributs dans la présentation

Les attributs doivent être typés par l'intermédiaire d'un mécanisme propre à leur présentation dans l'IHM. Les technologies de présentation comportent de nombreux mécanismes standards que l'on peut réutiliser en tant que tels : un TextField pour la valeur d'un attribut, une ListBox pour les valeurs possibles d'une énumération, une CheckBox pour un booléen, etc. Ces mécanismes initialement conçus pour les IHM locales avec un système de fenêtrage type X11/Motif ou MS–Windows, sont aujourd'hui facilement reproduites pour des applications Internet avec les techniques de scripts du HTML dynamique.

Les contraintes Mandatory sont nécessairement identifiées pour déclarer les attributs obligatoires à la création d'un nouvel objet. Les contraintes ReadOnly servent aux attributs qui ne sont plus modifiables une fois l'objet créé. Le type d'origine de l'attribut dans le modèle d'analyse représente également une contrainte. Il n'est pas question par exemple d'autoriser la saisie de lettres dans un TextField représentant un integer.

Figure 3–27
Conception des attributs
dans la présentation :
différents mécanismes
standards d'IHM

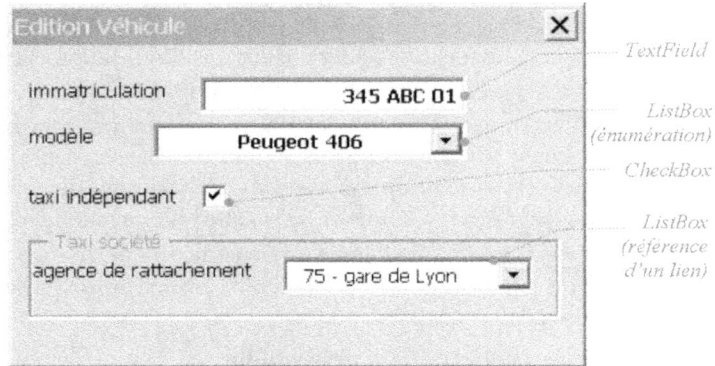

Les attributs multiples impliquent par ailleurs la mise en œuvre de mécanismes de saisie tabulaire, qui peut être plus délicate à mettre en œuvre dans la mesure où il est nécessaire de gérer les lignes de saisie du tableau. Dans ce cas, le concepteur doit non seulement prévoir de rendre éditables les cellules du tableau, au même titre que des champs de saisie normaux, mais également de gérer les actions d'ajout, de tri et de suppression de lignes.

Figure 3–28
Conception des attributs
tabulaires

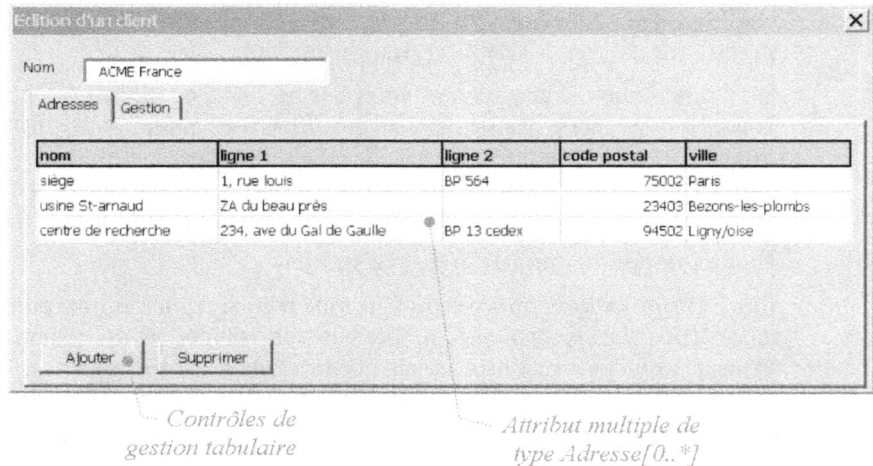

Concevoir les opérations dans la présentation

Certaines opérations qui ne traitent que des aspects de présentation, sans modifier l'état du système, peuvent être réalisées au niveau de la couche de présentation. Il s'agit par exemple de trier les listes suivant différents critères ou de changer les couleurs d'affichage en fonction de différentes valeurs du système.

Cependant, les opérations identifiées dans le modèle d'analyse, sont en majorité plutôt traitées par la couche de services et la mise à disposition de simples déclencheurs de type bouton d'action ou de confirmation suffit à traiter leur déclenchement. Notez que lorsque les opérations produisent des résultats différents, les différents rendus possibles au niveau de la présentation peuvent être étudiés au travers d'un diagramme de séquence ou d'activité. Si cela n'a pas été suffisamment approfondi dans les cas d'utilisation, les processus d'interaction entre l'acteur et le système au travers de l'IHM doivent donc être conçus et modélisés à ce niveau.

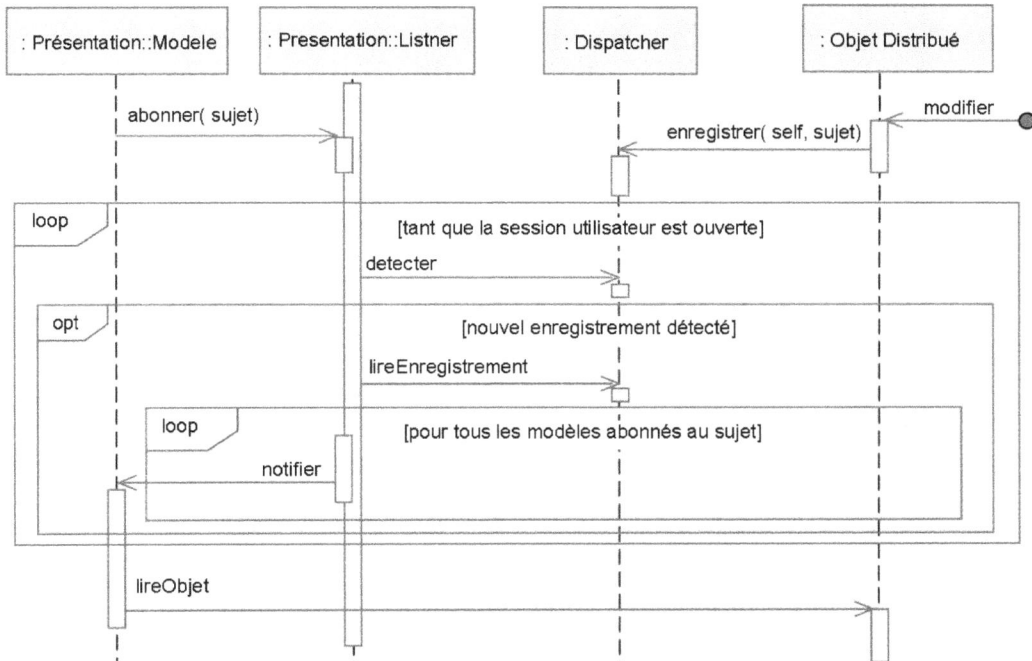

Figure 3–29 Schéma de conception générique d'une notification

La notification est une technique particulière qui relie les couches de présentation et de distribution de service. Elle consiste à mettre à jour automatiquement l'IHM lorsque l'état du système a été modifié par une action étrangère à l'utilisateur. La notification s'applique pour :

- Les applications de supervision, car le système évolue indépendamment de l'utilisateur et lui rapporte graphiquement les changements d'état. Le suivi de la position des taxis par le responsable des opérations est un exemple de supervision issu de notre étude de cas.
- Le partage d'une ressource par plusieurs utilisateurs, car le système doit avertir les autres utilisateurs du changement d'état lié à la modification d'une ressource. Lorsque le chauffeur de taxi déclare terminer une course, le changement d'état de son taxi doit par exemple être notifié à tous les responsables d'opération travaillant sur le système.

Le Modèle-Vue-Contrôleur intègre la possibilité d'une notification en mettant en œuvre un système de surveillance du modèle par la vue. La conception du système concerne ainsi deux étapes de communication : au sein de la couche de présentation, comment le modèle prévient-il les vues de leur remise à jour, et entre les couches de présentation et de distribution de services, comment le modèle se synchronise-t-il avec les objets distribués ?

Conception d'une couche de présentation : résumé

En résumé, concevoir la présentation consiste à décrire les vues d'IHM, les contrôleurs et les modèles à partir des besoins exprimés dans les cas d'utilisation et les classes identifiées en analyse. Ce travail peut être relativement systématique pour les cas d'IHM simples, mais la conception avec UML devient incontournable pour :

- gérer des attributs complexes qui se présentent sous forme tabulaire ;
- référencer les objets entre eux au travers d'associations comportant des règles de gestion particulières ;
- inclure des structures complexes, telles que des graphes ou des synoptiques, dans la présentation ;
- approfondir les processus d'interactions acteur-système en incluant les mécanismes de l'IHM ;
- concevoir les techniques de notification.

Conception d'une distribution de services

Il s'agit ici de concevoir la couche de distribution de services métier dans la prolongation du modèle d'analyse. En effet, la vocation de cette couche, qui est de mettre à disposition l'ensemble des structures de données, des règles de gestion et des opérations métier, la rapproche implicitement du modèle d'analyse.

À l'opposé, la couche de présentation avec ces exigences d'IHM impose des structures de services particuliers. On distingue notamment les opérations ensemblistes des opérations unitairement réalisées sur un objet particulier. Les deux types de service doivent être identiquement traités et garantir la cohérence de l'ensemble du modèle. Par exemple, la suppression d'un objet d'une liste, traitée comme objet à part entier de la couche de distribution, doit assurer parallèlement la suppression de l'objet distribué correspondant à l'item supprimé.

Les standards d'architecture distribuée ont évolué en passant par trois étapes-clés qui sont : les RPC, lorsqu'il s'agissait de distribuer des fonctions sur un réseau, les objets distribués qui ont connu deux modèles concurrents (CORBA et DCOM), et enfin les conteneurs d'objets que l'on connaît aujourd'hui au travers des architectures J2EE et .NET. Les serveurs d'application Java présentent notamment des caractéristiques de cache qui permettent de gérer un nombre infini de références d'objets distribués et d'alléger ainsi la conception d'une couche de distribution telle que l'on devait auparavant la réaliser avec CORBA ou DCOM.

Le modèle d'objet distribué J2EE correspond aux EJB qui proposent deux types d'interfaces pour réaliser la distribution d'une classe métier particulière :

- La Home permet de fabriquer toute nouvelle instance distribuée d'une classe particulière et gère également les services ensemblistes.
- Le Bean représente un objet distribué et porte les services unitaires.

L'évolution de l'architecture J2EE permet donc de systématiser le passage d'un modèle d'analyse à la conception d'une couche de distribution de services. Dans le même ordre d'idée, les conteneurs EJB règlent les problématiques de gestion de la mémoire, de sécurité, d'accès aux bases de données relationnelles et de comportement transactionnel. La conception d'une couche de services J2EE ne consiste donc plus qu'à répartir les classes d'analyse judicieusement sur les composants distribués de manière à en optimiser la performance. Par ailleurs les techniques algorithmiques, mises en œuvre pour réaliser les services les plus complexes, restent encore à modéliser avec UML.

Concevoir les classes distribuées

Conformément à nos explications précédentes, seules les interfaces des classes sont déclarées sur le *middleware* de distribution. Avec une architecture J2EE, ces interfaces permettent d'instancier des objets distribués qui maintiennent les états et réalisent les opérations des classes métier. Le design pattern Façade consiste à définir une interface unique pour un regroupement de classes fortement corrélées entre elles. Appliquée à la conception d'une couche de services distribués, la Façade permet de réduire le nombre de références d'objets distribués et donc de diminuer le nombre de flux sur le réseau et, partant, d'améliorer la performance globale de l'architecture. Une bonne pratique consiste à concevoir un nombre limité de Façades pour chacune des catégories identifiées dans le modèle d'analyse. Ainsi une ou deux Façades distribue(nt) les services d'une catégorie sous la forme d'EJB.

En référence du diagramme d'analyse de la figure 3-6, nous avons illustré ci-dessous la conception de Façade distribuées en appliquant les stéréotypes standards de la norme UML 2 pour J2EE.

Figure 3–30
Conception des façades
d'une couche de
services distribués

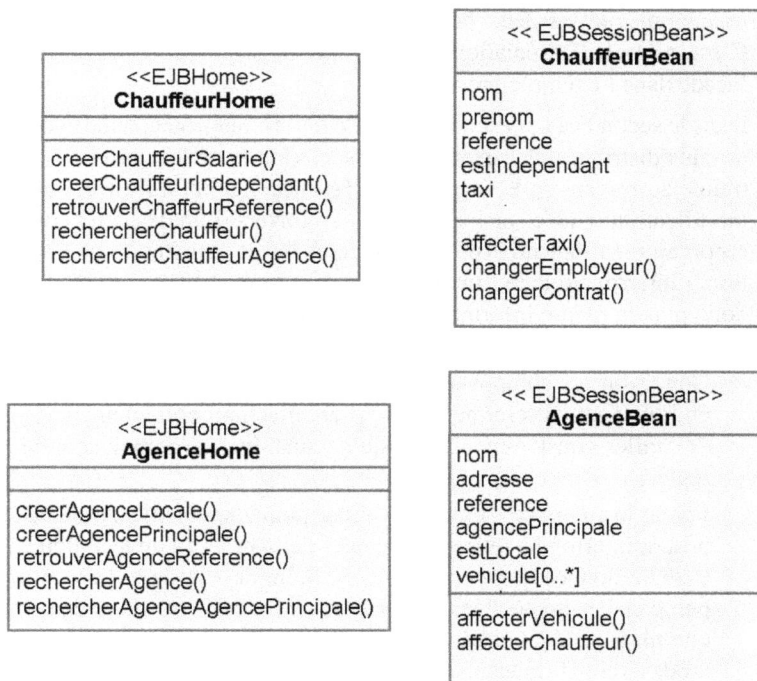

```
         <<EJBHome>>
        ChauffeurHome
─────────────────────────────
creerChauffeurSalarie()
creerChauffeurIndependant()
retrouverChaffeurReference()
rechercherChauffeur()
rechercherChauffeurAgence()
```

```
        << EJBSessionBean>>
           ChauffeurBean
─────────────────────────────
nom
prenom
reference
estIndependant
taxi
─────────────────────────────
affecterTaxi()
changerEmployeur()
changerContrat()
```

```
         <<EJBHome>>
         AgenceHome
─────────────────────────────
creerAgenceLocale()
creerAgencePrincipale()
retrouverAgenceReference()
rechercherAgence()
rechercherAgenceAgencePrincipale()
```

```
        << EJBSessionBean>>
            AgenceBean
─────────────────────────────
nom
adresse
reference
agencePrincipale
estLocale
vehicule[0..*]
─────────────────────────────
affecterVehicule()
affecterChauffeur()
```

Le travail de conception ne s'arrête cependant pas à la déclaration des interfaces distribuées. Derrière chaque Home et chaque Bean se trouve en effet l'implémentation des opérations et du métier sous la forme de classes Java.

Figure 3–31
La façade distribuée délègue ses opérations à d'autres classes « internes au composant »

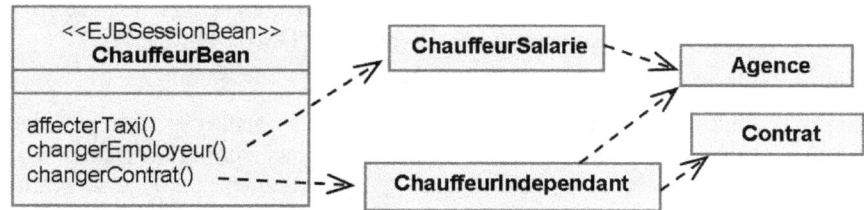

La délégation est une technique fréquente de conception orientée objet qui permet ici de déléguer l'exécution d'une opération distribuée sur une classe subrogée au composant distribué. Dans l'exemple de la figure 3-31, une opération sur une instance de Chauffeur est retransmise aussitôt à la classe correspondante qui se charge d'établir les liens avec les autres classes du modèle.

Concevoir les associations distribuées

La conception d'une association comporte deux cas de figure suivant qu'il est possible d'encapsuler l'association au sein du même composant distribué ou que l'association doit être également établie entre deux composants distribués. Le premier cas est très simple à traiter puisque les deux bouts de l'association sont gérés dans le même espace mémoire. C'est le cas de l'association entre les classes Chauffeur et Véhicule, qui est gérée par la même façade dans l'exemple précédent.

Dans le second cas, il est nécessaire de définir un protocole de synchronisation entre les composants distribués. Par exemple, l'association entre les classes Chauffeur et Agence est tantôt traitée au travers de la façade ChauffeurBean, tantôt au travers de la façade AgenceBean. La modification opérée sur l'association au travers d'un des deux composants ne garantit pas le report automatique de l'information dans l'espace mémoire de l'autre. Faute de synchronisation, l'interrogation de l'un ou l'autre des composants sur l'état de l'association ne donnerait donc plus la même information : la cohérence du modèle n'est pas garantie. Les différentes techniques qui permettent de pallier à cette difficulté sont les suivantes :

- Concevoir les composants de sorte qu'une même association ne soit traitée qu'à un seul endroit. Cette discipline impose d'architecturer correctement l'application dès le départ et de veiller constamment à ce qu'aucune évolution malencontreuse ne vienne rompre la règle.

- Forcer le composant modifié à écrire immédiatement en base de données et forcer le composant interrogé à relire les données de la base. Cette technique de synchronisation par la base de données est confortable du point de vue de la conception logique, mais quelque peu pénalisante pour les performances. On peut y trouver également des failles de désynchronisation si les sections critiques d'accès en écriture et en lecture ne sont pas gérées en mode exclusif (mécanisme de sémaphores bien connu de l'informatique temps réel).

- Synchroniser les composants par délégation d'appel. Un composant reste maître de l'association, il est systématiquement appelé par son pair pour toutes les opérations qui concernent l'état de l'association. Cette technique nécessite toujours de rester vigilant afin que la règle d'architecture reste appliquée quelle que soit l'évolution du système, mais elle représente un compromis acceptable entre une architecture trop exigeante et des performances dégradées.

Concevoir les attributs et les opérations distribués

La conception des attributs et des paramètres d'opération a été une difficulté avec les premiers *middlewares* distribués, lorsqu'il s'agissait de transmettre des tableaux non contraints ou des structures de données. Aujourd'hui les architectures Java et .NET permettent de distribuer sans grande difficulté tous types d'attributs.

Les opérations sont généralement déléguées aux classes encapsulées dans le composant et ne nécessitent pas de précaution particulière du fait de leur distribution. Ceci dit, l'algorithme d'une opération complexe peut être conçu et documenté à l'aide des différents diagrammes comportementaux d'UML.

Conception d'une couche de distribution de services : résumé

En résumé, les architectures de distribution modernes prennent en charge beaucoup des problématiques de la distribution, qui a nécessité auparavant nombre de réflexions de conception : sécurité et habilitation des services distribués, performances, persistance des données, gestion des transactions, etc.

La conception d'une couche de distribution avec J2EE ou .NET conserve un sens pour définir la granularité des composants distribués au vu du modèle d'analyse, sachant qu'il vaut mieux disposer de relativement peu de composants plutôt autonomes que d'une myriade de classes distribuées interdépendantes. Dans le premier des cas, l'évolution du système nécessite de conserver une discipline qu'il appartient à l'équipe de développement de documenter correctement, alors que dans le second cas, ce sont les performances du système qui peuvent pâtir d'une absence de conception.

La conception des interfaces distribuées constitue le point de départ à partir duquel il faut définir les schémas de délégation. Par la suite, la conception d'opérations qui mettent en œuvre une algorithmie particulière, peuvent être décrites avec un des diagrammes comportementaux d'UML.

Conception d'une couche de data services

La base de données relationnelles a définitivement supplanté la base de données objet. S'il n'est pas le propos de cet ouvrage de revenir sur ce débat dépassé, cet état de fait conduit à concevoir des mécanismes qui permettent de faire le lien entre les paradigmes objet et relationnel. Les objets d'une couche de services distribués sont en effet l'image de données stockées en base de données relationnelles dans les schémas d'architecture 3–tiers modernes.

Encore une fois, à toute problématique de conception récurrente, il existe des solutions ad hoc, soit sous la forme de composants du commerce, soit sous la forme de solutions Open Source – nous pensons particulièrement à JDO pour le monde Java.

Concevoir la persistance des classes

Le modèle de transformation entre les paradigmes objet et relationnel a été établi depuis maintenant plus de 10 ans. Le principe en reste le même : une table correspond à chaque classe et les colonnes correspondent aux attributs, à condition que ces derniers soient de type simple. Dans le cas contraire, il est nécessaire de décomposer les types tableau et structure de données en types simples, afin de pouvoir les associer à une table relationnelle. Par ailleurs, la relation d'héritage entre classes se transforme en jointure entre tables.

Il est relativement aisé de documenter le schéma relationnel d'un modèle objet avec UML, grâce à un jeu de stéréotypes appropriés. Le schéma ci-après montre la façon dont peuvent être conçues les classes Agence identifiées dans le diagramme d'analyse de la figure 3-6.

Figure 3–32
Conception du schéma relationnel correspondant aux classes et à leur relation d'héritage

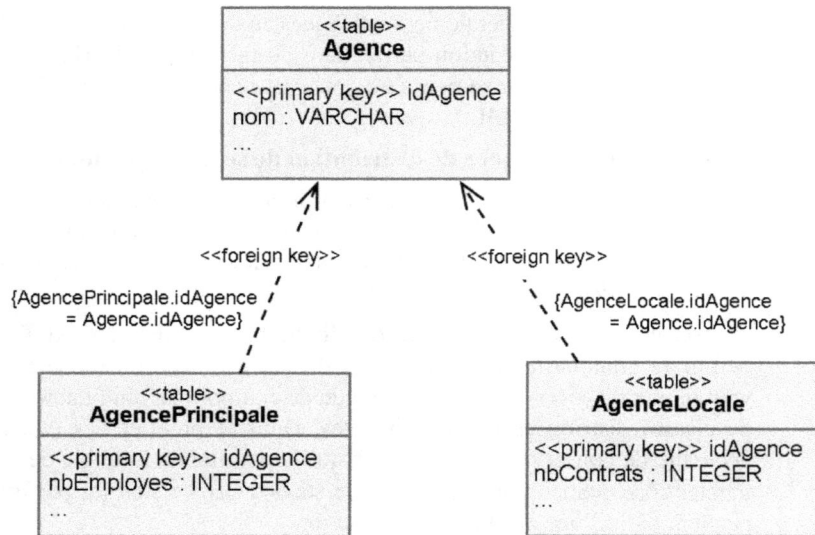

Ceci étant établi, les classes d'accès aux données sont conçues (en utilisant le design pattern Fabrication) afin de pouvoir disposer, pour chaque classe, d'un objet capable de lire et d'écrire en base de données toutes les instances de la couche de distribution de services.

Concevoir la persistance des associations

De même que l'héritage, toute association entre classes se traduit en relation dans un schéma relationnel. Reste que les associations qui sont multiples à chaque bout, doivent faire l'objet d'une table de relation intermédiaire. Par ailleurs, lorsqu'une classe d'association est impliquée, il est indiqué de définir également une table d'association intermédiaire.

En reprenant le diagramme d'analyse de la figure 3-6, le diagramme ci-après montre l'équivalence relationnelle des associations entre :

- ChauffeurSalarie et AgencePrincipale (cas d'une association à multiplicité unique du côté de l'agence principale) ;

- `ChauffeurSalarie` et `Vehicule` (cas d'une association multiple) ;
- `ChauffeurIndependant` et `AgenceLocale` au travers de la classe `Contrat` (cas d'une classe d'association).

Figure 3–33
Conception du schéma relationnel correspondant à différents cas d'associations

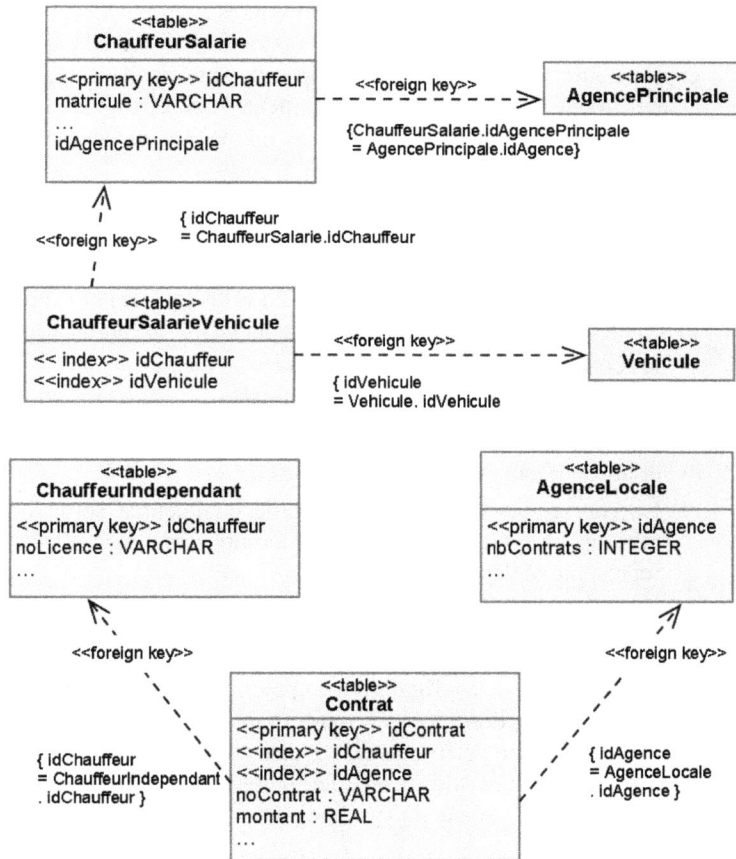

Il appartient ensuite aux classes d'accès aux données, de rétablir la lecture et l'écriture des données des associations lorsque le lien entre instances a été altéré au niveau de la couche de distribution de services.

Concevoir la persistance des attributs

Les attributs des classes doivent pouvoir correspondre à un des types reconnus par la base de données, sachant que le langage SQL définit un nombre limité de types simples : chaînes de caractères, valeurs entières, réelles et différentes possibilités de date et de temps. Pour des types complexes, par exemple l'adresse qui a fait l'objet d'une remarque dans la section consacrée à l'analyse, il est nécessaire de lui consacrer une table séparée, avec une relation de type `foreign key` entre les tables.

Concevoir les opérations en base de données

A priori, il n'y a pas d'opérations métier au niveau de la couche de data services, qui a pour unique vocation de stocker les données et d'apporter les opérations de lecture et d'écriture de ces dernières. Pour des raisons d'architecture, il peut être cependant intéressant de réaliser certaines opérations sous la forme de procédures stockées lorsqu'il s'agit de traitements à réaliser sur des lots importants d'instances, d'opérations de maintenance sur les données – type import/export d'informations –, ou bien d'opérations nécessitant une performance optimale. Dans ce cadre, il peut être nécessaire de documenter une opération stockée par le biais d'un des diagrammes comportementaux d'UML, au même titre que les opérations des autres couches.

Conception de l'architecture

Dans le cadre de cette section, l'architecture couvre in fine le déploiement et la configuration logicielle du système. UML contient en effet tous les concepts qui permettent le cheminement intellectuel pour passer des concepts métier à l'applicatif exécutable :
* les concepts sont modélisés au travers de classes ;
* les classes sont regroupées en composants ;
* les composants sont implémentés sous la forme d'artéfacts ;
* et les artéfacts sont déployés sur des nœuds.
* La configuration logicielle concerne en quelque sorte la façon dont les classes sont regroupées en composants et les composants en artéfacts, tandis que le déploiement représente le dernier point.

Concevoir la configuration logicielle

Les objectifs de la configuration logicielle concernent premièrement le regroupement des classes de conception en composants, dans la perspective de répondre principalement à des problématiques de performance, de distribution, de réutilisation, d'exploitation et d'évolution. Pour toutes ces raisons en effet, il convient d'organiser le logiciel en modules et de permettre la gestion globale du système par le suivi unitaire de ses composants.

La modularité apporte la souplesse nécessaire au développement d'un système logiciel important et le composant en devient la trace logicielle principale. Avec la diversité des langages et des techniques à intégrer dans une application distribuée, le composant permet également d'isoler les technologies et de les assembler. Dans la perspective d'une architecture J2EE, les différents types possibles de composants sont :
* des bibliothèques réutilisables et des frameworks ;
* des bibliothèques de *tags* ;
* des applicatifs d'infrastructure – serveur web, serveurs d'applications, annuaire LDAP ;
* des tables et des contraintes d'intégrité sur les schémas relationnels ;
* des parties applicatives web et des composants EJB.

Figure 3–34
La configuration
logicielle consiste
premièrement à définir
les composants à partir
des classes de
conception

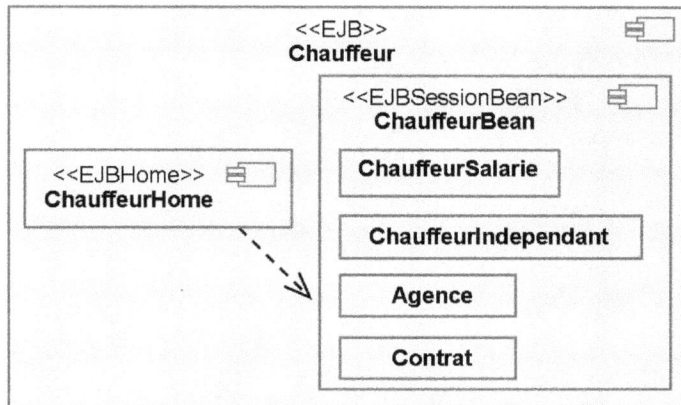

Figure 3–34
La configuration
logicielle consiste
premièrement à définir
les composants à partir
des classes de
conception

Rappelons que, depuis UML 2, le composant reste un concept logiciel abstrait qui permet de préparer le déploiement. Il s'agit d'une partie logicielle potentiellement indépendante et réutilisable qui peut être livrée sous la forme d'un ou plusieurs artéfact(s).

L'artéfact représente le lien entre la configuration logicielle et le système. Il est en conséquence le trait d'union entre les équipes de développement et d'exploitation. La définition des artéfacts doit ainsi obéir à des contraintes de développement, de déploiement et d'exploitation dans l'objectif d'en simplifier la réalisation. Chaque artéfact constitue donc à la fois une cible pour les développeurs (cible qui se manifeste en tant que telle dans les mécanismes de construction Ant ou Makefile) et un objet qui sera directement ou indirectement manipulé par l'exploitant. En complément des différents types de composants possibles pour une architecture J2EE, la typologie des artéfacts est la suivante :

- des bibliothèques statiques ou dynamiques (fichiers *.jar ou *.dll par exemple) ;
- des exécutables (*.exe) ;
- des fichiers de paramétrage et de déploiement (*.ini ou *.xml) ;
- des scripts de définition de schémas relationnels (*.sql) ;
- des composants distribués ou des applications web (*.ear ou *.war).

Mais aussi :
- des fichiers de documentation ;
- des pages HTML statiques ;
- des fichiers de reprise de données ;
- des scripts d'installation et d'exploitation (*.sh ou *.bat) ;
- des fichiers de construction des artéfacts (makefile ou *.ant).

Figure 3–35
La deuxième étape de
la configuration
logicielle consiste à
définir les artéfacts

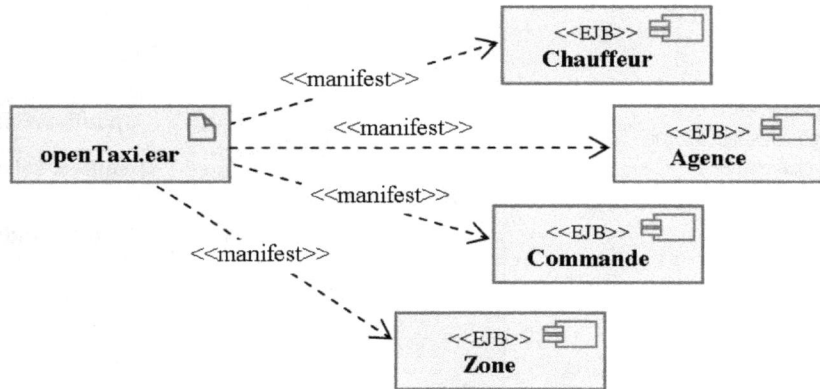

Concevoir l'architecture système

UML permet de pousser la définition de la structure d'un système, jusque dans la définition de son architecture matérielle. Le diagramme de déploiement permet alors de définir les machines qui doivent accueillir l'application ainsi que les artéfacts qui y seront déployés.

Pour les grosses organisations, UML 2 introduit les notions de nœud et d'instance de nœud qui peuvent aider à définir des standards d'architecture matérielle. Ainsi, une cellule d'exploitation peut définir différentes configurations standards, à partir d'une gamme de machines, de puissances et de systèmes d'opération, que les équipes de développement utilisent ensuite pour exprimer leur déploiement.

Figure 3–36
Exemple de nœuds
standards que peut
définir une cellule
d'exploitation

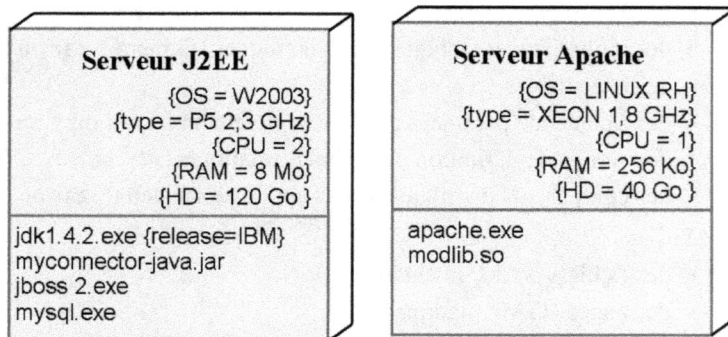

Les instances de nœuds héritent des propriétés de leur nœud d'origine et permettent ainsi d'alléger la définition de l'architecture système en se concentrant presque exclusivement sur les artéfacts spécifiques à l'application cible.

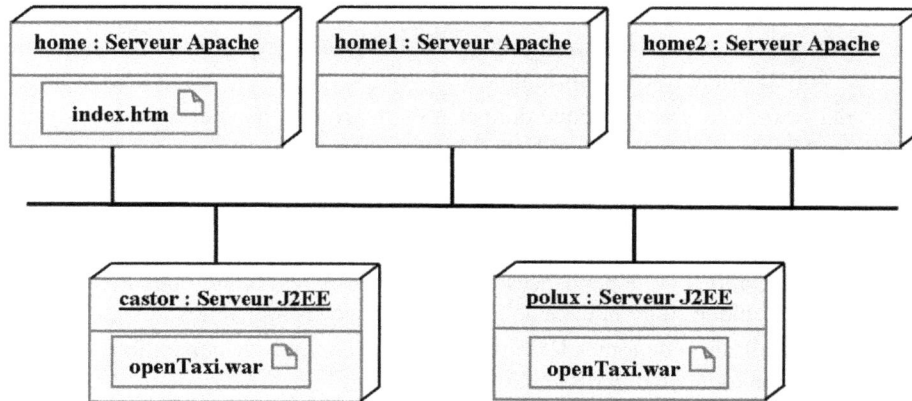

Figure 3–37 Exemple de déploiement de l'application OpenTaxi

Qualité du processus de conception

Le modèle de conception représente le support principal du travail d'ingénierie logicielle qui, à partir d'outils de modélisation, permet d'extraire un dossier composé de diagrammes UML ainsi que des commentaires et des explications qui l'accompagnent. Une conception, complète et cohérente, permet d'anticiper et de répondre à toutes les problématiques techniques. Elle permet également de fixer les techniques de programmation qui seront adoptées par les équipes et pour tous les types de technologie et de langage utilisés. Elle donne enfin une image finale du logiciel au travers de ses composants, de ses artéfacts et de son architecture système.

Revue de conception

La revue de la conception est l'acte essentiel qui permet d'en assurer la qualité. Par ce biais, les concepteurs peuvent s'assurer qu'ils répondent bien aux objectifs qui leur sont assignés.

Pour la conception logicielle, il s'agit d'approcher un modèle qui soit facile à coder et pour lequel il ne reste plus de questions autres que celles propres au codage. Suivant l'aboutissement du travail de conception, la revue peut être réalisée composant par composant ou sous-système par sous-système. L'audit concerne tour à tour les réponses apportées par la conception aux contraintes non fonctionnelles, à l'application du modèle d'analyse et au rapprochement du code :

- Quels mécanismes ont été mis en place pour répondre aux exigences techniques suivantes : authentification, habilitation, transactions, concurrences d'accès aux données, remontées d'erreurs, distribution, persistance ?
- Comment garantit-on que les règles d'habilitation et de confidentialité seront respectées au travers des différents services applicatifs ?
- Comment garantit-on l'intégrité du modèle des données, lorsque ces dernières existent au travers de plusieurs composants distribués parallèles ?

- Ces mécanismes sont-ils correctement modélisés, à savoir lisibles et partageables ?
- A-t-on eu recours aux design patterns ? Si non pourquoi ? Si oui, leur utilisation est-elle correctement tracée dans le modèle ?
- Lorsqu'une problématique donnée a été regroupée au sein d'un sous-système, en a-t-on défini la façade correspondante ? Si non pourquoi ?
- Lorsque des frameworks, des bibliothèques ou des composants externes apportent des solutions à la conception, est-ce que leurs concepts et leurs mécanismes ont été introduits dans le modèle et leur utilisation bien explicitée ?
- Les relations de dépendances entre les classes respectent-elles les sens de dépendances hiérarchiques qui ont été établis entre les couches logicielles ?
- La réalisation de toutes les règles métier et de toutes les opérations du modèle d'analyse est-elle traitée par la conception ?
- Lorsqu'un algorithme particulier doit être mis en oeuvre pour la réalisation d'une opération métier, ce dernier a-t-il été conçu et modélisé à l'aide de diagrammes comportementaux ?
- Sait-on appliquer les concepts de classe, d'héritage, d'association, etc. aux technologies non objet qui sont impliquées dans le développement du système ?
- Dans l'ensemble, le modèle de conception est-il facile à coder ? Si non, quels sont les points à approfondir ?

Pour la conception de l'architecture, la vérification concerne plutôt la qualité technique du système une fois développé et déployé. Elle inclut en conséquence les aspects de configuration et d'exploitation logicielles que l'on peut juger sur l'ensemble du modèle d'architecture :

- L'architecture des composants répond-elle aux exigences de modularité, d'évolutivité et de réutilisation ?
- L'ensemble des composants couvre-t-il couche par couche le fonctionnement complet du système ?
- L'interface de chaque composant est-elle directement ou indirectement connue au travers de la lecture du modèle ?
- Les dépendances entre composants établissent-elles des relations hiérarchiques qui garantissent la possibilité de fonctionnement autonome de chaque composant réputé réutilisable ?
- Sait-on définir les cibles de fabrication du système et développer facilement les fichiers de construction (Makefile ou Ant) ?
- Les artéfacts identifiés traitent-ils bien toutes les cibles du développement : le logiciel, la documentation, les scripts de fabrication, les utilitaires d'exploitation, la reprise de données, etc. ?
- Le système sera-t-il facile à installer ?
- En cas de panne du système, le diagnostic de l'exploitant lui permettra-t-il de réaliser les actions de dépannage ou de contournement de première urgence ?

- L'architecture des composants et du système garantit-elle les exigences de performance, de sécurité, de fiabilité, de montée en charge et de volumétrie ?
- En cas d'exigence de fonctionnement en mode dégradé, comment se comporte le système en cas de panne de l'un de ses nœuds ou de l'un de ses artéfacts ? Ce comportement est-il acceptable ?

L'ensemble de ces questions peut être complété des questions de la revue d'analyse qui traite plus directement de la compréhension du métier. L'application des modèles d'analyse et de conception doit en effet répondre à toutes les questions que pourront se poser les développeurs lors du codage de l'application. Un dernier facteur de qualité consiste enfin à vérifier la cohérence obtenue entre les différents diagrammes du modèle de conception.

Cohérence du modèle

Contrairement au modèle d'analyse qui consiste à traiter tour à tour la structure et les comportements et à veiller à la cohérence établie entre les modèles statiques et dynamiques, la conception logicielle du modèle de conception s'intéresse aux deux aspects à la fois. Du fait de l'augmentation du volume d'information qu'englobe un modèle de conception logicielle par rapport à un modèle d'analyse, le regroupement des concepts en sous-systèmes, à partir des catégories d'analyse et des couches d'architecture, permet d'obtenir plus facilement la cohérence globale du système.

La vérification de cohérence consiste donc à passer en revue chaque couche et chaque sous-système en vérifiant les points déjà évoqués dans la partie de ce chapitre consacrée à la cohérence du modèle d'analyse. S'ajoutent à cela les points de vérification qui concernent principalement les interfaces, les composants, les artéfacts et le système :

- Les classes et les types des attributs sont-ils transposables dans le langage et/ou la technologie cible (utilisation des stéréotypes enumeration, datatype, etc.) ?
- Les relations entre classes, associations et leurs opérations de gestion sont-elles pareillement transposables dans le langage et/ou la technologie cible ?
- Lorsqu'ils ne sont ni standards à UML, ni définis par un profil, les stéréotypes utilisés sont-ils cohérents et documentés ?
- La façade d'un sous-système est-elle réalisable par les classes de ce sous-système ? Ses opérations sont-elles correctement déléguées aux classes privées du sous-système ?
- Chaque interface est-elle définie et implémentée par au moins une classe du modèle ?
- La réalisation de chaque composant est-elle assurée par des classes de la conception logicielle ? Et inversement, chaque classe est-elle bien réalisée par au moins un composant ?
- Chaque composant est-il bien manifesté par au moins un artéfact ?
- Les artéfacts exécutables du système sont-il réalisés par des composants du modèle ? Et inversement, chaque composant est-il déployé au travers d'un artéfact ?
- Les instances de nœuds font-elles référence à un nœud défini dans le modèle ?

Au-delà de l'analyse/conception avec UML

Nous achevons ici le tour d'horizon des techniques de modélisation avec UML dont nous avons expliqué le mode d'emploi pour la construction du logiciel. Au-delà de la spécification, vue au chapitre précédent, et de l'analyse/conception, la modélisation avec UML a des répercussions positives sur les phases ultérieures qui sont le codage et les tests.

L'idée directrice de la modélisation avec UML consiste bien à faciliter le codage, de sorte qu'aucune décision de construction ne soit prise à ce niveau. Il s'agit bien entendu d'un vœu pieux car il est illusoire de vouloir atteindre le niveau de détail que représentent plusieurs milliers de lignes de code avec une pure approche de schématisation. Dans le même ordre d'idée, la représentation visuelle a ses propres limites, notamment pour l'expression algorithmique, face aux langages structurés – ne serait-ce que par rapport au pseudo-code.

Il faut cependant bien garder à l'esprit qu'UML est un langage et qu'un langage a pour vocation de servir à communiquer. Effectivement, beaucoup de développeurs entretiennent le sentiment de pouvoir encoder le monde à eux tout seuls et ne désirent pas forcément s'exprimer autrement que par l'environnement de programmation qu'ils maîtrisent parfaitement. La construction du logiciel est cependant l'affaire d'une équipe qui regroupe différents types de spécialistes et UML représente l'opportunité de partager un même vecteur de communication.

Ceci dit, la modélisation avec UML, même si elle n'évite pas totalement la résolution des problématiques au niveau du codage, permet de bâtir des solutions au niveau des points les plus critiques :

- L'analyse apporte beaucoup de réponses au niveau du comportement métier du système à bâtir. L'expression des classes, de leurs comportements et des contraintes, représente autant de règles de gestion détectées en amont de la programmation. Leur prise en compte préalable est de plus de cinq fois moins coûteuse qu'une détection d'anomalie fonctionnelle lors des phases de tests avec les risques subséquents qu'entraîne la réfection du code.
- La conception traite quant à elle nombre d'exigences non fonctionnelles. Même si les architectures modernes résolvent déjà des problématiques liées à la sécurité, à la persistance ou à la distribution de services, l'intégration des couches et des composants nécessite d'anticiper des solutions liées à l'hétérogénéité des langages, au partage des ressources et à l'ergonomie de l'IHM. Lorsque plusieurs développeurs travaillent en parallèle, la schématisation avec UML permet notamment de partager un ensemble de techniques et de tournures de conception pour en assurer la cohérence in fine. Ici aussi, l'identification préalable et la résolution des problématiques techniques réduisent de quatre fois les charges liées à la correction d'anomalies, sans compter les risques d'un refactoring complet du code en cas de malfaçon touchant aux fondamentaux de l'application.

En conséquence, lorsque la démarche de modélisation est bien acceptée de la part de l'équipe de développement, ses résultats accélèrent le codage en équipe pour les raisons suivantes :

- Le métier a été découvert, compris et ses règles explicitées.
- Les points critiques liés à la conception du système sont résolus par des mécanismes formalisés.

- Les modules de code et leurs interfaces identifiées peuvent être partagés au sein d'une équipe.
- Les cibles de développement sont connues ; l'environnement de construction et de gestion de configuration peut être directement initialisé.
- Tous les concepts d'architecture sont validés et les tests ne servent plus qu'à valider la conformité du code.
- Les expressions des tests unitaires, des tests d'intégration et du cahier de recette sont respectivement facilitées à l'examen du modèle de conception logicielle, du modèle d'architecture et du modèle d'analyse.

En complément d'UML, l'OMG propose un profil permettant de spécifier, de concevoir et de documenter les tests. Ce profil apporte un langage de formalisation répondant aux quatre problématiques suivantes : l'organisation des tests, les données de tests, l'examen des comportements et des performances attendus.

En résumé

La modélisation est une technique propre à l'ingénierie quelle que soit son domaine d'application. Dans le domaine du logiciel, UML est le langage de modélisation qui est au centre des activités de spécification, d'analyse et de conception. Le recours à la modélisation offre par ailleurs des répercussions positives sur le rapport coût/qualité du développement logiciel.

L'organisation des modèles d'analyse et de conception permet d'agencer en bonne intelligence les concepts d'analyse et de conception. En analyse, le regroupement en catégories des concepts métier et l'expression des interactions facilitent la compréhension du système tout en vérifiant la couverture des cas d'utilisation de spécification. En conception, le modèle est d'une part décomposé en couches logicielles et en sous-systèmes pour sa partie logicielle. Il est d'autre part complété par la définition d'une architecture logicielle et d'un déploiement système.

La modélisation avec UML est utile pour toutes les activités logicielles suivantes : le développement spécifique, l'ingénierie système, la maintenance applicative et le déploiement de progiciels paramétrables. La seule différence réside dans les activités de construction appropriée à chaque cas et le niveau de détail qui doit être atteint par la modélisation. C'est dans les domaines du développement spécifique et de l'ingénierie de systèmes embarqués que la modélisation avec UML a le plus d'importance.

En phase d'analyse détaillée, on s'intéresse en priorité à la structure du système avant d'approfondir son comportement. La mise en application d'un micro-processus de construction du modèle permet d'initier le modèle en prenant en compte méthodiquement tous les aspects d'une analyse orientée objet. On rappelle par ailleurs qu'une analyse ne s'arrête pas à l'expression d'une structure de classes et d'interactions, mais qu'il est important de découvrir toutes les contraintes sur le modèle, car elles représentent une grande partie des règles de gestion métier qui président au bon fonctionnement de l'application.

La conception est subdivisée en conception logicielle et conception d'architecture. Il n'y a pas vraiment de règle pour démarrer l'une avant l'autre et on peut considérer que les deux activités peuvent être réalisées parallèlement. La conception logicielle s'intéresse principalement aux exigences non fonctionnelles sur le système. Elle permet d'anticiper les problématiques, de les communiquer, de les partager et d'uniformiser les styles de codage. Il convient donc de ne pas sauter cette étape, même s'il est tentant d'aborder directement le codage à l'issue de l'analyse détaillée. La conception de l'architecture établit le lien entre les équipes de développement et d'exploitation : elle permet de définir les cibles du développement et d'anticiper les problématiques liées à l'exploitation finale du logiciel.

La qualité globale des activités de construction du logiciel passe par la vérification des réponses apportées aux exigences sur le système ainsi que par la cohérence des modèles obtenus en analyse et en conception. Le travail de modélisation réalisé pour ces deux activités facilite positivement les activités subséquentes de codage et de test.

4

Référence de pilotage

Après avoir présenté, dans les trois chapitres précédents, UML, la capture des besoins et les activités de construction, nous vous proposons de définir une référence de pilotage pour tout chef de projet désireux d'encadrer une équipe travaillant avec UML et la modélisation.

Constitution de l'équipe

Le préambule à la constitution d'une équipe est de lui permettre de communiquer. Car sans communication, pas d'équipe mais des électrons libres circulant chacun dans leur sens. Si nous insistons sur la communication ici, c'est qu'UML est avant tout un langage et qu'un langage n'a d'autre fin que la communication.

UML constitue en effet l'outil pour construire et communiquer des modèles qui s'établissent à différents niveaux de détail et pour des zones d'intérêts différentes en fonction des rôles impliqués dans le projet. Une équipe est donc amenée à utiliser UML de diverses façons en fonction des rôles qui la composent, car UML est le trait d'union, le vecteur de communication technique entre les différents intéressés du projet logiciel.

En prenant l'exemple d'une équipe de moins de 10 personnes, nombre d'intervenants attendu de nos jours sur un projet logiciel du type OpenTaxi, nous définissons ici les rôles essentiels à l'application des activités de construction du logiciel, à commencer par celui indispensable de chef de projet.

Le chef de projet

Le chef de projet est l'élément central et indispensable du projet, car sur lui repose l'ensemble des enjeux de réussite : enjeux humains et relationnels, enjeux fonctionnels et techniques. Il est également l'ambassadeur de son équipe et doit de ce fait avoir une excellente connaissance des rôles et des activités du projet.

En conséquence, il ne peut y avoir d'approche de l'ingénierie du logiciel avec UML, sans un chef de projet convaincu, moteur et disposant des compétences pour guider et orienter les différents interlocuteurs dans l'obtention de modèles de développement efficaces.

Figure 4–1
Organisation des
équipes projet –
maîtrise d'œuvre et
maîtrise d'ouvrage

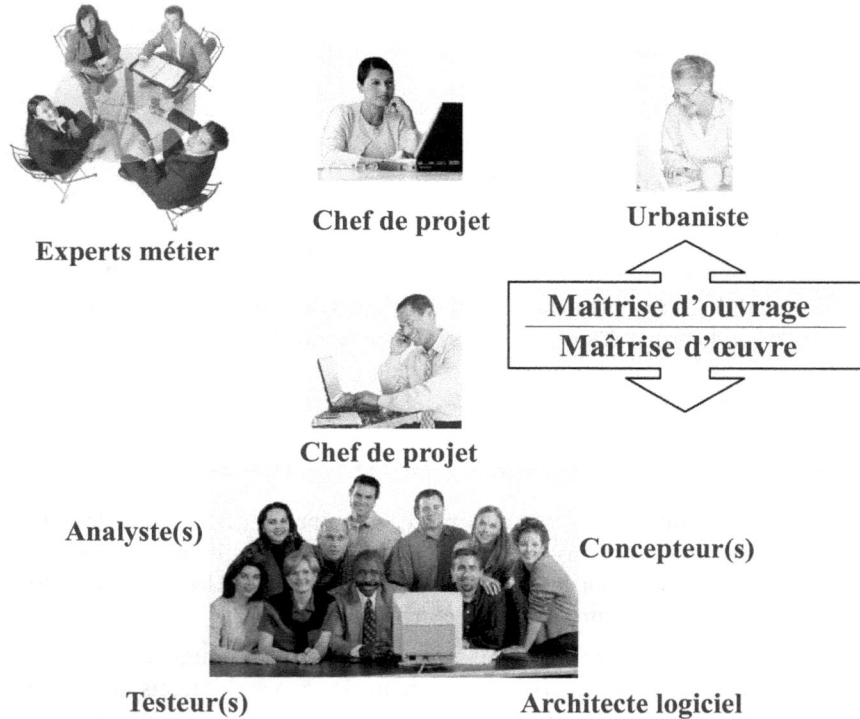

Experts métier

Chef de projet

Urbaniste

Maîtrise d'ouvrage
Maîtrise d'œuvre

Chef de projet

Analyste(s)

Concepteur(s)

Testeur(s)

Architecte logiciel

Le chef de projet maîtrise d'ouvrage

Côté maîtrise d'ouvrage, le chef de projet est le pilote qui doit garantir les finalités du projet. De ce fait, il doit comprendre rapidement l'objectif clé du projet pour son entreprise et garantir que le cheminœ emprunté sera optimal vis-à-vis des choix techniques bien sûr, mais surtout de la pertinence fonctionnelle et de l'adhésion finale des utilisateurs.

Un projet logiciel est un projet complexe qui met en œuvre une arborescence de choix et de décisions qui vont être prises à différents niveaux. Il lui faut tracer le cheminement d'avancement sans perdre de vue ses objectifs. En établissant un modèle de capture des besoins, le chef de projet bénéficie d'un cadre formel de spécification dans lequel il pourra mesurer les impacts de décisions tout en construisant les éléments de contractualisation pour la maîtrise d'œuvre.

En conclusion, le chef de projet de maîtrise d'ouvrage doit posséder les techniques UML exposées dans le chapitre consacré à la capture des besoins : principalement les cas d'utilisation, les diagrammes d'activité et d'état. Il doit aussi participer à l'élaboration de ce travail en impliquant différents acteurs non informaticiens de l'entreprise. Il sait donc commenter, expliquer et simplifier les différentes techniques de modélisation.

Le chef de projet maîtrise d'œuvre

Côté maîtrise d'œuvre, le chef de projet représente d'autres enjeux qui sont propres à garantir les intérêts de l'équipe de développement. De ce fait, il doit intégrer rapidement les spécifications d'une maîtrise d'ouvrage et suivre précisément toutes les activités de construction afin de vérifier que l'on répond correctement aux objectifs de la maîtrise d'ouvrage et que l'on prend les décisions adéquates à la réalisation optimale du système.

L'obligation de tracer le cheminement d'élaboration est partagée avec la maîtrise d'ouvrage, à ceci près que le maître d'œuvre doit prolonger cette logique à toutes les activités de développement. Les actions de concevoir en équipe, d'anticiper et de documenter avec la modélisation prennent alors un sens beaucoup plus opérationnel.

En conclusion, le chef de projet de maîtrise d'œuvre doit posséder la majorité des techniques UML afin de piloter les activités de construction et parfois même de capture des besoins. Il doit savoir animer ce travail d'élaboration en impliquant les techniciens de son équipe en mesurant l'atteinte des objectifs de modélisation de chaque activité.

Les rôles de maîtrise d'ouvrage

La maîtrise d'ouvrage est le propriétaire final du produit logiciel, il lui appartient de définir exactement les attentes vis-à-vis du logiciel en commençant par en définir les objectifs métier.

L'expert métier

La définition des objectifs métier passe bien entendu par l'intervention d'experts métier, ceux qui connaissent les règles de gestion propre à l'activité que l'on cherche à couvrir par la modélisation. Dans le cadre de notre étude de cas, un responsable opérationnel et un chauffeur de taxi, sélectionnés pour leur capacité de recul vis-à-vis de leur activité, représentent des exemples types d'experts métier.

La formalisation des règles métier implique un travail de modélisation de la connaissance avec les différents diagrammes UML assortis des règles de gestion qui sont identifiées en cours d'analyse. Il importe donc à l'expert métier de pouvoir relire et juger des modèles UML. En tenant compte du fait qu'il s'agit d'un public non informaticien, on se gardera de recourir à des notations trop élaborées, et l'on prendra soin de présenter oralement les diagrammes et à organiser des réunions de travail pour acquérir et formaliser la connaissance métier.

L'urbaniste

Le rôle d'urbaniste intervient plus fréquemment dans les grandes organisations, où il est nécessaire d'établir des plans d'aménagement globaux de tout le système d'information. L'urbaniste intervient à deux niveaux :

1 Il travaille à l'alignement stratégique du système d'information par rapport aux activités métier de l'entreprise.

2 Il recense et formalise les liens qui s'établissent entre les différentes applications du système d'information afin d'assurer la cohérence de ce dernier.

UML sert l'urbaniste dans le travail qu'il réalise indépendamment du développement d'applications particulières, en modélisant notamment les processus métier. Avec les techniques présentées brièvement à la fin du chapitre 2, l'urbaniste est à même d'identifier les activités et les objets métier (diagramme d'activité), de trouver les cas métier (diagramme de cas d'utilisation) et de formaliser leur rapprochement avec les cas d'utilisation applicatifs.

Par ailleurs, l'urbaniste doit savoir relire la définition des objets de l'entreprise issue de l'analyse, afin de pouvoir établir les liens de synchronisation inter-applicatifs. Ce travail s'effectue le plus souvent à partir des diagrammes de classe.

Les rôles de maîtrise d'œuvre

La maîtrise d'œuvre est en charge du développement de la solution et elle a généralement pour mission de trouver les solutions techniques optimales pour répondre à toutes les spécifications fonctionnelles et techniques du projet. L'optimisation se situe le plus souvent dans la recherche des solutions les moins risquées et les plus économiques.

L'analyste

L'analyste anime l'interaction fonctionnelle avec la maîtrise d'ouvrage afin de produire un modèle d'analyse qui puisse couvrir l'ensemble des besoins et des règles de gestion de l'application finale. Après le chef de projet, il est souvent l'agent indispensable à la bonne exécution d'une modélisation avec UML.

Il maîtrise donc parfaitement bien la technique de capture des besoins avec les cas d'utilisation et la modélisation avec UML, plus particulièrement les diagrammes de classe, d'état, d'activité et d'interaction. Il connaît les objectifs de modélisation qu'il doit atteindre vis-à-vis des activités de capture des besoins et d'analyse détaillée. Il a la capacité d'animer la relation avec des experts métier non informaticiens et de retranscrire le savoir formalisé aux développeurs de son équipe.

L'architecte logiciel

L'architecte logiciel est un rôle introduit par le RUP (*Rational Unified Process*, voir chapitre 6) et qui est rarement identifié dans l'équipe « traditionnelle » de maîtrise d'œuvre. Son rôle est de penser à l'organisation du logiciel à partir du modèle d'analyse, pour le projeter sur une architecture de composants. En relation avec l'analyste et le concepteur, l'architecte logiciel anime donc l'évolution des modèles structurels (diagrammes de classe, de package, de structure composite, de composant et de déploiement) afin d'en extraire les composants et leurs interfaces.

Le concepteur

Le concepteur est généralement le développeur qui fait acte d'anticipation avant de débuter son paramétrage et/ou son codage. Son rôle est donc de faire le lien entre les éléments d'analyse et les technologies prévues pour le projet. Le concepteur étudie la réalisation du logiciel par l'intermédiaire du modèle UML de conception.

À ce titre, il maîtrise donc parfaitement bien les diagrammes de classe pour définir la structure du code qu'il va réaliser et les diagrammes d'interaction pour élaborer la réalisation des opérations des classes. Afin d'approfondir le comportement d'une classe ou l'algorithme d'une collaboration particulière, il peut également s'aider de diagrammes d'état ou d'activité.

Le testeur

Lorsque la capture des besoins a été correctement formalisée sous la forme de cas d'utilisation, son prolongement sous la forme de cas de tests est immédiat. Dans cet ordre d'idée, le testeur doit avoir la faculté de relire les éléments de capture des besoins afin de savoir les retranscrire dans son plan de tests. La compétence UML de ce dernier peut donc se limiter à la compréhension des diagrammes de cas d'utilisation et des diagrammes d'activité ou d'état qui en formalisent les processus.

Organisation des compétences

En résumé, les compétences autour d'UML se répartissent suivant les rôles définis de l'équipe. Dans les tableaux suivants, nous avons défini des degrés d'expertise en fonction des différents diagrammes utilisés :
- relecture assistée : suppose la capacité à relire des diagrammes avec l'assistance et la présentation d'un expert UML ;
- relecture simple : suppose d'être à même de relire et de comprendre des diagrammes à condition que ceux-ci ne fassent pas appel à des concepts UML avancés ;
- contributeur : pouvoir relire des diagrammes, comprenant éventuellement des concepts avancés et pouvoir produire des diagrammes simples ;
- expert : maîtrise complète des notations et des concepts du diagramme.

Pareillement, les compétences se répartissent autour des diagrammes comportementaux, de la manière décrite dans le deuxième tableau ci-après.

Rôles	Diagramme de package	Diagramme de classe	Diagramme d'instance	Diagramme de structure composite	Diagramme de composant et de déploiement
Chef de projet Maîtrise d'ouvrage	Relecture simple à contributeur pour pouvoir superviser les travaux de spécification métier.				
Expert métier	Relecture assistée.			Relecture assistée dans le domaine des systèmes industriels.	
Urbaniste	Contributeur pour définir la structure des objets synchronisés entre applications.				
Chef de projet Maîtrise d'œuvre	Relecture simple à contributeur pour pouvoir superviser tous les travaux de développement.				
Analyste	Expert pour la réalisation de l'analyse détaillée du système.				
Architecte Logiciel	Expert pour réaliser et piloter l'agencement logiciel du système final.				
Concepteur	Expert pour la réalisation de la conception logicielle.	Expert pour la réalisation de la conception logicielle.		Expert pour la réalisation de la conception logicielle.	Contributeur pour apporter un avis sur la conception du déploiement.
Testeur					Relecture simple pour comprendre la situation des composants du système testé.

Rôles	Diagramme de cas d'utilisation	Diagramme d'état	Diagramme d'activité	Diagramme d'interaction (les 4 confondus)
Chef de projet Maîtrise d'ouvrage	Relecture simple à contributeur pour pouvoir superviser les travaux de spécification métier.			
Expert métier	Relecture assistée. On rappelle que les diagrammes de temps n'ont d'intérêt que dans le cadre de spécification des systèmes temps réel.			
Urbaniste	Relecture simple pour le rapprochement entre cas d'utilisation applicatifs et fonctions métier de l'entreprise.		Expert pour la cartographie du système d'information.	Contributeur pour définir les protocoles d'échanges entre applications.
Chef de projet Maîtrise d'œuvre	Relecture simple à contributeur pour pouvoir superviser tous les travaux de développement.			
Analyste	Expert pour la réalisation de la capture des besoins et de l'analyse détaillée du système.			
Architecte Logiciel	Relecture simple à contributeur pour pouvoir comprendre la nature des dépendances dynamiques entre classes, composants ou collaborations répartis sur des sous-systèmes différents.			
Concepteur	Relecture simple à contributeur pour comprendre les fonctions globales du système.	Expert pour la réalisation de la conception logicielle : approfondissement de l'état d'une classe ou du protocole d'une interface, élaboration de l'algorithme des opérations sous la forme d'activités ou d'interactions.		
Testeur	Relecture simple à contributeur pour établir le plan de tests.			Relecture simple lorsqu'un de ces diagrammes accompagne la description d'un cas d'utilisation.

Utilisation d'UML par domaines applicatifs

En complément de l'organisation des compétences, les deux tableaux ci-après récapitulent les différents conseils qui vous ont été donnés au chapitre 1 sur l'usage des diagrammes UML en fonction des quatre domaines applicatifs qui ont été évoqués dans cet ouvrage.

Usage des diagrammes structurels

Les diagrammes structurels reflètent l'organisation statique des systèmes logiciels et permettent d'établir la relation entre les concepts logiques et les composants informatiques. On rappelle en effet l'articulation proposée par UML : classe (niveau logique) – composant (niveau logiciel) – artéfact et nœud (déploiement informatique). Voir tableau suivant.

Usage des diagrammes comportementaux

Les diagrammes comportementaux permettent de formaliser des processus dynamiques à différents niveaux logiques d'exécution. Bien qu'il soit difficile de circonscrire chaque diagramme dans un cadre d'utilisation particulier, rappelons l'usage le plus approprié de chaque diagramme pour ces niveaux (voir le deuxième tableau suivant) :

- niveau des processus métier ou applicatifs : diagramme d'activité ;
- niveau conceptuel ou logique : diagramme d'état lorsqu'il est exclusif à une classe ou à un cas d'utilisation, diagramme d'interaction (préférablement un diagramme de séquence) sinon ;
- niveau logiciel : diagramme d'interaction entre instances de composant.

Préparation de l'équipe

La corrélation des différents tableaux présentés dans ce chapitre sert à établir les compétences nécessaires au travail de modélisation avec UML quelle que soit la typologie du projet. En fonction de l'usage de chaque diagramme et en fonction des niveaux de compétence requis sur chacun d'eux, il est en effet possible de préparer l'équipe à utiliser efficacement UML.

Nous revenons finalement sur le vecteur de communication que constitue UML, car il en représente à notre avis l'avantage le plus immédiat pour les équipes de développement logiciel. UML apporte en effet une schématique standard, précise et efficace pour échanger un contenu technique. Les équipes, ayant acquis l'expertise nécessaire, peuvent ainsi travailler autour de modèles, en utilisant certes des outils, mais surtout avec des feutres de couleur et un tableau blanc. On peut également envisager de projeter l'élaboration de modèles réalisés sur ordinateur, à condition que la manipulation de l'outil UML ne ralentisse pas la dynamique d'échange de l'équipe. À l'issue des phases de formation, les premières séances de modélisation permettent donc aux équipes de se mettre d'accord et de partager les mêmes conventions de modélisation : les diagrammes préférentiels, les stéréotypes, les notations avancées à utiliser ou à éviter, etc.

Diagrammes	Développement spécifique	Ingénierie système	Déploiement de progiciel paramétrable	Tierce maintenance applicative
Diagramme de package	Le diagramme de package qui sert à organiser le modèle est potentiellement utilisable par tous les rôles du développement de système quelque soit le domaine d'application. L'architecte logiciel a un rôle tout particulier d'agencement des composantes du système en travaillant sur les diagrammes de package.			
Diagramme de classe	Le diagramme de classe est universellement utilisé en analyse et conception pour définir la structure orientée objet d'un système.			
	En analyse et conception du système suivant deux niveaux de définition. La conception complète les diagrammes de classe réalisés en analyse.		Dans les phases d'analyse pour tracer la structure proposée par le progiciel et l'influence du paramétrage.	En phase de reprise du code développé pour assimiler plus rapidement un parc de code existant.
Diagramme d'instance	L'analyste l'utilise pour vérifier qu'un cas complexe est couvert par la structure décrite dans un diagramme de classe. Inversement il peut s'en servir pour illustrer un diagramme de classe complexe.			
Diagramme de structure composite	En conception logicielle pour tracer l'usage des patterns de conception.	En conception logicielle pour élaborer la structure d'un système composite.		
Diagramme de composant	En conception d'architecture pour définir les composants logiciels du système. Avec l'usage des architectures standards J2EE et .NET, l'usage de ce type de diagramme devient facultatif.			Tracer la vision des composantes d'un système à reprendre.
Diagramme de déploiement	En conception du déploiement pour tracer l'architecture système et l'emplacement des fichiers exécutables.			

Diagrammes	Développement spécifique	Ingénierie système	Déploiement de progiciel paramétrable	Tierce maintenance applicative
Diagramme de cas d'utilisation	En capture des besoins, les cas d'utilisation servent de cadre contractuel entre maîtrise d'œuvre et maîtrise d'ouvrage. En test, les cas d'utilisation servent à établir les plans de test afin de vérifier la conformité fonctionnelle des livraisons.			
Diagramme d'état	En analyse et conception pour fixer les états d'un cas d'utilisation, d'une collaboration, d'une structure composite et d'une classe. En conception pour décrire des mécanismes parallèles ou le protocole d'usage d'un composant au travers d'une interface.			
Diagramme d'activité	En analyse pour définir les processus applicatifs et en conception pour établir l'algorithme de certaines opérations ou pour décrire les enchaînements d'IHM.	L'urbaniste établit la vision Processus Ressource Organisation de l'entreprise et cartographie le système d'information de l'entreprise en définissant la place des applications qui le compose. En conception logicielle pour établir l'algorithme de certaines opérations.	En analyse pour fixer les processus *workflow* réalisés avec le progiciel.	En rétro-ingénierie du code développé pour assimiler plus rapidement un parc de code existant.
Diagramme de séquence	En analyse pour approfondir les règles métier sur les processus métier et en conception pour exprimer la séquence d'interaction entre objets suite à l'appel d'une opération.		Dans ces domaines, on préférera utiliser le diagramme d'activité, plus versatile et sans connotation orientée objet.	
Diagramme de communication	En capture des besoins pour définir le contexte d'un système. Puis préférablement en conception à la place d'un diagramme de séquence lorsque de nombreux objets sont impliqués.			
Diagramme global d'interaction	En remplacement d'un diagramme de séquence pour exprimer un processus comportant beaucoup d'alternatives.			
Diagramme de temps		En remplacement d'un diagramme de séquence pour fixer en analyse des contraintes temps réel.		

Au-delà de la communication, UML permet de tracer et de documenter les décisions prises en équipe ou par le travail d'un expert particulier. Notamment, du fait de leur standardisation et de leur généralisation au sein de la communauté informatique, les diagrammes UML peuvent constituer ou accompagner des pièces contractuelles de réalisation logicielle. Il est donc important que maîtrise d'ouvrage et maîtrise d'œuvre soient au même niveau de compréhension UML.

Pilotage des activités

L'organisation des activités concerne la méthodologie et un aperçu des différents courants majeurs de ce domaine sera exposé au chapitre 6 de cet ouvrage. Il est cependant inutile de rentrer dans des considérations méthodologiques pour savoir que les activités d'analyse et de conception, telles qu'évoquées dans les chapitres précédents, seront mises en œuvre quel que soit le cycle de développement retenu. Notre propos est donc d'approfondir et de récapituler le pilotage des activités de développement concernées par la modélisation.

Pilotage d'une capture des besoins

L'organisation de la capture des besoins consiste à impliquer différents experts métier de l'entreprise pour initier la spécification d'une application informatique. La collaboration entre informaticiens et non informaticiens y est primordiale pour le succès de cette étape dont la criticité concerne le démarrage correct du projet de développement.

Les objectifs du projet

Avant toute chose, il appartient de s'assurer des objectifs du projet en fonction de son contexte. S'il s'agit d'un nouveau système, il convient de fixer les intérêts dont bénéficiera l'organisation. S'il s'agit de l'évolution d'un système existant, il importe plutôt de se concentrer sur les raisons de mécontentement liées au fonctionnement de ce dernier.

La définition des objectifs du système se traduit par l'enchaînement des activités suivantes :

1 replacer le système dans un contexte métier ;
2 définir le périmètre du système ;
3 établir un dictionnaire des termes projet ;
4 construire le contexte technique du système.

La capacité de replacer le système dans son contexte métier dépend d'une vision plus globale du système d'information, dans lequel on a cartographié les fonctions métier. Le rapprochement entre le processus métier et le puzzle formé par les différentes applications informatiques permettent d'identifier les zones non couvertes et de savoir ainsi positionner le nouveau système vis-à-vis de ses acteurs.

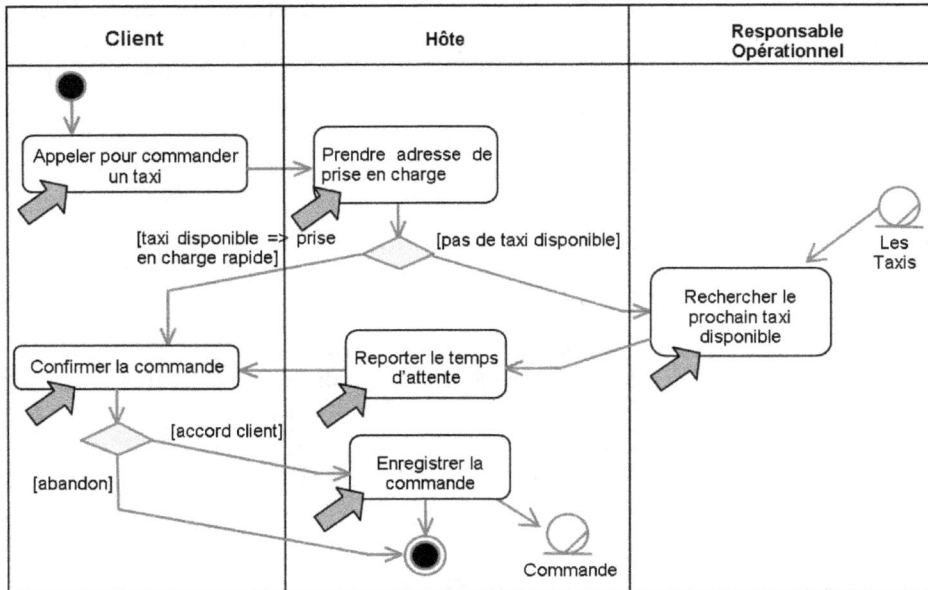

Figure 4–2 Exemple d'un diagramme d'activité situant le contexte du projet vis-à-vis d'un processus métier : les flèches indiquent l'intervention de la future application après accord avec les experts métier.

Il peut ressortir différents artéfacts de ce travail :

- un ou plusieurs diagramme(s) d'activité pour représenter le ou les processus métier concerné(s) par le projet ;
- un diagramme de classe pour formaliser les acteurs identifiés à ce niveau ;
- un récapitulatif des bénéfices attendus ainsi que la traduction éventuelle de ces derniers sous la forme de gain potentiel (revoir la partie du chapitre 2 qui traite du calcul de ROI).

Il est essentiel d'impliquer les experts métier dès le début de cette étape par des réunions de travail qui leur permettent de se prononcer autour de l'élaboration des diagrammes d'activité et de la couverture de l'application, de la définition des acteurs et de la vision des bénéfices attendus.

La définition du périmètre du système intervient une fois les objectifs clairement établis par le projet et son contexte. Dans ce cadre, il est possible de formaliser un premier diagramme de communication pour aider à récapituler les grands flux d'information qui s'échangent entre acteurs et système ou bien de directement tracer les premiers cas d'utilisation qui couvrent l'ensemble des opérations réalisées avec le système.

La construction du contexte technique complète la définition du périmètre du projet qui reste généralement fonctionnel. Le contexte technique permet de tracer différentes solutions techniques possibles pour la réalisation et de mémoriser les choix réalisés. Il ne s'agit pas de débuter la conception, mais plutôt de fixer les pré-requis techniques qui proviennent du contexte général de l'entreprise dans lequel s'inscrit le projet : technologies déjà maîtrisées dans

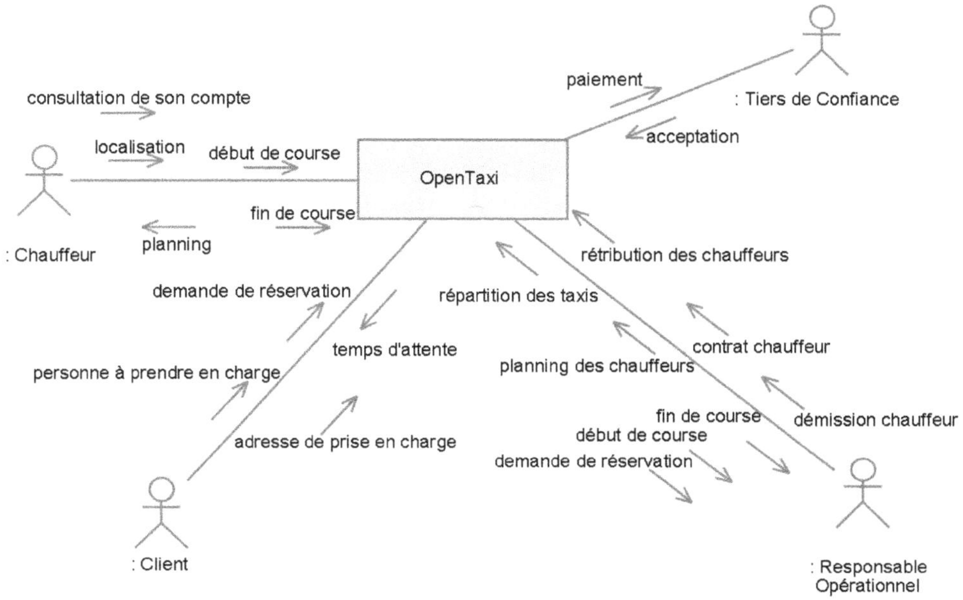

Figure 4–3 Définition du périmètre du système OpenTaxi au travers d'un diagramme de communication

l'entreprise, directives de la direction informatique, type d'architecture envisagée, composants techniques et/ou fonctionnels à réutiliser, progiciels candidats, niveau de compétence fonctionnel et technique des ingénieurs susceptibles de prendre part au projet, etc.

La définition avec les cas d'utilisation

La définition avec les cas d'utilisation est la seconde étape de définition des spécifications, qui doit aboutir à une image la plus fidèle possible du futur système. À ce titre, la description des cas d'utilisation peut constituer une pièce de référence contractuelle entre maîtrise d'ouvrage et maîtrise d'œuvre. On rappelle donc l'importance du pavage des spécifications qu'il est relativement facile d'atteindre avec les cas d'utilisation, à condition d'en suivre la vision d'ensemble lors de réunions de revue. Le pavage assure en effet de couvrir tout le périmètre fonctionnel et de ne pas dupliquer les exigences au risque de se contredire.

Les techniques d'identification des cas d'utilisation qui vous ont été présentées au chapitre 2 sont essentielles pour aider votre équipe à gagner du temps dans ce domaine, mais il est important de travailler le plus itérativement possible dans ce travail de définition :

1 identifier les cas d'utilisation ;
2 rédiger les cas d'utilisation ;
3 enrichir le dictionnaire des termes projet ;
4 préparer les plans de test ;
5 organiser la revue de capture des besoins.

L'identification des cas d'utilisation permet de tracer rapidement le plan d'ensemble fonctionnel du système, à condition de saisir immédiatement les acteurs, leurs intentions et les quelques activités clés couvertes par chaque cas.

On rappelle que la rédaction détaillée des cas d'utilisation, suivant la trame qui vous est conseillée, permet ensuite aux analystes d'approfondir et d'affiner la cartographie des cas d'utilisation. C'est en effet au travers de la rédaction détaillée des séquences d'interaction que l'on peut d'une part visualiser et décrire les comportements de la future application, et d'autre part identifier de nouveaux cas d'utilisation et établir des relations de factorisation entre eux (voir les stéréotypes include et extend du chapitre 2). La rédaction détaillée permet également de se poser les bonnes questions de détail. Elle représente de ce fait une préparation préalable aux entretiens de travail avec un ou plusieurs expert(s) métier.

Bien que cela ne soit pas prévu par toutes les méthodes, la rédaction des plans de test, en prolongation des cas d'utilisation, est une technique qui a démontré son efficacité depuis plusieurs années. Si les cas d'utilisation participent à la définition contractuelle du système qui a été établie, le plan de test pourra d'autant plus constituer la référence de recette applicative. Hormis l'avantage indéniable pour le pilotage de la relation contractuelle, la rédaction des plans de tests constitue également une vérification des cas d'utilisation. Si les cas d'utilisation sont bien rédigés, les plans de test en sont immédiatement et facilement extraits, sinon il est encore possible d'améliorer la description des interactions acteur/système.

La revue de capture des besoins peut ensuite se situer à deux niveaux :

- La revue interne de l'équipe de développement correspond à l'échange de connaissances métier entre analystes et concepteurs. Elle est l'objet de confrontation et d'amélioration subséquente du modèle de cas d'utilisation. À cette occasion, il est possible de découvrir de nouvelles factorisations de cas d'utilisation et de revoir les définitions qui en découlent. C'est aussi l'occasion d'approfondir toutes les exigences non fonctionnelles qui concernent l'IHM, l'architecture, les habilitations, la sécurité etc.

- La revue externe vis-à-vis des experts métier et autres responsables de maîtrise d'ouvrage consiste à présenter l'élaboration quasi finale des cas d'utilisation et à confronter la vision des analystes avec celle des experts métier ou des représentants des utilisateurs. Cette présentation est indispensable dans la mesure où les différents diagrammes UML qui accompagnent la formalisation des cas d'utilisation peuvent être mal interprétés s'ils ne sont pas expliqués et commentés lors de leur livraison. À l'issue de cette revue, différentes corrections sont généralement nécessaires : rédaction de points de détail et mise au point des processus d'interaction – surtout le traitement des cas particuliers non couverts à la première rédaction.

La revue interne peut être fréquemment organisée et donne lieu à de nouvelles itérations sur le modèle de cas d'utilisation. La revue externe correspond plus particulièrement à une réunion préalable à la livraison des éléments de capture des besoins.

Figure 4–4
Identification des cas
d'utilisation du système
OpenTaxi

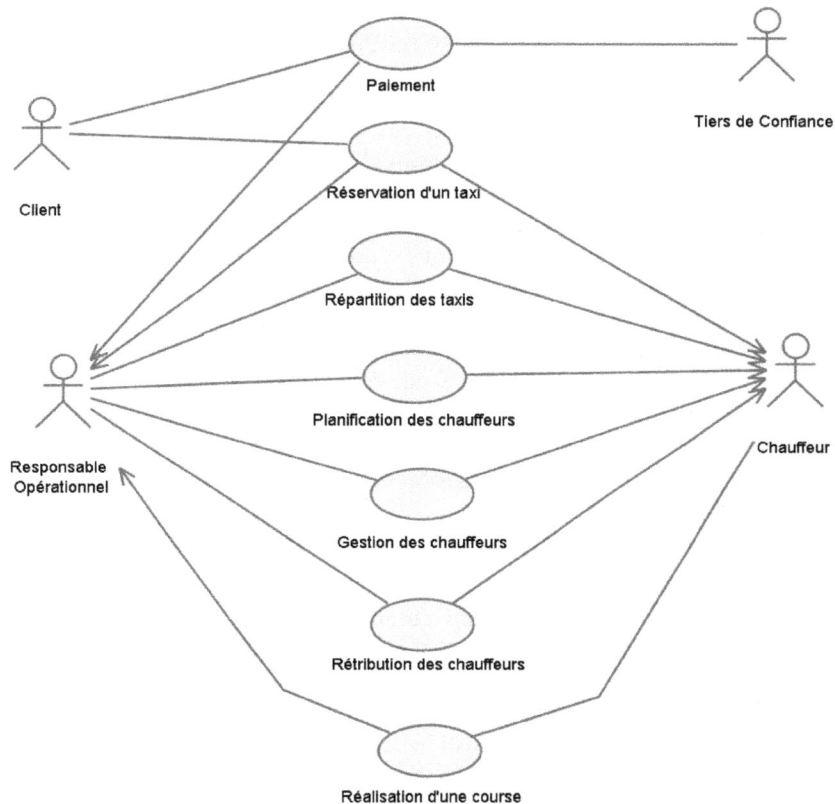

Paiement

Tiers de Confiance

Client

Réservation d'un taxi

Répartition des taxis

Planification des chauffeurs

Chauffeur

Responsable
Opérationnel

Gestion des chauffeurs

Rétribution des chauffeurs

Réalisation d'une course

La gestion des exigences

Le travail de capture des besoins pourrait se limiter à l'établissement de cas d'utilisation validés par la maîtrise d'ouvrage. La mise en place d'un processus d'ingénierie du logiciel passe cependant par l'intégration d'une caractéristique importante d'un projet informatique : les exigences changent sans cesse. Pour rester en phase avec les attentes réelles de la maîtrise d'ouvrage, les exigences doivent donc être gérées de manière itérative et l'établissement des cas d'utilisation ne constitue qu'une première étape de ce processus.

En conséquence, l'outillage de la gestion des exigences et de leur suivi devient impératif pour en arbitrer la priorité, en garantir la traçabilité et en suivre la qualification. Il existe à cela différentes techniques possibles de suivi. Parmi ces techniques, certaines passent par un découpage des exigences en autant de caractéristiques que l'on peut formellement déclarer couvertes ou non par la livraison.

La première technique de suivi consiste à découper les exigences en caractéristiques atomiques que l'on gère ensuite dans une base de données (ou un tableur pour les cas simples). Bien que cette solution soit commode pour tracer les priorités, les changements et les qualifications, elle est difficile à coordonner avec les cas d'utilisation qui traitent les exigences fonctionnelles sous la forme de scénarios. En d'autres termes, les cas d'utilisation, qui expriment les exigences dans un langage direct et naturel, répondent bien à la formalisation des exigences du point de vue d'une maîtrise d'ouvrage, qui ne saurait pas inversement retrouver ses éléments au sein d'une liste d'exigences atomisées. Le double emploi d'une base de données et de cas d'utilisation pourrait alors représenter une alternative intéressante. Cependant, la synchronisation entre la base et l'expression des cas d'utilisation devient un travail harassant de double saisie continuelle en prenant des risques d'incohérence entre les deux référentiels d'exigences. Cette technique n'est donc valable que pour de petits projets. L'apport d'un progiciel de gestion des exigences permet in fine de suivre correctement les exigences, lorsque le projet dépasse une taille significative et que le chef de projet préfère consacrer son temps à la gestion de l'essentiel plutôt qu'à réajuster sans cesse les données entre tableur et traitement de texte. Il va de soi que cette démarche doit se prolonger jusqu'à l'expression des plans de test pour y intégrer la phase de qualification. Le chef de projet peut ainsi assurer la qualité de son projet en suivant les demandes de la maîtrise d'ouvrage :

- expression des exigences formalisées sous la forme de cas d'utilisation fonctionnels ou de compléments techniques ;
- vérification de la couverture du logiciel livré vis-à-vis de chacune des caractéristiques fonctionnelles et techniques testées.

En conclusion, nous pensons qu'au-delà d'une certaine taille du projet – limite que nous fixons de 5 à 10 participants – il n'y a pas de réelle gestion des exigences sans un progiciel capable d'intégrer une démarche de spécification avec les cas d'utilisation et de rédaction, voire d'exécution automatique, des plans de test. Avec un tel outil, la maîtrise d'œuvre peut organiser le processus de gestion des exigences suivant :

1 recueillir et changer les exigences de la maîtrise d'ouvrage lorsque les changements de ces exigences sont notamment difficiles à cause de la diversité des intervenants et de la mouvance du contexte métier ;

2 décider quelles exigences il faut traiter prioritairement et arbitrer sur les priorités et le périmètre du projet ;

3 propager les exigences afin de les traiter de manière cohérente dans tout le cycle de développement ou de maintenance de l'application : capture des besoins, construction, développement, tests ;

4 démontrer à la maîtrise d'ouvrage que les exigences ont été traitées en traçant notamment le lien entre exigences et résultats de tests.

Pilotage de l'analyse détaillée

Dans la continuité de la capture des besoins, l'analyse dans sa globalité se poursuit par un travail introspectif des éléments recueillis, pour aboutir à un modèle objet qui soit le plus précis possible vis-à-vis des comportements du futur système. La finalité de l'analyse détaillée consiste donc à identifier et à formaliser toutes les règles qui présideront au fonctionnement du futur logiciel, et à organiser le cas échéant les composantes de ce système en composants métier.

Ce travail pourrait être vain ou du moins perçu comme tel par les équipes habituées à débuter le codage directement à partir d'une spécification. Il reste cependant un facteur de qualité qui a été établi par une étude IBM auprès de ces grands projets de réalisation interne. Ce facteur représente le rapport du coût de correction d'une erreur trouvée en production sur le coût d'étude supplémentaire qu'il eut fallu consacré pour l'identifier et l'éviter dès l'analyse. Ce rapport est supérieur à 100 ! La même étude a établi par ailleurs que 52 % des erreurs sont liées à la phase de construction. Ces deux ratios cumulés laissent imaginer les efforts faramineux qu'il faut pour pallier l'absence d'ingénierie du logiciel en amont et milite de ce fait pour l'utilisation de la modélisation avec UML.

L'identification des règles métier

L'analyste doit réaliser à ce niveau un véritable travail de formalisation de la connaissance en s'aidant des concepts orientés objet. De ce fait, l'analyse orientée objet, qui s'établit à partir des éléments engrangés par la capture des besoins, doit être très bien maîtrisée par l'équipe qui construit par ce biais les structures fondamentales du système logiciel.

L'analyse orientée objet est réalisée par application du micro-processus, expliqué au chapitre 3. L'analyste débute son travail par l'élaboration de l'analyse structurelle puis approfondit les comportements des objets identifiés. Rappelons ici le caractère itératif de ce travail, qui peut être conclu au bout d'un à trois passage(s) de consolidation du modèle.

À ce niveau, le chef de projet organise le travail de l'analyste afin de s'assurer qu'il dispose de tous les éléments issus de la capture des besoins, s'il n'y a pas participé notamment. Il peut ensuite évaluer la progression de l'avancement en mesurant le nombre de règles identifiées et de règles validées par la maîtrise d'ouvrage. L'organisation globale de la phase d'analyse détaillée s'inscrit ainsi dans le processus suivant :

1 reprendre les éléments de capture des besoins, si l'équipe d'analyse n'y a pas participé ;
2 dérouler le micro-processus d'analyse structurelle ;
3 dérouler le micro-processus d'analyse comportementale ;
4 enrichir le dictionnaire des termes projet ;
5 enrichir le dictionnaire des règles métier ;
6 organiser la revue d'analyse.

L'analyse structurelle doit permettre d'identifier des règles métier qui portent sur la structure des classes. On rappelle que ces règles sont à la fois implicites et explicites :

• Les associations indiquent implicitement des règles particulières, notamment lorsqu'une multiplicité est au moins 1 ou lorsque l'analyste a établi une composition.
• Les contraintes sur les attributs (attributs dérivés notamment), sur les opérations (pré- et post-conditions) ainsi que celles qui s'établissent entre associations, sont plus généralement explicites.

La constitution d'un dictionnaire de règles lié au modèle est un conseil issu de notre expérience. En effet, les règles métier ont la fâcheuse tendance à encombrer les diagrammes. Par ailleurs, la place ténue qu'on leur accorde sur un diagramme empêche de commenter la règle et de la rendre plus explicite encore. Cependant, les règles se lisant en perspective du diagramme correspondant, il est conseillé de trouver un mécanisme permettant de lire les deux simultanément. La création d'un dossier d'analyse cumulant les diagrammes et le contenu du dictionnaire des règles métier constitue une solution élégante à cette problématique.

Figure 4–5
Extraites d'un modèle d'analyse, les règles peuvent être référencées et enrichir un dictionnaire de règles séparé.

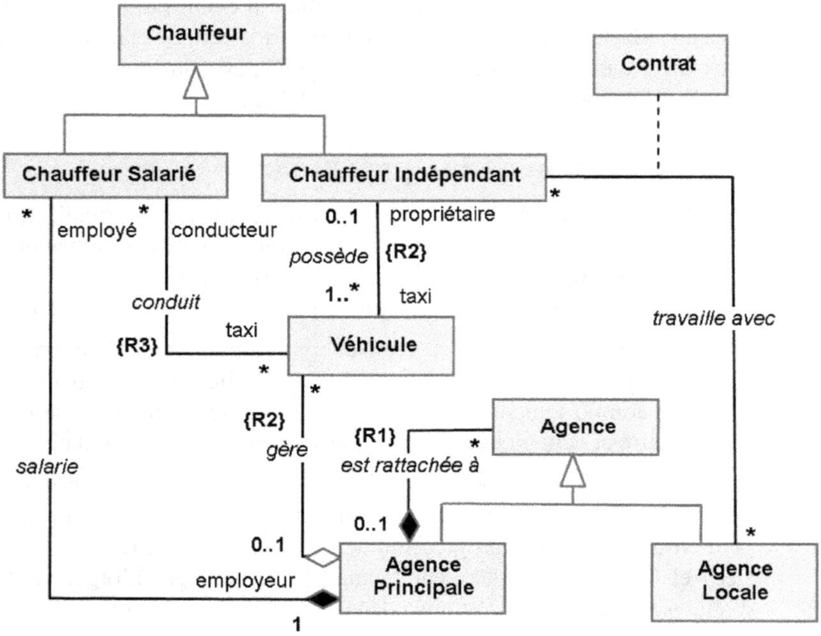

La revue d'analyse permet au final de valider les règles identifiées en présence des experts métier. Lors de cette session, il est conseillé de passer en revue les différents diagrammes d'analyse en les commentant, puis d'aborder les règles qui y sont associées. On distingue également les revues internes des revues externes. Les premières servent à itérer sur l'analyse et les secondes à valider le modèle avec la maîtrise d'ouvrage. Rappelons enfin que, contrairement à la phase de capture des besoins dans laquelle les entretiens restent plutôt ouverts, il convient ici de valider le modèle par des assertions qui impliquent les experts métier et qui exigent des réponses affirmatives ou négatives.

L'organisation du système en composants métier

En parallèle de l'élaboration de la structure orientée objet du système et des règles métier qui la président, il incombe aux analystes d'organiser le système en composants. Ce travail se réfère au découpage en catégories évoqué au chapitre 3. La catégorie contribue d'une part à la modularité de l'analyse pour des systèmes étendus et prépare d'autre part le découpage en sous-systèmes de la conception. En finalité, ce travail peut aboutir à élaborer des composants métier dans la perspective de réutilisation ou de maintenabilité.

En soutien des analystes, l'intervention d'un architecte logiciel peut être appropriée pour apporter le recul et les directives générales d'organisation du modèle. Ce dernier peut procéder à l'élaboration d'un découpage qui sera itérativement amélioré en fonction de l'évolution du modèle d'analyse. Notre conseil consiste à s'inspirer du modèle Processus-Ressource-Organisation pour débuter, puis de l'adapter aux réalités du terrain. Dans ce cadre, il est demandé aux analystes de distinguer les classes qui correspondent à l'une des trois catégories et à organiser le modèle structurel en fonction.

Figure 4–6
Les classes sont réparties entre les trois catégories Processus Ressources Organisation pour débuter l'analyse.

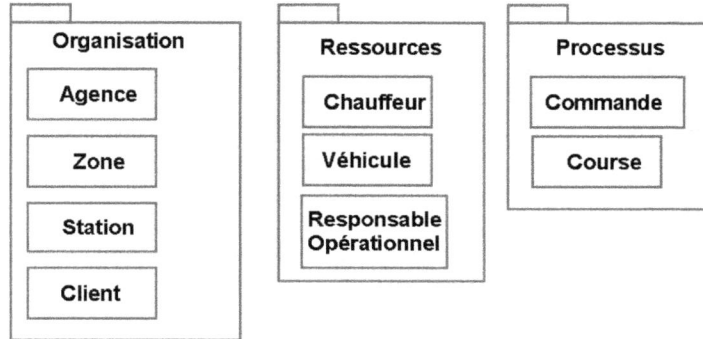

L'architecte logiciel participe par la suite aux revues internes afin de vérifier que le couplage entre catégories ne remet pas en cause leur caractère modulaire. Il peut également tracer les dépendances entre catégories dans l'optique de vérifier que les couplages respectent les sens de dépendance attendus. Lorsque les sous-systèmes sont confiés à des sous-traitants, le non-respect des directives de dépendances peut bouleverser un planning du seul fait de l'ordonnancement des tests d'intégration qu'il faut réaliser pour un sous-système en fonction des sous-systèmes dont il dépend.

Pilotage de la conception

Les actions de conception interviennent dans le prolongement de l'analyse pour apporter d'une part toutes les directives nécessaires au codage de l'application, en respect de ses règles métier et de ses contraintes non fonctionnelles, et d'autre part la définition des architectures logicielle et système finales. On rappelle ainsi que la conception comprend deux activités parallèles et qu'il appartient à l'équipe de décider comment organiser les activités de construction : cycle en Y, cycle en V, etc.

Rappelons que, dans le cadre de cet ouvrage, ces questions méthodologiques n'ont d'intérêt que vis-à-vis des activités concernées puisqu'elles sont constituées de 80 % de modélisation avec UML.

Organisation de la conception

L'organisation de la conception doit être anticipée, car suivant la typologie du projet, il peut être opportun de planifier des actions de conception dès son démarrage. Si les technologies choisies pour le projet nécessitent de concevoir des techniques particulières pour couvrir les exigences indépendamment des éléments fonctionnels, alors l'organisation du projet suivant un cycle en Y [Roques 04] permet aux équipes d'anticiper et de prototyper les qualités techniques attendues pour le projet. Dans le cadre d'un tel cycle, l'architecture prime sur la conception logicielle, de sorte que la phase de conception préliminaire de la figure 4-7 correspond en fait à la conception de l'architecture et du déploiement de l'application. En conséquence, le cycle en Y est particulièrement bien adapté aux cas d'ingénierie système ou aux cas de développement spécifique lorsque les plates-formes cibles ne comportent pas toutes les sophistications qui sont aujourd'hui standardisées par J2EE ou .NET.

Par ailleurs, un tel cycle est approprié dans les cas de génération de code et plus particulièrement avec la mise en œuvre d'outils MDA (voir chapitre 6), qui permettent de capitaliser une conception générique, à savoir une conception qui est indépendante de tous cas fonctionnels. Un outil MDA en effet, permet de paramétrer les choix de conception technique – ceux qui sont schématiquement réalisés dans la branche droite du Y – et de rentrer le modèle UML d'analyse – celui qui est réalisé dans la branche gauche du Y. Le codage est ensuite assuré par la génération automatique de code qui suit les directives de conception paramétrées dans l'outil.

Figure 4–7
Le cycle en Y propose une organisation de la conception dédiée à l'anticipation des comportements techniques du système.

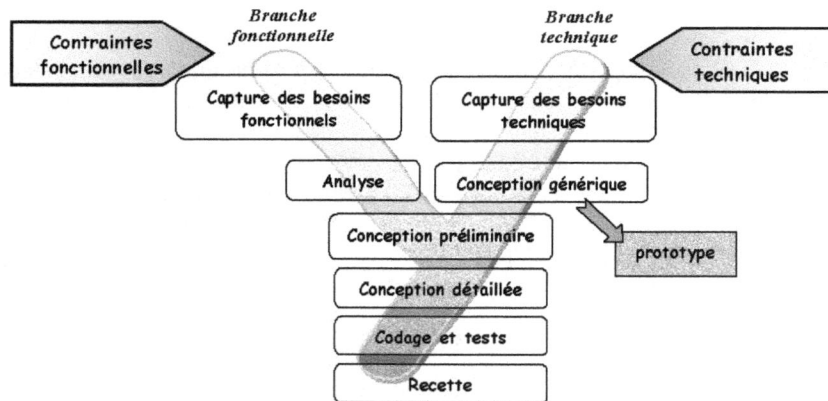

En revanche, lorsque le développement s'applique sur une architecture définie, connue et maîtrisée, les directives de translation des exigences techniques ne sont pas du ressort de l'équipe de développement, qui se contente de suivre les règles de l'art – un peu comme les descripteurs de déploiement des EJB permettent de paramétrer les comportements transactionnels des composants distribués. En conséquence, dans les cadres de développements spécifiques sur les architecture J2EE ou .NET, de paramétrage d'un progiciel du marché, ou de maintenance applicative, la conception générique a une place moins prépondérante. Une conception logicielle y prolonge donc préférablement les travaux d'analyse, la définition d'architecture pouvant intervenir plus tardivement.

En conclusion, nous conseillons aux chefs de projet de maîtrise d'œuvre d'anticiper l'organisation de la conception dès le démarrage du projet, de bien identifier avec son équipe les cibles technologiques et de décider la place qu'il convient de donner aux activités de conception suivantes :

- La conception logicielle générique – faut-il ou non décrire les solutions apportées par l'emploi des technologies cibles, afin de résoudre les exigences non fonctionnelles ?
- La conception d'architecture – doit-elle contraindre (donc précéder) les travaux de conception logicielle ou non ?
- La conception logicielle – a-t-elle du sens avant le codage ? Si oui, à quel niveau de détail, le rapprochement du code doit-il être atteint ?

Pilotage de la conception logicielle : préparer le codage

La conception logicielle concerne la modélisation UML des couches et des sous-systèmes, en vue de préparer la structure logique du code (structure en classes et en modules) et d'anticiper les mécanismes internes qui y seront codés. Nous avons par ailleurs vu au chapitre 3 que cette conception couche par couche dépend des technologies déployées et que si nous nous référons au modèle d'architecture 3–tiers, des *design patterns*, des *frameworks* et des styles de conception différents seront appliqués à chaque cas : présentation, distribution de services métier et *data services*.

Dans cette perspective, il appartient au chef de projet de s'assurer que les éléments d'analyse seront bien compris et intégrés par la conception et que toutes les compétences techniques propres à chacune des couches sont acquises au sein de l'équipe. Nous vous conseillons notamment de spécialiser par couche les intervenants de l'équipe de développement, afin de faciliter l'acquisition des compétences, particulièrement si elles demandent à être aguerries en cours de projet. En conséquence, le chef de projet prendra soin d'organiser son équipe de manière à désigner au moins un spécialiste de la couche de présentation et de ses technologies, au moins un pour les services métier distribués et au moins un pour la base de données et les *data services*.

Le passage de l'analyse à la conception

Passer de l'analyse à la conception signifie que les équipes de développement ont bien acquis l'information métier établie par les analystes et que l'injection du modèle UML d'analyse dans celui de conception sera optimal.

La première condition relève du transfert de compétences qui peut être facilement organisé par le chef de projet. Ce dernier peut ainsi mettre en œuvre diverses solutions d'accompagnement qui varient en fonction de la complexité métier du système :

- Pour les cas les plus simples, les concepteurs peuvent participer activement aux dernières revues d'analyse et prendre ainsi connaissance du contexte, des cas d'utilisation et des règles métier.
- Pour des cas plus complexes, les analystes peuvent prolonger leur présence tout au long de la conception afin de répondre aux questions éventuelles que les concepteurs pourraient se poser à la relecture approfondie du modèle d'analyse.

Il est évident que pour de petites équipes, le cumul des rôles d'analyste et de concepteur dispense de cette organisation, à condition que leurs membres aient le recul suffisant pour bien dissocier les deux activités. D'expérience, il n'est en effet rien de plus inefficace que de disposer au final d'un modèle d'analyse qui soit pollué par des éléments de conception et qui reste par ailleurs incomplet en termes de règles métier exprimées.

L'injection du modèle d'analyse dans le modèle de conception est suggérée par l'idée qu'UML forme une seule et même notation qui ne diffère pas entre les activités d'analyse et de conception. Cette propriété a cependant ses avantages et ses inconvénients. L'avantage tient certainement dans la traçabilité implicite qui peut s'établir entre analyse et conception.

Figure 4–8
L'injection de l'analyse dans la conception concerne la traçabilité implicite qui s'établit entre les deux modèles.

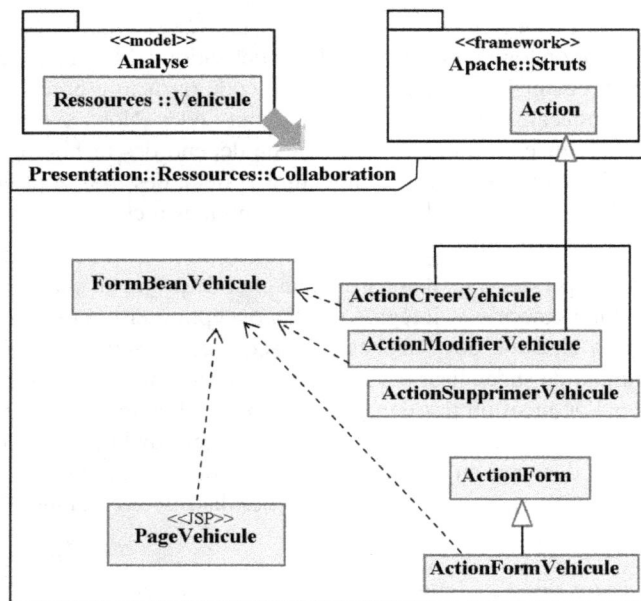

L'illustration du diagramme de la figure 4-8 montre cependant que le modèle d'analyse n'est pas incorporé dans le modèle de conception, comme peut l'être un *framework* générique. Simplement, les catégories de l'un peuvent référencer les sous-systèmes de l'autre et les noms des classes d'analyse peuvent être réutilisées à bon escient.

L'inconvénient tient donc dans la confusion qu'a engendré l'amalgame d'une même notation pour deux activités qui sont en fait très différentes. Cet amalgame est très certainement dû aux promoteurs de tous horizons qui ont largement exploité la continuité de concepts inhérente à la technologie orientée objet :

• Des méthodologistes ont longtemps maintenu cette illusion, depuis l'existence du langage Smalltalk, en tentant de fusionner les phases d'analyse, de conception et de codage au travers du codage en langage « miracle ».

- Certains promoteurs d'UML ont également utilisé l'argument d'une même notation continûment utilisée, sans approfondir les réalités du passage de l'analyse à la conception.
- Les éditeurs d'outils logiciels divers tentent enfin de convaincre de la capacité qu'ils ont de se concentrer exclusivement sur le métier en faisant fi de toute considération technique.

En conclusion, le chef de projet veillera à séparer les deux modèles et à faire vivre le modèle d'analyse si ce dernier évolue pour des raisons métier, en en répercutant les impacts sur le modèle de conception. Lorsque le modèle est établi par des outils UML, nous conseillons même de travailler sur deux fichiers ou environnements projet différents pour bien assurer la séparation entre analyse et conception.

La conception des couches

La techniques de conception couche par couche est relativement bien détaillée au chapitre 3 pour illustrer le contenu de ce travail et la façon dont UML est utilisé. Le chef de projet doit cependant s'assurer que les objectifs de rapprochement du code aient été bien définis avec les concepteurs.

En effet, l'obtention d'un modèle qui soit le reflet exact du codage, au même titre que le modèle produit par une rétro-conception, n'a d'une part que peu d'intérêt et représente d'autre part un travail trop lourd et trop détaillé, qui ne peut être contrôlé sous la forme d'exécution de tests unitaires. Il est donc important de pouvoir fixer comme objectif un niveau de détail de conception logicielle, qui peut être différent suivant les différentes couches d'architecture. Nous conseillons, également pour cette raison, que les concepteurs soient les développeurs de leurs propres mécanismes car cela leur permet d'ajuster par eux-mêmes leurs engagements d'objectif. On peut définir d'expérience quatre typologies possibles qui donnent au chef de projet une base de départ de définition :

- La conception générique : seuls les mécanismes qui couvrent les exigences non fonctionnelles sont traités. Autrement dit, les concepteurs modélisent les mécanismes généraux qu'ils désirent mettre en œuvre pour répondre aux besoins de *log*, de traitement des transactions, d'authentification, d'habilitation, etc. Cela signifie également que l'application de ces techniques est appliquée au codage à partir de l'interprétation du modèle d'analyse, laissant ainsi une grande part de conception implicite lors de la phase de codage.
- La conception pilote : seuls quelques cas pilotes, choisis pour leur particularité, sont issus du modèle d'analyse pour être traités complètement de bout en bout. Par la suite, les autres cas du modèle d'analyse sont associés à l'un de ces cas pilotes, comme exemple de directive pour le codage.
- La conception limitée aux interfaces : seuls les sous-systèmes sont définis ainsi que leur dépendances et leurs interfaces. Les opérations des interfaces font l'objet d'une description de leur dynamique interne afin de fixer leurs grands principes de réalisation.
- La conception complète : elle ne peut être le reflet exact et final du codage, mais elle donne toutes les directives nécessaires pour en tracer les éléments les plus structurants. Elle définit de ce fait 80 % de la structure finale au travers des sous-systèmes, des classes, des attributs et des opérations, 80 % de la dynamique d'ensemble au travers de ses interactions et 100 % des algorithmes complexes qui doivent être mis en œuvre.

Le tableau ci-après montre les différentes possibilités d'utilisation de ces typologies en fonction de leur application aux couches d'architecture.

Conception	Présentation	Services	Data
Générique	Peu adaptée : les techniques d'IHM sont rarement compatibles avec une approche générique.	Adaptée : les cas de distribution de services ensemblistes (gestion de listes) doivent notamment être soigneusement conçus.	Très adaptée, du fait du caractère systématique de la correspondance Objet Relationnel.
Pilote	Adaptée : cette technique permet de traiter des cas pilotes et d'apporter des solutions de conception sur des cas concrets. Elle utilise par ailleurs la faculté des développeurs à reproduire et à généraliser les mêmes mécanismes.		
Limitées aux Interfaces	Peu adaptée : les IHM ne font pas l'objet d'un découpage en composants, sauf dans la perspective d'une réutilisation d'objets d'IHM particuliers.	Très adaptée : la couche de services est ainsi conçue sous la forme de composants distribués.	Adaptée pour intégrer des mécanismes propres aux bases de données (procédures stockées et *triggers*) sous la forme de services de gestion des données.
Complète	Adaptée : l'IHM est ainsi traitée complètement, notamment dans sa structure d'enchaînements.	Peu adaptée : hormis l'expression des algorithmes, cette approche ne tient pas compte des possibilités de généralisation inhérentes aux techniques de ces deux couches.	

Génération de code et round-trip engineering

Le *round-trip engineering* accompagne une approche de conception complète en permettant de finaliser parallèlement le codage et la conception. En effet, il est quasiment impossible d'anticiper tous les détails du code au travers de la modélisation pour les deux raisons suivantes : il est premièrement impossible d'anticiper tous les niveaux d'enchevêtrement des appels d'opérations dans un modèle, deuxièmement, un modèle UML ne s'exécute pas et ne se teste pas, contrairement à du code.

Le *round-trip engineering* est donc une technique qui permet de marier les avantages des deux environnements : la modélisation et la documentation visuelle d'UML avec les tests exécutables de la programmation. Le *round-trip engineering* consiste à synchroniser le modèle et le code au travers de deux processus automatisés :

• La génération de code consiste à produire la structure des packages, des classes et des opérations à partir des diagrammes de classe du modèle. La génération étant limitée au squelette des classes, l'outil gère des zones qui permettent d'insérer des parties écrites manuellement dans le code produit. Ainsi le code spécifiquement ajouté est préservé lors des prochaines générations. On qualifie d'incrémental ce mécanisme indispensable à la mise en œuvre de la génération de code.

• La rétro-conception consiste à remonter la structure du code développé dans des diagrammes de classe, par l'intermédiaire d'un outil spécifique.

Figure 4–9
Schéma de principe du
round-trip engineering

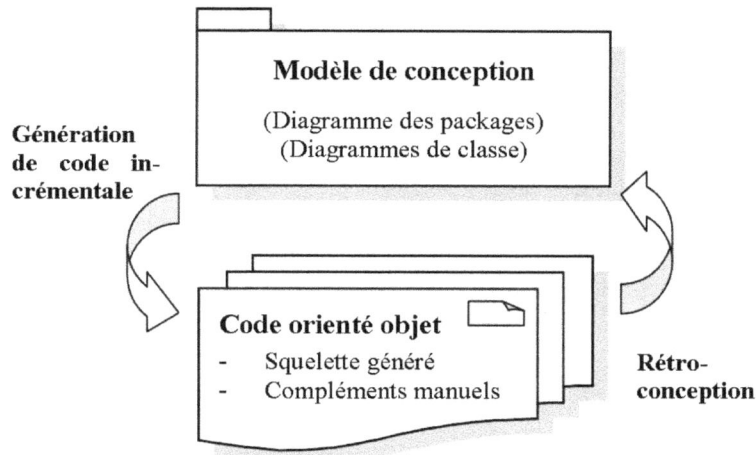

Lorsqu'il est demandé à une équipe de produire une conception la plus complète possible, le recours à de tels outils est indispensable. On trouvera au chapitre 6, une présentation plus détaillée des outils permettant la mise en œuvre du *round-trip engineering*.

Pilotage de la conception de l'architecture : organiser les ressources informatiques

La conception de l'architecture a pour finalité de décrire et d'anticiper l'organisation finale des ressources informatiques. On a vu au chapitre 3 que ce travail concerne deux types de ressources : l'architecture logicielle, qui consiste à prévoir la fabrication des composants et des artéfacts, et l'architecture système qui traite du déploiement.

La conception d'architecture constitue par ailleurs le trait d'union entre l'équipe de développement et les exploitants de la future application. Étant donné que les travaux préparatoires des exploitants doivent souvent être anticipés (achat de matériel et de logiciel, planification de la mise en service, etc.), cette activité jalonne en parallèle le cycle de développement de l'application et peut constituer autant de directives pour sa conception.

La conception de l'architecture logicielle

L'architecture logicielle consiste à définir les composants et à prévoir les artéfacts de déploiement. L'organisation logicielle de l'application est parfaitement bien illustrée par la définition finale des fichiers Makefile, Ant ou Maven. Elle peut donc aussi bien découler du travail de conception qu'établir des directives de conception.

En conséquence, il appartient à l'équipe de développement de définir sa stratégie de conception en fonction des contraintes définies pour le projet. Le chef de projet et l'architecte logiciel, entourés des personnes les plus expérimentées du projet peuvent circonvenir des modalités de développement en fonction des caractéristiques du projet :

• Pour des raisons de réutilisation, de modularité, de fiabilité ou de performances, il peut être convenu de s'arrêter sur un schéma de fonctionnement définissant des composants cibles. Dans ce cas, la conception de l'architecture logicielle préside à la conception. Le chef de projet veillera alors à intégrer dans les revues de conception, le suivi des directives d'architecture logicielle.

• Pour des raisons de commodité, le modèle d'architecture logicielle peut découler de la conception, notamment via la définition finale des couches et des sous-systèmes de l'application.

Dans les deux cas, l'élaboration et le maintien du modèle d'architecture logicielle incombe à l'architecte logiciel dont le rôle consiste justement à suivre et à garantir tous les agencements logiques et logicielles de l'application en cours de développement.

La conception de l'architecture système

La conception de l'architecture système est une activité dont les résultats concernent l'exploitation. C'est pourquoi le chef de projet prendra soin de faire intervenir les exploitants lors des phases de définition et de validation de l'architecture. Plusieurs grandes entreprises ont constitué une cellule d'architecture interne, ainsi que des comités de validation par projet, afin de s'assurer que les choix applicatifs sont cohérents et homogènes en termes d'infrastructure (matériel, systèmes d'exploitation, bases de données, etc.) et que les directives d'exploitation sont correctement prises en compte (intégration aux annuaires d'entreprise, aux outils d'EAI, aux chaînes de supervision, aux portails d'entreprise, etc.).

À l'image de ces entreprises, le chef de projet doit organiser une validation d'architecture système dès les premières phases de démarrage du projet, afin de faire valider ses choix amont d'architecture : choix des logiciels de base et des systèmes d'exploitation, choix des technologies de développement, reformulation des directives d'exploitation imposées par son entreprise (annuaire, portail, supervision, etc.). À cela s'ajoute la synchronisation des planifications s'il doit notamment déléguer l'achat du matériel nécessaire au projet sur la base de la définition des plates-formes de développement, d'intégration et de production.

Pilotage des transitions

Il serait faux de prétendre en définitive que le pilotage des activités de modélisation est une chose facile. Le premier conseil à adresser aux chefs de projet est de ne jamais perdre de vue les objectifs de chaque phase tout en sachant négocier correctement les transitions. C'est en effet dans les transitions que les incertitudes s'installent et que les équipes peuvent perdre le sens de leur travail. Il nous paraît donc utile de revenir sur les transitions majeures pour lesquelles la modélisation avec UML occupe une place particulière : de la capture des besoins à l'analyse, de l'analyse à la conception et de la conception au code.

De la capture des besoins à l'analyse

La capture des besoins a pour finalité de convenir du contenu d'une application future en travaillant le plus étroitement possible avec des experts métier non informaticiens. L'analyse consiste par la suite à approfondir ce travail de façon à dégager la totalité des règles métier.

La transition entre les deux doit s'appuyer sur les cas d'utilisation qui constituent une référence constante tout au long du développement de l'application vis-à-vis de la maîtrise d'ouvrage. Les diagrammes structurels s'établissent à partir de l'analyse sémantique des cas d'utilisation et les interactions proviennent également, en partie, de cette même source d'information. Il peut donc être opportun de vérifier que le modèle d'analyse couvre effectivement l'ensemble des cas d'utilisation définis.

De l'analyse à la conception

La conception a pour but de préparer le code en rapprochant le modèle de l'écriture du programme et en anticipant l'agencement des ressources logicielles. Il est important que les rôles d'analyste et de concepteur soient bien compris et bien séparés dans le cadre d'un projet. En effet, lorsque des éléments de conception « polluent » un modèle d'analyse qui n'a par ailleurs pas atteint ses objectifs d'approfondissement du métier, on peut estimer que l'effort de modélisation n'a pas rempli le dixième de ses objectifs. Le projet hérite ainsi tout au plus d'un cadre qui lui permet d'amorcer le codage, mais nombre de problèmes métier et techniques viendront par la suite freiner l'élan initial par simple manque d'anticipation.

On rappelle en conséquence que l'analyse établit la connaissance approfondie du métier traité par l'application, en dehors de toute considération technique. Elle est formalisée par un modèle accompagné de règles, exprimées en langage formel (OCL) ou explicite. Le modèle d'analyse est distinct et préférablement isolé du modèle de conception. Il est donc relativement difficile de trouver une personne capable d'épouser les profils d'analyse et de conception, car il lui faut le recul nécessaire pour savoir distinguer les deux rôles.

La conception explicite la façon dont l'application doit être mise en œuvre avec l'ensemble des technologies choisies pour le projet. Il s'agit d'un travail d'anticipation technique qui intègre la connaissance métier apportée par l'analyse et l'ensemble des *frameworks*, *design patterns* et autres règles de l'art définies par les technologies employées. Malgré la continuité de notation qu'apporte UML entre un modèle d'analyse et un modèle de conception, il est faux de croire que le modèle de conception se construit dans la continuité du modèle d'analyse. On doit ainsi considérer que le modèle d'analyse est réinjecté dans chacune des couches de l'architecture pour y être spécifiquement retravaillé en fonction des différentes caractéristiques technologiques.

Le passage de l'analyse à la conception consiste donc à organiser un transfert de compétence métier des analystes vers les concepteurs. La participation des concepteurs aux revues d'analyse constitue un bon moyen d'initier ce transfert de compétence. Les concepteurs ne doivent pas attendre inversement d'amorce de conception au travers du modèle d'analyse, mais simplement un modèle leur expliquant comment doit fonctionner l'application vis-à-vis du métier concerné. Ils ont donc carte blanche pour réorganiser les classes du modèle en fonction des contraintes imposées par la technologie.

De la conception au code

Codage et conception sont intrinsèquement liés dans la mesure où la conception a pour partie vocation à préparer le code de l'application. L'amalgame des rôles de concepteur et de développeur est donc conseillé ainsi que l'emploi des techniques de type *round-trip engineering* qui permettent d'ajouter les avantages d'UML au codage.

Il ne faut cependant pas oublier les finalités d'anticipation de la conception. Cette dernière doit en effet répondre activement à des exigences non fonctionnelles en apportant des solutions par la modélisation et non se contenter de documenter le code existant. En d'autres termes, l'amalgame des rôles, ainsi que l'emploi d'outils proches du codage, ne doivent pas cautionner le démarrage trop hâtif du codage, avant d'être certain d'avoir conçu un modèle de solutions applicatives. Cet argument doit servir au chef de projet qui ne perd pas de vue les objectifs de la conception et qui doit organiser de ce fait une véritable phase de conception par la modélisation. Pour ce faire, il est indispensable que la typologie de conception soit définie avec les concepteurs. De même, les revues de conception doivent servir à estimer que les objectifs de conception ont été atteints, que les mécanismes et l'architecture sont du niveau « prêt-à-encoder » et que les tests d'intégration ne révéleront pas d'écarts significatifs par rapport au fonctionnement anticipé.

Rappelons que le modèle d'analyse sert également de document d'entrée à la phase de codage, au même titre que le modèle de conception, l'un apportant sa connaissance des règles métier, l'autre définissant les mécanismes et l'architecture à appliquer. C'est donc la compréhension des deux modèles et la capacité d'intégration des deux natures d'information au travers du codage, qui doivent servir à démarrer l'écriture du code. Il se peut, et il se pourra certainement de plus en plus demain, que le codage puisse suivre directement une phase d'analyse, dès lors que tous les mécanismes de conception auront été préalablement définis par la plate-forme cible, et dès lors que la définition d'une architecture logicielle aura été codifiée par des règles de l'art définitives. C'est indubitablement le sens de l'histoire et cela devient presque le cas par l'intermédiaire des plates-formes J2EE et .NET.

En résumé

UML sert non seulement à soutenir l'activité de développement logiciel, mais consiste également en un vecteur de communication efficace pour échanger le contenu technique des projets. Parmi les rôles définis, celui de chef de projet est primordial pour exploiter à bon escient les capacités d'UML. L'animation de l'équipe projet passe en effet par des activités de modélisation qu'il faut préalablement préparer en connaissant le niveau de compétence requis pour chacun des intervenants.

Les projets logiciels sont par ailleurs différents suivant leur nature. En conséquence, la connaissance des rôles et des activités doit être adaptée en fonction de l'utilisation d'UML par domaines applicatifs. L'usage des différents diagrammes corrélés au niveau de compétence requis pour les rôles du projet, permet alors de préparer et d'animer l'activité de modélisation quelle que soit la typologie du projet.

Le pilotage des activités implique de s'appuyer sur une définition des tâches, qui indépendamment de toute méthodologie, concerne la capture des besoins, l'analyse détaillée, la conception logicielle et la conception d'architecture. La phase de capture des besoins est absolument primordiale pour le démarrage du projet, car elle peut notamment servir de définition contractuelle. Sa finalité est de rédiger des cas d'utilisation qui peuvent par ailleurs préparer la recette de l'application. Le pilotage de cette activité consiste à assurer la compréhension des objectifs du projet et à faire valider la vision de spécification du système par la maîtrise d'ouvrage. Pour des projets mettant en œuvre plusieurs intervenants métier, la gestion des exigences, soutenue par un outil approprié, permet d'assurer la qualité du logiciel, en rapprochant l'expression des besoins du test, tout en permettant une certaine souplesse dans l'évolution de la demande.

Par la suite, l'analyse constitue un travail introspectif dont la finalité principale consiste à approfondir et découvrir toutes les règles de gestion du modèle couvert par l'application. Ce travail est indispensable car les anomalies identifiées à ce niveau sont extrêmement moins coûteuses à corriger qu'en phase de recette. Le recours à une architecture logicielle du système permet par ailleurs de trouver des découpages du système logique en vue de préparer l'organisation de l'application en composants métier réutilisables.

Le pilotage des activités de conception commence par son organisation. En effet, la conception logicielle comprend une part de conception générique indépendante de toute exigence fonctionnelle qui peut débuter en parallèle des travaux d'analyse, tout comme la conception d'architecture peut précéder ou découler de la conception logicielle. La conception logicielle consiste à modéliser chacune des couches du système en fonction des technologies qui y sont utilisées. Le chef de projet prendra soin d'une part de désigner un spécialiste par couche et d'organiser soigneusement le passage de l'analyse à la conception. En effet, ces deux activités procèdent d'une démarche différente qu'il convient de séparer si possible par deux modèles indépendants et des rôles d'analyste et de concepteur distincts. Le chef de projet définit d'autre part des objectifs de conception avec son équipe, car il est illusoire de vouloir refléter la totalité du code au travers d'un modèle UML. Différentes solutions, qui vont de la conception générique à la conception la plus complète possible, sont proposées au travers de cet ouvrage.

Il est par ailleurs possible de choisir différents styles de conception pour chacune des couches. Notez que les outils de *round-trip engineering* permettent d'approfondir le rapprochement entre code et conception ; ils sont requis pour aboutir à une conception aussi complète que possible. La conception d'architecture s'articule en deux phases qui sont l'architecture logicielle et l'architecture système. Pour des raisons évidentes d'intégration et de cohérence des ressources informatiques de l'entreprise, ces deux activités constituent d'une part le trait d'union entre l'équipe de développement et les exploitants, et font l'objet d'autre part de synchronisations régulières tout au long de l'avancement du projet.

En définitive, le pilotage des activités de modélisation implique de bien définir les objectifs de chaque activité et de faire en sorte de ne pas les perdre de vue. Les transitions entre activités doivent notamment être soigneusement accompagnées car elles constituent des risques potentiels de dérive. En particulier, le passage de l'analyse à la conception doit bien marquer les différences entre l'élaboration des règles métier et des solutions technologiques, de même que le caractère anticipatif de la conception ne doit pas être sacrifié par le désir trop pressant de passer au codage.

Déployer UML dans l'entreprise

Une fois les perspectives présentées, cette seconde partie développe la mise en pratique du processus d'adoption d'UML dans l'entreprise. Développés sous l'angle d'une conduite du changement, les différents chapitres qui suivent ont pour objectif de faciliter l'implantation d'UML dans votre entreprise.

- **Chapitre 5 – Formuler les objectifs de changement avec UML**

  Avant toute chose, il importe d'identifier les objectifs que vous désirez atteindre au sein de votre équipe. Ceux-ci pouvant être variés, il convient donc de bien formuler les enjeux et les résultats que vous pouvez potentiellement et raisonnablement atteindre.

- **Chapitre 6 – Méthodes et outils**

  Dans le cadre d'une démarche de changement, les méthodes et les outils s'avèrent indispensables pour permettre à des équipes d'acquérir les mêmes protocoles d'étude et de développement. Outre un panorama des outils disponibles sur le marché, dont la présentation du RUP d'IBM–Rational, un point précis vous est proposé sur l'émergence des solutions MDA.

- **Chapitre 7 – Changer pour UML**

  Ce chapitre développe un processus de changement et propose un processus type d'avancement avec des éléments de calcul de retour sur investissement. Nous sommes ici dans un processus itératif avec des possibilités de retour en arrière. Quel que soit le niveau d'avancement atteint, sa mise en œuvre permet de laisser des effets positivement durables.

- **Chapitre 8 – Aider la prise de décision**

  Maintenant que vous êtes convaincu du changement et que vous en avez fixé les enjeux et les moyens, ce chapitre a pour vocation de vous aider à formuler les arguments de promotion interne et de traiter les objections les plus courantes. Il s'attache également à préparer les prises de conscience, incontournables pour pouvoir s'engager dans une voie de progrès – car pourquoi changer lorsque tout est pour le mieux dans le meilleur des mondes ?

5

Formuler les objectifs de changement avec UML

Nous espérons que les précédents chapitres vous ont convaincu de l'intérêt d'une approche de l'ingénierie du logiciel avec UML pour vos développements. En dehors du fait qu'UML est un standard qui s'impose progressivement au sein de la communauté logicielle et que de nombreux éditeurs l'adoptent tour à tour, il importe d'établir solidement les objectifs que vous désirez atteindre au sein de votre équipe. Avant de débuter une démarche de changement, il convient en effet de bien formuler ces enjeux sous la forme de résultats que vous pouvez potentiellement et raisonnablement atteindre dans le temps.

L'état des lieux méthodologique

Le logiciel n'est plus une activité nouvelle au sein de la plupart des entreprises. Cette activité est maintenant arrivée à un premier niveau de maturité que l'on peut appréhender par le degré d'homogénéité de ses technologies, de ses offres du marché et des modes d'organisation qu'elle suscite.

Naturellement, un tel état réduisant la créativité et la diversité des solutions, on peut prédire que la résistance au changement va se durcir dans les prochaines années. En effet, l'idée d'introduire une méthodologie d'ingénierie, idée qui n'est pourtant pas nouvelle, touche aux structures mises en place, bouleverse les habitudes et va être d'abord perçue comme une menace des acquis. En d'autres termes, nous sommes dans une dynamique de gestion du changement et c'est bien cette dynamique qu'ambitionne de traiter cet ouvrage, en commençant par l'étape primordiale de dresser un état des lieux.

Observer le système organisationnel

Le système organisationnel concerne la façon dont les projets sont organisés vis-à-vis de l'entreprise dans laquelle et pour laquelle ils opèrent. Son observation permet de mesurer les capacités des organisations à fonctionner matriciellement. On peut ainsi établir plusieurs niveaux de capacité :

* Au niveau 0, il s'agit d'une organisation purement hiérarchique dans laquelle le projet inclut des ressources fixes. Symptomatiquement, le projet apparaît dans l'organigramme de la société au sein de laquelle le chef de projet est l'équivalent d'un chef de service. Le projet s'appuie par ailleurs nécessairement sur des cellules transverses : architecture, exploitation, méthodologie, etc. qui lui délèguent très ponctuellement des ressources de conseil ou de surveillance.
* Au niveau 1, le projet s'inscrit en superposition de l'organigramme de l'entreprise, de sorte que les ressources ne dépendent pas hiérarchiquement du chef de projet. Le projet réserve ses participants, généralement pour une durée de plus de 6 mois, en puisant au sein des différentes branches de l'organisation.
* Au niveau 2, l'intervention des ressources sur un projet est planifiée de façon plus sporadique en fonction de ses besoins et de son avancement. La continuité du projet est alors garantie par un noyau plus restreint de participants rassemblés autour du chef de projet.

Le niveau 0 d'organisation est beaucoup moins optimal en terme d'utilisation des ressources. Il permet cependant, sur la durée, de spécialiser une population plus importante qui capitalise par acquis le contenu fonctionnel et technique du projet. La capitalisation d'expertises transverses est par ailleurs réalisée dans des cellules de support que l'organisation aura soin d'associer aux différents projets. À l'inverse, le niveau 2 est bien plus optimal dans l'utilisation des ressources. Le projet s'appuie cependant sur un nombre restreint de personnes regroupées autour d'un chef de projet. L'expertise transversale peut être capitalisée par des groupes de personnes moins formels, ce qui nécessite souvent l'appel à un renfort externe.

Au niveau 0, le changement doit premièrement s'opérer au sein des cellules transverses qui, du fait de leur spécialité, seront relativement rapides à adopter et à formaliser une véritable approche d'ingénierie. On constate cependant une forte dispersion de l'efficacité de l'approche méthodologique lors de sa transition vers les équipes projet. En effet, ces dernières vivent bien souvent les exigences méthodologiques comme des contraintes supplémentaires qu'elles réalisent plus par formalité que par conviction. Au niveau 2, le changement doit s'opérer au niveau du projet lui-même. L'avantage consiste à supprimer tout intermédiaire entre la théorie et l'opérationnel. On ajoute cependant une charge de travail, liée à l'apprentissage, non négligeable pour une équipe qui, dans ce type de structure, est déjà généralement bien occupée.

Au mode d'organisation matricielle, s'ajoutent les us et coutumes des projets logiciels. On peut séparer pour cela les activités des maîtrises d'ouvrage qui sont, la plupart du temps, internes à l'entreprise, des activités des maîtrises d'œuvre que l'on externalise plus facilement aujourd'hui.

La maîtrise d'ouvrage regroupe l'expertise métier qui constitue une véritable clé de voûte du projet, dans la mesure où c'est elle qui détient, formalise et pérennise la connaissance métier de l'entreprise. La capitalisation de cette connaissance au travers du logiciel développé n'est ensuite qu'une affaire de capacité à transmettre cette connaissance à la maîtrise d'œuvre en charge de son développement. Cette articulation est hélas peu souvent comprise par les équipes qui attendent plus des commodités de la part de l'informatique que la formalisation des règles et des modes de fonctionnement de l'entreprise. On assiste ainsi bien souvent à la perte d'identité des entreprises qui abandonnent leurs pratiques au profit des processus d'un progiciel standard – elles standardisent implicitement leur fonctionnement et perdent une partie de leur différence. Plus factuellement, les us et coutumes d'une maîtrise d'ouvrage se mesurent par le degré d'implication de l'entreprise dans la rédaction de son cahier des charges. Ce dernier se situe alors entre le simple document de quelques pages et le dossier complet de capture des besoins avec tous les ingrédients décrits au chapitre 2. Le niveau d'anticipation est également important suivant qu'une réflexion est menée ou non pour formaliser les processus métier existants et pour les projeter dans l'avenir.

La maîtrise d'œuvre apporte une expertise dans le développement logiciel : le choix des technologies les plus adaptées, un coût optimisé ainsi qu'un engagement de conseil et de service. Il est évident qu'une maîtrise d'œuvre réalise un travail d'autant plus efficace que la maîtrise d'ouvrage aura bien pris en main son rôle d'aiguillage préalable et que l'articulation méthodologique entre les deux équipes assure la complémentarité de leurs rôles respectifs. En d'autres termes, l'observation des us et coutumes mesure le degré de compréhension du rôle de chacune des deux équipes, leur capacité à trouver les modes d'articulation les plus appropriés et la faculté de la maîtrise d'œuvre à remplir ses objectifs.

Il convient enfin de prendre en compte les deux cas de figure suivants :

1 L'entreprise est utilisatrice de ses produits logiciels métier. Dans ce cas, il faut s'intéresser à l'attitude des experts métier vis-à-vis du logiciel et à la façon dont sont formulées les demandes d'évolution.

2 L'entreprise vend des produits incorporant du logiciel métier (cas d'ingénierie système). On s'intéresse alors aux mécanismes mis en œuvre pour écouter et prendre en compte les demandes client, ainsi que pour les impliquer.

En résumé, l'observation des us et coutumes permet de mesurer la souplesse organisationnelle et le degré de maturité de l'entreprise vis-à-vis du développement logiciel. Le mode d'organisation permet de définir la cible prioritaire du changement, tandis que la maturité permet d'associer à l'introduction d'UML différents paliers d'objectifs que l'on peut paralléliser entre maîtrise d'ouvrage et maîtrise d'œuvre.

Identifier les pratiques méthodologiques

Les pratiques méthodologiques complètent les us et coutumes, dans la mesure où elles ne font que formaliser le degré de maturité que l'on vient d'évoquer. L'application de la méthode MERISE, ou simili-MERISE, s'est répandue au sein de nombreuses entreprises par sa simplicité. La façon dont elle est appliquée par les équipes reflète par ailleurs le niveau méthodologique couramment accepté par les équipes.

La formalisation d'une pratique méthodologique est beaucoup plus rare auprès des maîtrises d'ouvrage, qui accueillent généralement en leur sein des acteurs de l'entreprise venant de divers horizons. Au-delà de l'accumulation de cahiers des charges rédigés de façons diverses, certaines adoptent une approche par les processus, qui leur apportent de la visibilité sur les objectifs globaux qu'elles désirent atteindre. À l'opposé, on trouve une approche par les données, qui définit une vision de l'architecture finale de l'information et de sa localisation, sans toutefois bien en préciser les finalités fonctionnelles. En synthèse de ces deux approches, une méthodologie orientée objet (qui reste du niveau d'abstraction d'une maîtrise d'ouvrage) donne toute latitude pour exprimer à la fois l'organisation des données et la mise en œuvre des processus. Reste enfin l'approche par les cas d'utilisation qui introduit le point de vue essentiel de l'utilisateur vis-à-vis du système et qui permet de décliner les processus et les objets. On définit ainsi quatre niveaux de pratiques méthodologiques des maîtrises d'ouvrage :

- Au niveau 0, la spécification du logiciel est établie à partir d'une liasse de documents rédigés plus ou moins séparément par différents experts métier.
- Au niveau 1, la spécification du logiciel est pilotée par une approche des processus. Les activités identifiées par les processus donnent alors lieu à la rédaction de spécifications spécialisées par expertises métier.
- Au niveau 1-bis, la spécification du logiciel est pilotée par l'architecture des données. Les activités identifiées portent alors sur l'animation des données, étant entendu que la circulation des données sous-tend les processus de l'entreprise. L'intervention des experts métier consiste donc plus à décrire les données qu'ils utilisent que leur métier.
- Au niveau 2, la spécification du logiciel est pilotée par l'architecture des objets (ou composants métier) de l'entreprise. Cette approche permet de synthétiser les deux approches de niveau 1 et de moduler suivant que les processus ou les données ont le plus d'importance activité par activité.
- Au niveau 3, le point de vue des utilisateurs est pris en compte par la formalisation de cas d'utilisation qui relient deux niveaux de processus (processus métier et scénarios applicatifs) avec l'identification des objets métier.

Les pratiques méthodologiques des maîtrises d'œuvre sont beaucoup plus facilement identifiables et sont par ailleurs codifiées par la maturité croissante de l'industrialisation du logiciel. La maîtrise d'œuvre doit par ailleurs réaliser deux activités : l'analyse détaillée et la conception. La nature fondamentalement différente de ces deux activités n'est pas toujours bien acquise par les équipes, de sorte qu'une méthodologie doit en apporter explicitement la distinction. En effet, autant il existe de nombreuses références méthodologiques qui concernent l'analyse, autant la conception n'est finalement qu'assez mal traitée. Voici donc les niveaux de pratiques méthodologiques des maîtrises d'œuvre que l'on propose :

- Au niveau 0, la maîtrise d'œuvre débute la phase de codage à l'issue de la réception du cahier des charges. L'approfondissement des concepts métier et l'élaboration de solutions logicielles sont alors exécutés au travers de l'avancement du code et de l'utilisation des outils de la plate-forme de développement.

- Au niveau 1, les pratiques méthodologiques n'apportent pas de réelle distinction entre analyse et conception. Une formalisation « légère » – schéma de bases de données, croquis procéduraux, etc. – esquisse quelques principes directeurs, avant que les équipes abondent dans le codage.

- Au niveau 2, l'analyse détaillée est complètement réalisée. Le détail des concepts métier et de leurs règles de gestion est formalisé et les comportements fonctionnels de l'application sont anticipés. Reste la conception, qui est peu ou pas formalisée et dont l'essentiel s'effectue au travers du codage.

- Au niveau 3, analyse détaillée et conception ont un rôle d'anticipation évident, même si la conception peut encore être raffinée au moment du codage.

En résumé, l'usage d'UML s'inscrit dans une approche d'ingénierie du logiciel par la modélisation qui concerne autant la maîtrise d'ouvrage que la maîtrise d'œuvre. Notez que toute démarche préalable de modélisation facilitera l'adoption d'UML, quand bien même celle-ci ne concerne qu'une méthodologie de niveau 1. En d'autres termes, toute méthodologie structurée est un premier pas de changement vers la modélisation avec UML, tandis que l'absence de tout formalisme ou de démarche structurée entre le besoin et le développement informatique est un état de fait dont il faudrait s'inquiéter. A fortiori, si cet état persiste, il est le reflet final d'un statu quo entre équipes de développement et maîtrise d'ouvrage, sur lequel il sera difficile d'initier une démarche d'amélioration.

Niveau	Maîtrise d'ouvrage	Maîtrise d'œuvre
0 – ni structure, ni formalisme	Cahier des charges non structuré.	Codage direct.
1 – amorce de structuration.	Approche par les processus ou par les données.	Définition de quelques principes directeurs avant codage.
2 – analyse orientée objet	Approche par les objets et les processus métier.	Structuration et formalisation de l'analyse détaillée avant codage.
3 – approche orientée utilisateurs	Approche par les cas d'utilisation.	Anticipation complète du codage par analyse et conception. Distinction formelle entre analyse et conception.

Les objectifs

Par rapport à la situation organisationnelle de votre entreprise et dans l'état de ses us et coutumes, il peut être intéressant d'introduire UML et une démarche d'ingénierie par la modélisation, dans la perspective d'atteindre le niveau qui se situe au dessus du vôtre. Vous risquez cependant d'initier une démarche de changement sans lendemain si vous ne rattachez pas votre projet d'amélioration à de réels objectifs d'entreprise qui dépassent le simple intérêt du développement logiciel.

Les projets d'entreprise, dans lesquels peuvent s'inscrire une telle démarche d'amélioration, sont par ailleurs relativement fréquents :

- l'obtention d'une certification qualité ISO ou CMM ;
- l'alignement du système d'information sur la stratégie de l'entreprise ;
- la capitalisation des savoir-faire de l'entreprise au travers de son outil informatique ;
- l'optimisation de ses processus de production de valeur ajoutée ;
- l'amélioration de la productivité du développement logiciel, que nous allons traiter tout particulièrement au chapitre 6.

Par rapport à tous ces objectifs, on peut ainsi positionner les priorités de l'entreprise : la qualité, la prévalence entre l'un des deux axes fonctionnel et technologique, ainsi que l'amélioration de la proactivité des actions sur le système d'information.

Où donc situer les priorités ?

Conformément à notre préambule, les objectifs que vous définissez le sont par rapport à une véritable démarche de pilotage qui doit s'inscrire dans la perspective d'un bénéfice tangible pour l'entreprise. Vos priorités sont donc celles qui rapportent le meilleur avantage en fonction de la typologie du service que rend votre société.

Dans le cadre d'une entreprise utilisatrice de ses logiciels, tous les aspects fonctionnels priment sur les aspects technologiques. Il est donc primordial de renforcer les processus de maîtrise d'ouvrage, quitte à externaliser les travaux de maîtrise d'œuvre. En effet, une simple étude de ROI montre combien coûte l'inadaptation du logiciel aux besoins des utilisateurs : énervement, perte de temps, perte de confiance, multipliés par le nombre de personnes touchées, peuvent aisément représenter des coûts marginaux qui dépasseront de 10 à 100 fois le coût initial du projet. L'adaptation fonctionnelle passe bien entendu par le soin qui sera apporté à la capture des besoins et à l'analyse détaillée. Par ailleurs, la modélisation permet de communiquer les concepts dans une démarche proactive et de s'assurer que la spécification initiale ne colporte pas d'erreurs prévisibles.

Dans le cadre d'une entreprise qui développe des logiciels, fonctionnel et technique revêtent la même importance. Le fonctionnel représente souvent le cœur de la valeur ajoutée des produits logiciels destinés aux clients, sauf dans le cas de SSII généralistes qui adaptent leur savoir-faire à différents cas fonctionnels. La technologie représente un avantage compétitif indéniable ; il faut savoir s'adapter aux innovations du marché. Dans ce cadre, la conception permet de capitaliser les savoir-faire techniques et favorise la réutilisation de pratiques et de composants.

La structuration du processus de développement avec la définition précise des entrées et des sorties de chaque activité, peut ensuite accompagner une démarche plus large de certification des activités logicielles. Nous insistons notamment sur le caractère anticipatif de l'ingénierie du logiciel avec UML en prônant la dichotomie entre fonctionnel et technologie, à savoir :

- anticipation du comportement fonctionnel = Analyse ;
- anticipation des caractéristiques techniques = Conception.

Les niveaux d'objectif par activité

Afin de vous aider à définir les objectifs du changement, nous avons catégorisé différentes cibles pour les activités clés suivantes :

- La capture des besoins représente l'essentiel de l'activité de modélisation d'une maîtrise d'ouvrage.
- L'analyse concerne la maîtrise d'œuvre pour les aspects fonctionnels du logiciel.
- La conception concerne pareillement la maîtrise d'œuvre pour les aspects technologiques.

Objectifs de capture des besoins

Projection pour le niveau	Objectif(s) de modélisation avec UML	Objectif(s) connexe(s)
Niveau 1 : définir des principes directeurs.	Identifier les acteurs et exprimer le contexte d'un système. Établir des diagrammes de classe métier simples	Réaliser une cartographie systémique du système d'information. Structurer les spécifications par sous-systèmes.
Niveau 2 : structurer la spécification par processus et objets.	Établir des diagrammes d'activité et des diagrammes d'état. Établir des diagrammes de classe plus élaborés.	Établir un dictionnaire des termes du projet. Organiser des revues internes.
Niveau 3 : anticiper le processus de déploiement et favoriser l'approche orientée utilisateurs.	Identifier et formaliser les cas d'utilisation du système. Maîtriser toutes les techniques UML de maîtrise d'ouvrage (voir chapitre 1).	Établir le plan de test. Organiser des revues avec les utilisateurs. Piloter le développement par itérations.

Objectifs d'analyse

Projection pour le niveau	Objectif(s) de modélisation avec UML	Objectif(s) connexe(s)
Niveau 1 : définir des principes directeurs et améliorer la documentation.	Établir des catégories et des diagrammes de classe simples. Exprimer les processus par des diagrammes de séquence simples.	Établir une approche orientée objet de l'analyse en définissant des responsabilités de service par classe.
Niveau 2 : structurer l'analyse orientée objet.	Élaborer une analyse structurelle et dynamique complète. Maîtriser toutes les techniques UML d'analyse (voir chapitre 1).	Capitaliser la connaissance fonctionnelle du métier de l'application. Organiser des revues avec la maîtrise d'ouvrage et avec les concepteurs.
Niveau 3 : anticiper le comportement fonctionnel et découvrir les règles de gestion.	Découvrir et exprimer les règles de gestion du modèle. Maîtriser la formalisation formelle des règles avec OCL.	Préparer des composants métier en définissant des catégories à fort couplage interne et à faible couplage externe. Établir la traçabilité itérative des exigences fonctionnelles.

Objectifs de conception

Projection pour le niveau	Objectif(s) de modélisation avec UML	Objectif(s) connexe(s)
Niveau 1 : définir des principes directeurs et améliorer la documentation.	Documenter les schémas de bases de données et la couche de services.	Établir une approche orientée service de la conception.
Niveau 2 : structurer la conception orientée objet.	Anticiper en élaborant une architecture logicielle à partir de composants (ou artéfacts), de sous-systèmes et d'interfaces.	Identifier et préparer la réutilisation de composants.
Niveau 3 : anticiper les caractéristiques techniques.	Anticiper en élaborant la conception logicielle de composants génériques et fonctionnels.	Capitalisation du savoir-faire technique : identifier et préparer la réutilisation de mécanismes regroupés en paquetages sous la forme de *framework*, voire intégrés dans un outil MDA (voir chapitre 6).

Exemples type du positionnement d'objectifs

En conclusion de ce chapitre, voici quelques exemples issus d'expériences d'accompagnement dans la mise en œuvre de solutions UML pour différents types d'organisation.

Entreprise utilisatrice de ses logiciels

Plusieurs grandes entreprises (dont France Télécom qui a publié un ouvrage de référence dans le domaine [LUCAS 01]) ont introduit une méthodologie d'ensemble du système d'information, dont UML représente une composante importante.

Les entreprises de ce type, utilisatrices de leurs logiciels, disposent généralement d'une organisation matricielle faiblement développée et s'appuie sur des cellules d'urbanisme, de méthodologie et qualité. En d'autres termes, l'introduction d'UML accompagne la certification des processus de développement logiciel, ou sert un plan d'ensemble visant à capitaliser la connaissance fonctionnelle de l'entreprise. Les maîtrises d'ouvrage sont donc les premières cibles, auxquelles il a été demandé d'emblée de produire des cas d'utilisation et de les situer par une vision des processus métier. Parallèlement (et paradoxalement), le niveau d'exigence est plus faible et a été relativement moins suivi pour les maîtrises d'œuvre auxquelles il a été simplement demandé d'établir des principes directeurs et d'améliorer la documentation avec UML.

Avec le recul, nous ne sommes pas sûrs qu'une approche aussi systématique, qui ne tient pas compte des spécificités des projets, soit aussi efficace qu'initialement souhaitée. En effet, la définition des objectifs est certes un prérequis au changement, mais elle doit s'accompagner d'une démarche plus progressive et plus suivie. Nous allons justement aborder au chapitre 7 la problématique d'accompagnement du changement et étudier les recettes qui permettent d'implanter des solutions autant efficaces que durables pour l'entreprise.

Cadre d'ingénierie système

Dans les domaines de l'électronique et de l'armement, les méthodes structurées et formalisées existantes ont évolué avec l'introduction d'UML. Plusieurs publications font notamment état de l'utilisation d'UML et du MDA dans différentes branches du groupe THALES.

Nous sommes ici dans le cadre d'entreprises qui revendent leurs logiciels embarqués avec des équipements spécialisés et pour lesquelles la connaissance fonctionnelle compte autant que le savoir-faire technique. L'introduction d'UML a généralement accompagné l'évolution des méthodologies en place dans un cadre de certification des processus de fabrication industrielle. Le changement a donc été relativement aisé, car l'approche d'ingénierie du logiciel se prête bien à un contexte dans lequel les lignes de produit ont un cycle de vie long (plus de 15 ans pour le calculateur d'un moteur aéronautique) et dont la qualité de développement met en jeu des vies humaines.

La capitalisation des connaissances fonctionnelles s'inscrit dans la définition précise de sous-systèmes spécialisés et dans l'élaboration de cas d'utilisation. Par ailleurs, les anciens formalismes d'analyse, type SART, ont été avantageusement remplacés par des diagrammes d'activité et d'état pour exprimer l'équivalent des processus métier. Le suivi des activités de construction doit apporter la meilleure traçabilité des décisions, fournir l'anticipation des caractéristiques techniques et améliorer la réutilisation de composants testés et éprouvés. Dans ce cadre, le développement de composants formalisés par des schémas de conception UML, ainsi que la réutilisation de savoir-faire, au travers de *frameworks*, ont représenté un enjeu économique qui a permis d'éviter l'inflation des coûts de maintenance des logiciels. Aujourd'hui, les industriels ayant atteint le niveau d'objectif le plus abouti avec UML sont en train d'introduire avantageusement des outils de génération de code, type MDA, comme suite logique et compétitive de leur maturité dans le domaine du logiciel.

En résumé

La démarche de changement proposée par ce chapitre part du constat des usages afin de formuler des objectifs pertinents. Ces constats concernent l'organisation et les pratiques méthodologiques.

Au niveau de l'organisation, la capacité des entreprises à pouvoir fonctionner matriciellement est un premier indice qui permet d'identifier la population concernée par le changement ; la configuration varie depuis la cellule de support transverse jusqu'au suivi individuel des ressources dans les projets. Les rôles effectivement occupés par les acteurs de l'évolution du système logiciel constituent un second indice qui permet de définir la cible prioritaire du changement : doit-on la situer au niveau des experts métier, des maîtrise d'ouvrage ou des maîtrise d'œuvre ? On tiendra compte enfin du statut de l'entreprise, car les intérêts d'un éditeur seront bien évidemment différents des intérêts d'une entreprise utilisatrice de ses développements

L'observation des pratiques méthodologiques fixe le point de départ du changement. La spécification, concernée au premier chef par ces pratiques, peut ainsi varier de la simple liasse de documents hétérogènes à l'élaboration de cas d'utilisation. Parallèlement, les pratiques d'une maîtrise d'œuvre varient du codage direct jusqu'à l'anticipation maîtrisée par la modélisation.

Les objectifs de changement avec UML doivent s'inscrire dans une dynamique de changement d'entreprise à plus large échelle, telle que l'obtention d'une certification ISO. Les valeurs ajoutées recherchées peuvent osciller entre l'acquis fonctionnel et technologique, en fonction de la vocation de l'entreprise. Pour vous aider à fixer vos propres objectifs, nous avons situé différents niveaux de maturité suivant trois activités : la capture des besoins, l'analyse et la conception.

6

Méthodes et outils

UML participe au mûrissement de l'industrie du logiciel, au travers de la modélisation et des méthodologies que l'on peut lui associer. Les pratiques ont évolué vers plus de qualité et moins d'effort de développement. Les bénéfices de la modélisation sont donc nombreux et UML en fédère la mise en œuvre par le biais d'outils qui s'avèrent indispensables pour permettre à des équipes d'acquérir les mêmes protocoles d'étude et de développement. Nous dresserons un panorama des outils disponibles sur le marché et présenterons notamment la suite logicielle d'IBM-Rational qui propose un cadre, a priori unique, dans lequel beaucoup d'activités du développement logiciel sont intégrées autour d'une méthodologie agile, le RUP, elle-même axée sur la modélisation avec UML. Enfin, l'approche MDA (*Model Driven Architecture*) annonce l'aboutissement des méthodologies de modélisation, en proposant des outils industriels qui vont améliorer la qualité et la productivité du développement logiciel.

Productivité du développement logiciel

Le passage de l'an 2000 et le phénomène économique de la bulle Internet ont été l'occasion d'une prise de conscience de la part des entreprises, qui ont mesuré le poids du système d'information dans la bonne exécution de leurs missions. Le système d'information devenu critique pour l'entreprise a introduit des changements structurels significatifs, les enjeux du développement logiciel et la recherche de productivité y sont devenus notamment plus critiques.

Améliorer la productivité du développement logiciel

La productivité du développement logiciel n'est pas en soit un objectif difficile à décrire. Elle se résume en quatre attributs : plus vite, moins cher, de meilleure qualité et plus sûrement. Nous y retrouvons naturellement des axes d'amélioration de toute activité humaine : réduire les coûts et les délais, augmenter la qualité et la sécurité.

Figure 6–1
La productivité du logiciel concerne quatre axes d'amélioration.

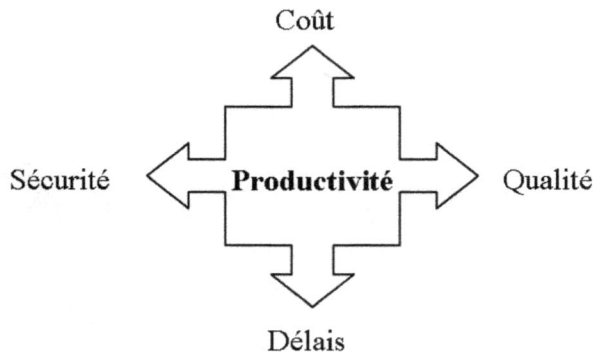

Réduire les coûts

Le coût de toute activité logicielle se mesure en charge de travail, dont l'unité est l'homme-jour. La réduction des coûts concerne donc directement la réduction de la charge de travail, qui peut s'opérer de diverses façons, au même titre que d'autres activités industrielles :

- Par l'amélioration des rouages de communication au sein de l'équipe globale du projet – La communication ne concerne pas seulement la transmission d'information entre les développeurs et le chef de projet, mais surtout les phases de spécifications dont la bonne gestion peut réduire les incompréhensions et accélérer l'obtention d'un résultat adéquat. La mise en œuvre d'un outil collaboratif facilite les communications au sein d'une équipe projet.

- Par l'automatisation des phases de fabrication les plus systématiques – Les possibilités d'automatisation dépendent de la conception du système pour les phases de développement. L'adoption des techniques de modélisation avec UML permet l'émergence d'une nouvelle approche de développement, l'approche MDA, qui automatise la réalisation d'applications à partir de modèles. L'automatisation des tests représente également une économie substantielle sur un poste pesant généralement de 15 % à 25 % de la charge globale de développement.

- Par l'organisation des étapes et des artéfacts du développement – La structuration des exigences avec les cas d'utilisation permet par exemple d'optimiser les cas de tests et de réduire les temps de test.

Réduire les délais

Les délais dépendant directement de la charge, les axes d'amélioration du paragraphe précédent influencent aussi avantageusement la réduction des délais.

Le délai représente théoriquement la charge divisée par l'effectif que l'on affecte au projet. Cependant, pour reprendre la célèbre phrase de Brooks [Brooks 95], « 9 femmes en un mois n'ont jamais fait un bébé », il va de soi que cette approche n'est pas aussi simple dans la réalité. Le délai d'un projet représente donc le temps nécessaire pour passer de son idée originale à sa concrétisation informatique. Ce processus implique de la réflexion, du mûrissement et des prises de décision intermédiaires, dont le temps peut être mieux maîtrisé par le biais d'une approche dite incrémentale.

L'approche incrémentale consiste à structurer les étapes de production d'un projet en définissant les artéfacts intermédiaires nécessaires au mûrissement. L'approche incrémentale est implicite lorsque l'on réalise le passage de l'analyse à la conception et de la conception au développement. L'apport des technologies orientées objet et de la modélisation a simplement permis de mieux expliciter ce processus sous-jacent en en définissant précisément des étapes, des activités et des résultats à obtenir. Il parait difficile d'affirmer qu'une approche incrémentale réduit directement les délais, mais une telle approche influence directement et positivement la maîtrise des délais.

Le choix de la plate-forme influence également les délais de réalisation. Nous entendons par plate-forme l'ensemble des outils et des composants mis en œuvre pour développer et exécuter le projet. L'imbrication des outils de développement et des composants d'exécution réduit généralement les délais de réalisation, dans la mesure où les effets du développement sont plus directement exécutables. En termes d'architecture cependant, cette imbrication implique des dépendances qui se traduisent par un manque flagrant d'ouverture en termes de portage, de montée en charge possible et d'adaptation à des contextes de développement différents. La compétition entre les plates-formes Java J2EE et Microsoft .NET illustre parfaitement cette dualité. Nous disposons d'un côté d'une plate-forme hétérogène qui facilite l'intégration et complexifie le développement, et de l'autre côté d'une plate-forme homogène qui réduit ses capacités d'intégration et d'adaptation, verrouille les possibilités d'ouverture, mais qui offre des moyens de développement rapide.

Améliorer la qualité

La qualité d'un développement logiciel représente ses aptitudes à apporter les réponses attendues par ses commanditaires. Il s'agit d'une part de respecter les coûts et délais, mais surtout de fournir une solution qui réponde aux besoins des utilisateurs.

La définition des exigences est en premier lieu l'activité la plus critique en regard de la qualité, car elles garantissent la valeur pour la maîtrise d'ouvrage. La technique de capture des exigences par les cas d'utilisation permet notamment d'améliorer la précision et la complétude des spécifications. Elle permet également, du fait de sa structuration, de définir les priorités, d'obtenir un suivi d'avancement précis et de mesurer la livraison des fonctionnalités réalisées. En d'autres termes, outre leurs capacités à améliorer la qualité des spécifications, les cas d'utilisation permettent également de piloter le projet par la valeur qu'ils apportent aux utilisateurs. L'approche traditionnelle du développement logiciel considère cependant que les exigences constituent une donnée de départ immuable alors qu'en réalité, elles ne cessent de changer sur le temps du projet. Bien qu'elle soit difficile à mettre en œuvre, une approche itérative est donc indispensable pour garantir le suivi des spécifications. Dans cette perspective, une gestion des exigences doit permettre de suivre les évolutions et d'établir le diagnostic rapide de leurs impacts sur le processus de développement.

Avant toute livraison, les tests représentent enfin le moyen incontournable de vérifier l'adéquation des caractéristiques de l'application vis-à-vis des attentes des utilisateurs. Les tests sont longs et souvent fastidieux à réaliser. Ils sont d'autant plus longs qu'ils doivent assurer la non régression des livraisons, à savoir qu'une nouvelle version livrée du logiciel doit en toute rigueur assurer les fonctionnalités des versions précédentes. L'automatisation des tests permet de rejouer, à moindre coût, des tests précédemment enregistrés. Ce travail d'enregistrement réduit non seulement les coûts mais facilite la mise en place des tests de non régression. En fonction de l'architecture logicielle du système, il se peut qu'un changement mineur dans une partie du programme ait des répercussions inattendues sur des fonctionnalités déjà testées. Dans ce cadre, la modélisation UML de la conception permet de découper le système en packages (ou sous-systèmes) dont les interdépendances sont identifiées. La mesure d'impact peut être d'une part anticipée au vu de l'architecture et d'autre part optimisée lors de la conception avec UML puisqu'elle ne met en œuvre aucun effort de codage et qu'elle peut être discutée, arrangée et améliorée à souhait. En conséquence, la modélisation de l'architecture logicielle de l'application permet d'optimiser la conception, ce qui aura pour effet de réduire les risques de régression et d'améliorer l'évolutivité.

Figure 6–2
Extrait d'une architecture de conception avec UML – Les qualités de non régression de l'application dépendent en partie de l'organisation des sous-systèmes.

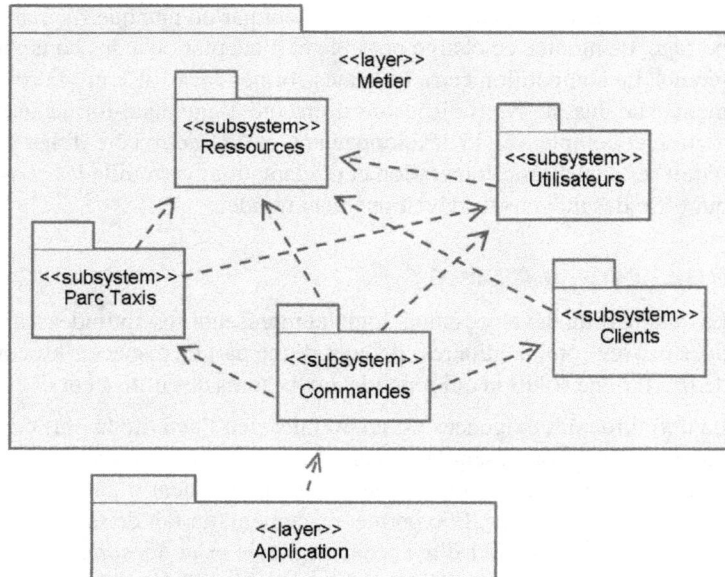

Rappelons enfin que les cas d'utilisation constituent non seulement des structures idéales de spécification, mais également un support prêt à l'emploi pour décrire les scénarios de tests. La complétude des spécifications implique en effet la complétude des tests, à savoir que toutes les alternatives et les exceptions sont décrites et qu'elles peuvent être testées.

Améliorer la sécurité

On entend par sécurité les garanties qu'un processus de développement apporte dans l'obtention d'une application de qualité en respectant les coûts et les délais de fabrication. Cette quatrième propriété consolide en quelque sorte les trois précédentes.

L'automatisation, au travers de la génération d'application à partir de modèles (approche MDA), permet de garantir la conformité des comportements logiciels. Toutes les phases de codage et de tests unitaires, qui se présentent sous un jour fastidieux, sont oubliées. En dehors des aspects coûts et qualité évidents, la génération d'applications assure de reproduire les mêmes comportements pour les mêmes contextes de conception, indépendamment du développeur qui les a fabriqués.

La gestion des exigences par les cas d'utilisation assure d'une part de ne rien oublier et permet d'autre part de gérer itérativement les évolutions de la demande. Les manques de spécifications sont en effet extrêmement fréquents avec les approches traditionnelles. Les équipes tendent généralement vers deux typologies de spécifications inadéquates :

- La sous-spécification qui concerne généralement ceux qui minimisent les difficultés d'un développement logiciel. Dans ce cas, la description de la demande logicielle se traduit par quelques phrases lapidaires qui brassent des généralités sans approfondissement et sans aucun souci du détail.
- La sur-spécification qui pêche par excès inverse, à savoir qu'un trop grand souci de détails rend la spécification verbeuse, mal structurée et comprend à la fois des redites, des contradictions et des omissions. Devant l'ampleur du travail de définition, les difficultés de compréhension de tous les métiers concernés et la prise de responsabilité qu'implique la spécification d'une application critique pour l'entreprise, aboutissent fréquemment à la paralysie du projet.

Les tests assurent, dans un second temps, l'adéquation du logiciel vis-à-vis de ses spécifications. L'automatisation des tests, permettant la mise en œuvre moins fastidieuse et moins coûteuse des tests de non-régression, participe également à la garantie de résultats.

Les meilleures pratiques de la productivité

Les meilleures pratiques de développement logiciel, telles que présentées dans l'ouvrage fondateur des méthodes UP [Jacobson 99], ne définissent pas au préalable de gains ou d'objectifs, même si les avantages en sont décrits a posteriori. Nous avons recensé ici les qualités qui participent directement à la productivité. Il s'agit de :

- Recourir aux cas d'utilisation pour la gestion des spécifications. Nous en avons développé les avantages :

- l'amélioration de la communication par la fourniture d'un support qui peut être partagé entre utilisateurs, maîtrise d'ouvrage et maîtrise d'œuvre, et qui réduit positivement les coûts ;
- l'apport d'une solution pour piloter le projet par les spécifications, prendre en compte leurs évolutions et améliorer le contrôle de la valeur produite dans le temps ;
- la qualité des spécifications en termes de complétude et de précision ;
- l'assurance d'obtenir un résultat conforme aux attentes des utilisateurs. Rappelons également que l'expression des exigences du point de vue des acteurs du système renforce la pertinence de l'expression et apporte de facto les scénarios nécessaires et suffisants au test.

• L'automatisation concerne la génération d'application (MDA) et la réalisation des tests. Dans les deux cas :
  - Elle réduit directement les coûts et les délais par là suppression de tâches fastidieuses qui ne représentent pas une valeur ajoutée directe du point de vue de la construction de l'application – la définition de l'application relevant théoriquement des phases de spécification et de conception.
  - Elle améliore la qualité, parce qu'elle facilite la mise en œuvre des tests et réduit notamment les coûts des tests de non régression.
  - Elle assure l'adéquation du résultat dans la mesure où la génération de l'application est indépendante du codage manuel – fréquente source d'erreurs – et que les robots de tests apportent des techniques automatiques de vérification qui peuvent être rejouées autant que nécessaire.

• L'approche incrémentale consiste à découper le processus de fabrication en fonction d'étapes de mûrissement d'un projet. Ce découpage participe à la maîtrise des délais car elle permet de poser des jalons intermédiaires et d'en valider l'avancement. Toutes les productions intermédiaires peuvent être également vérifiées, corrigées et validées dans la perspective de produire un logiciel de qualité.

• L'approche itérative est certes difficile à mettre en œuvre si l'on désire l'étendre à tout le cycle de développement. Néanmoins, une approche itérative limitée aux activités d'échanges entre la maîtrise d'ouvrage et la maîtrise d'œuvre permet d'intégrer l'évolution des spécifications en fonction du temps et des premiers résultats produits par le développement. Une telle approche renforce la qualité et la sécurité puisqu'elle inclut plusieurs boucles de contrôle entre spécification et résultat obtenu.

• La modélisation de l'architecture de conception apporte une cartographie préalable des développements en traçant les dépendances qui doivent exister entre les différentes parties du code. Elle offre un support permettant d'optimiser les impacts liés aux changements lors de la conception. L'anticipation des impacts permet ainsi de réduire les risques de régressions et d'accroître l'évolutivité du logiciel dans la perspective d'en améliorer la qualité.

Regard sur les avancées méthodologiques

Les approches traditionnelles de gestion de projet ne suffisent apparemment pas à garantir le succès de ce dernier. Le Standish Group publie une étude nommée CHAOS sur les résultats obtenus par les projets informatiques aux États-Unis. En 2003, encore 26 % des projets échouent complètement et 48 % d'entre eux dépassent leur budget ou ont revu à la baisse leurs intentions initiales.

Il est reconnu aujourd'hui que le logiciel est une activité complexe dont le facteur humain est critique. Quand bien même la solution d'externalisation est un choix qui permet de déporter les risques du développement informatique sur des sociétés informatiques, le développement logiciel nécessite la mise en œuvre de techniques appropriées, reconnues et gérées tant par les maîtrises d'ouvrage que par les maîtrises d'œuvre.

Point sur l'approche traditionnelle du développement

Ce que nous désignons par traditionnel dans cet ouvrage concerne la mise en pratique du cycle en V, norme ISO, qui décrit les activités du développement logiciel. Dans cette approche, les activités se résument à l'analyse, la conception, le codage, les tests d'intégration et la recette. Les activités s'enchaînent séquentiellement, à savoir qu'il est nécessaire de terminer complètement une activité pour passer à la suivante ; de fait, un tel cycle est qualifié de cycle en cascade dans la littérature américaine.

Figure 6–3
Le cycle de développement logiciel en V définit un enchaînement des activités en cascade.

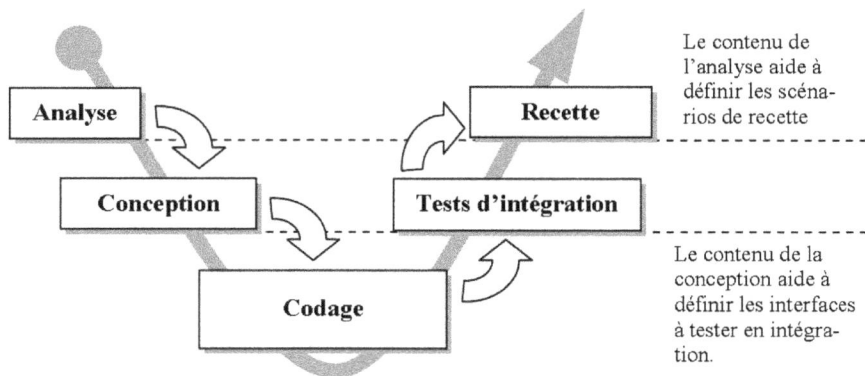

Le contenu de l'analyse aide à définir les scénarios de recette

Le contenu de la conception aide à définir les interfaces à tester en intégration.

L'originalité du cycle en V consiste à rapprocher les activités d'analyse de celles de la recette, et les activités de conception de celles des tests d'intégration, d'où sa forme en V. Cette première avance méthodologique jette les bases d'un processus incrémental dans lequel les artéfacts, produits dans les phases intermédiaires, sont utilisables pour les activités suivantes. Les artéfacts (ensembles des documents, codes et autres réalisés au cours du projet) ont de ce fait une valeur intrinsèque qui sert à mesurer l'avancement du projet et permettent d'assurer son mûrissement.

Le déroulement en cascade, par opposition aux cycles itératifs, offre aux chefs de projet une approche confortable du cycle de développement dans un univers déjà bien compliqué. Cette approche a cependant des effets négatifs en regard de la productivité du développement logiciel, parce qu'elle ne possède aucune souplesse vis-à-vis de l'évolution des exigences et parce qu'elle n'apporte aucune visibilité intermédiaire qui soit tangible du point de vue des utilisateurs. On parle d'effet tunnel pour décrire cet inconvénient, car une maîtrise d'ouvrage ne possède pas de véritables moyens de contrôle et de correction pendant les phases de développement du produit logiciel.

Figure 6–4
L'effet tunnel : pendant le temps du développement, la maîtrise d'ouvrage n'a plus de moyens effectifs de contrôle et de correction.

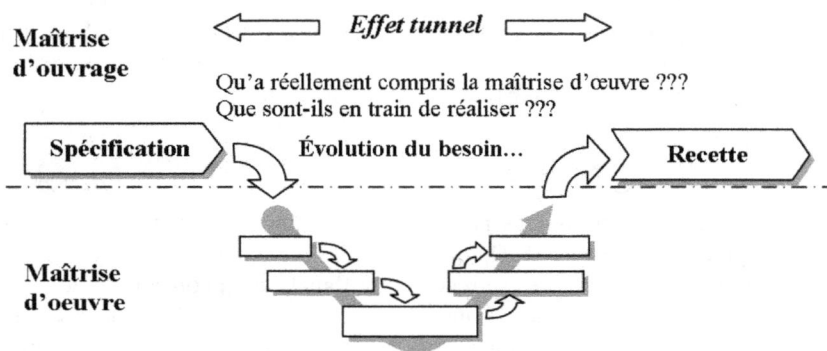

Du point de vue du risque technologique, le déroulement en cascade apporte également son lot d'inconvénients aux maîtres d'œuvre. Il est en effet rare, dans le domaine des technologies logicielles en pleine mouvance, de pouvoir initier un projet avec une plate-forme entièrement maîtrisée, soit parce que des innovations techniques ont été adoptées par l'entreprise, soit parce que les contraintes d'intégration de l'existant ne sont pas identiques. L'approche en cascade n'intègre pas la maîtrise des technologies, de sorte que les phases d'analyse et de conception se font le plus généralement sans véritable visibilité sur les capacités des outils cibles. Le maître d'œuvre court donc le risque de buter contre des impossibilités technologiques dont les contournements seront autant d'occasions de dériver des spécifications initiales.

Les méthodes agiles et XP

Sous la terminologie « agile », des méthodes de développement, particulièrement adaptées aux petits projets, ont défini un guide de meilleures pratiques. Ces méthodes, regroupées sous l'égide de l'alliance agile [Agile], bénéficient d'une reconnaissance croissante, particulièrement l'_eXtreme Programming_ [Bénard, XP].

XP prône une approche résolument itérative, pilotée par des cycles réduits de spécification de proximité (c'est-à-dire bénéficiant de la présence constante d'un utilisateur représentant la maîtrise d'ouvrage), de programmation et de tests. Cette méthode, qui intègre l'utilisateur dans les phases de développement, n'est pas sans rappeler le développement rapide RAD (_Rapid Application Development_), qui a accompagné l'émergence des plates-formes Client-

Serveur dans les années 1990. XP introduit également des notions intéressantes telles que la responsabilisation individuelle et le travail en équipe, notions qui sont traditionnellement restées étrangères aux méthodologies de développement informatique.

Les activités de XP combinent gestion de projet, gestion de configuration, analyse et conception, codage et tests dans une même unité itérative :

- Un jeu de planification consiste à déterminer les objectifs de la prochaine livraison en combinant les priorités métier et les contraintes techniques.
- La mise en service par petites touches détermine la mise en production rapide d'une première itération et la fabrication complète par courtes itérations successives.
- L'intégration continue consiste à fabriquer complètement l'application (*rebuilt*), dès qu'une évolution y a été codée.
- Le test en continu au niveau du codage, notamment par des tests unitaires systématiques, permet de développer un code propre du premier coup.
- L'utilisation de métaphores permet de partager simplement une même vision du produit final et d'en simplifier la conception.
- La simplicité de conception doit rester un leitmotiv tout au long du développement et toute complexité inutile doit être supprimée du codage, lorsqu'elle est identifiée.
- La présence constante d'un utilisateur, représentant de la maîtrise d'ouvrage, capable de répondre aux questions et implicitement de prendre des décisions concernant le détail des fonctionnalités du logiciel.
- Le *refactoring* en continu, pour améliorer la structure et la conception du code lors du codage, dans la perspective d'une meilleure évolutivité.
- Le respect des standards de codage et de documentation dont le but est de mémoriser et de communiquer l'historique des actions apportées au code.
- La programmation systématique à deux développeurs, qui facilite le travail en équipe et qui garantit le recul nécessaire aux activités d'analyse/conception/codage.
- Le partage du développement qui doit garantir la permutation de chaque membre de l'équipe sur toute partie du code.

XP veut démontrer que la programmation directe, à condition qu'elle soit correctement organisée et qu'elle implique la responsabilité d'une équipe, résout les problématiques du développement logiciel que nous avons exposées tout au long de cet ouvrage. Néanmoins, XP prend des hypothèses simplificatrices qui ne concernent justement pas notre propos :

- XP s'adresse à des petits projets ; or c'est rarement les petits projets qui posent les problèmes les plus saillants.
- XP prend pour hypothèse qu'un utilisateur prend la responsabilité d'une maîtrise d'ouvrage et qu'il est pleinement disponible dans les phases de développement. Nous n'avons cependant jamais rencontré de telles circonstances : soit les utilisateurs ont un métier à assurer et ils ne sont pas pleinement disponibles, soit l'application intègre plusieurs métiers de sorte qu'il faudrait non pas un utilisateur mais un collectif d'utilisateurs, soit la prise de responsabilité nécessaire à influencer l'orientation fonctionnelle d'une

application critique pour l'entreprise empêche toute représentativité valable de la maîtrise d'ouvrage.

- A contrario, XP propose une mise en œuvre pratique de l'approche itérative et valorise l'activité de codage en montrant qu'un certain nombre d'améliorations intéressantes peuvent aussi être apportées à ce niveau.

Unified Process (UP) : un guide des meilleures pratiques du développement logiciel

Au travers de ses travaux, I. Jacobson [Jacobson 99] a été le promoteur de nombreuses améliorations méthodologiques. Parmi celles-ci, nous allons approfondir le développement itératif, l'approche orientée composants et le pilotage par les cas d'utilisation.

Le développement itératif

Le développement itératif consiste à définir un développement cyclique en plusieurs itérations qui tendent progressivement à produire toutes les fonctionnalités attendues de l'application. Cela ne signifie pas pour autant que chaque itération contienne l'ensemble du processus de fabrication, y compris le déploiement de l'application en entreprise. À vrai dire, une telle approche réduirait considérablement l'intérêt d'une méthode itérative, dans la mesure où l'activité de déploiement représente un coût non négligeable pour l'entreprise. Chaque itération a plus simplement pour objectif d'apporter de la visibilité à la maîtrise d'ouvrage, qui dispose alors d'un retour tangible de ses spécifications.

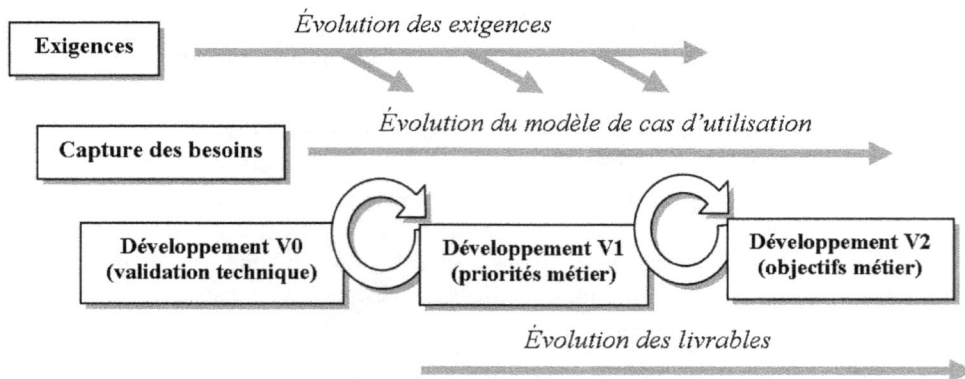

Figure 6–5 Le développement itératif se planifie pour gérer les risques techniques dans un premier temps, puis pour apporter de la valeur métier.

La première itération est essentielle car elle apporte également une première expérience à la maîtrise d'œuvre vis-à-vis de sa plate-forme technique. En ce sens, la première itération valide la technologie, le savoir-faire de l'équipe technique, les processus de fabrication et de pilotage utilisés. Conformément aux préconisations de XP, nous conseillons de tout mettre en œuvre pour accélérer l'obtention de cette première itération riche d'enseignement, quand bien même elle n'aurait qu'une valeur fonctionnelle faible pour la maîtrise d'ouvrage. Le développement itératif se planifie donc dans la perspective de régler au plus vite les problématiques techniques dans un premier temps, puis d'apporter la plus grande valeur fonctionnelle en regard des priorités métier. Dans ce cadre, la planification est évolutive et dispose de retours tangibles pour évaluer le reste à faire en fonction de l'avancement des fonctions et de l'effort déjà réalisé.

En conséquence, l'effort supplémentaire de gestion de projet que demande le développement itératif apporte des avantages non négligeables :

- Il permet de réduire les risques en apportant dans une première itération une preuve de la capacité à produire le résultat attendu.
- Il apporte de la visibilité à la maîtrise d'ouvrage et rompt définitivement avec les méfaits de l'effet tunnel.
- Il pérennise le développement en se concentrant en premier sur les priorités métier.
- Il offre une structure permettant d'encaisser plus facilement les évolutions de spécifications.
- Il donne l'occasion d'améliorer la conception d'une itération sur l'autre et de corriger les erreurs identifiées dans les livraisons précédentes.
- Il permet d'améliorer la productivité du développement logiciel.

Le développement incrémental

- Bien qu'un incrément représente par ailleurs la différence entre deux itérations successives, on entend ici par développement incrémental la capacité à construire une application par phases de mûrissement successifs.
- Les technologies orientées objet ont introduit cette notion en permettant d'exprimer des éléments d'analyse sous la forme de classes et de communications entre classes, de développer la conception en utilisant les mêmes concepts et de pouvoir directement les implémenter dans le code. En introduisant le concept de cas d'utilisation en plus du concept de classe, UML offre la capacité de suivre ainsi toutes les activités de développement.

Cette qualité de traçabilité entre les activités du développement logiciel permet de mettre en pratique différentes phases de mûrissement incrémental du projet. En effet, dès les phases de capture du besoin commencent la prise de connaissance du métier et la définition implicite de l'application au travers de l'élaboration des cas d'utilisation. La validation de cette phase permet à l'équipe de mûrir sur la connaissance des exigences. Cet exercice n'est anodin ni pour la maîtrise d'ouvrage qui est rapidement confrontée à des décisions d'orientation, ni pour la maîtrise d'œuvre qui peut ainsi rentrer rapidement dans le vif du sujet. Par la suite, la production des phases d'analyse et de conception permet d'approfondir respectivement les règles de gestion du modèle métier et les règles de découpage en sous-systèmes, de réutilisation et de conception.

Figure 6–6
Les concepts d'UML
apportent la traçabilité
entre les différentes
activités d'un
développement
incrémental.

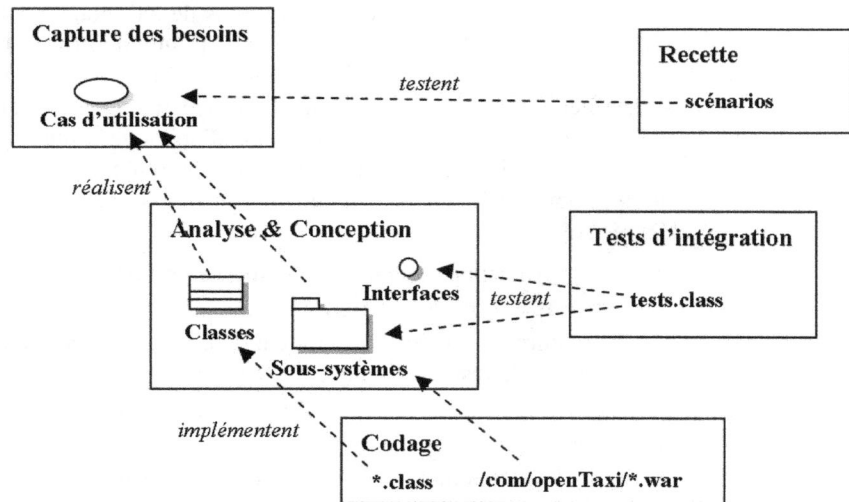

En conséquence, par le biais d'un processus de mûrissement à détails croissants, le développement incrémental offre la possibilité :

- d'accompagner la connaissance progressive d'un projet par la production d'artéfacts successifs ;
- d'améliorer l'étude d'impact lors d'une évolution des spécification ;
- d'affiner le pilotage par le suivi des activités intermédiaires.

L'approche orientée composants

L'émergence des services web étend le modèle de distribution des applications n-tiers à une problématique d'intégration au sens le plus large du terme. Les services web offrent en effet un support de communication et d'échanges de services entre systèmes intra- et inter-entreprises. Au travers de cette émergence, c'est toute l'approche du système d'information qui va à terme évoluer vers la définition d'échanges de services. L'approche orientée composants aurait tout aussi bien pu être qualifiée d'approche orientée services, car un composant est par définition la réalisation logicielle et réutilisable de services distribués. Reste que la définition la plus optimale de services n'est pas évidente à trouver si elle n'est pas supportée par une méthodologie adéquate.

L'utilisation d'une méthode incrémentale, bâtie sur la modélisation, permet d'identifier des composants sous la forme de catégories en analyse et de sous-systèmes en conception. Encourager le découpage en sous-systèmes et encourager la recherche de réutilisations apporte le parcellement du code et la maîtrise des dépendances entre les briques logicielles ainsi découpées. Il est alors plus facile de tester et de corriger des briques logicielles dont les services sont identifiés et circonscrits à un domaine métier particulier, plutôt que de gérer un volume conséquent de codes entremêlés. Par ailleurs, le découpage en composants minimise les impacts liés au changement et favorisent l'évolutivité de l'application développée.

Figure 6–7
L'approche orientée composants consiste à identifier les composants de l'application à partir des éléments de l'analyse/ conception.

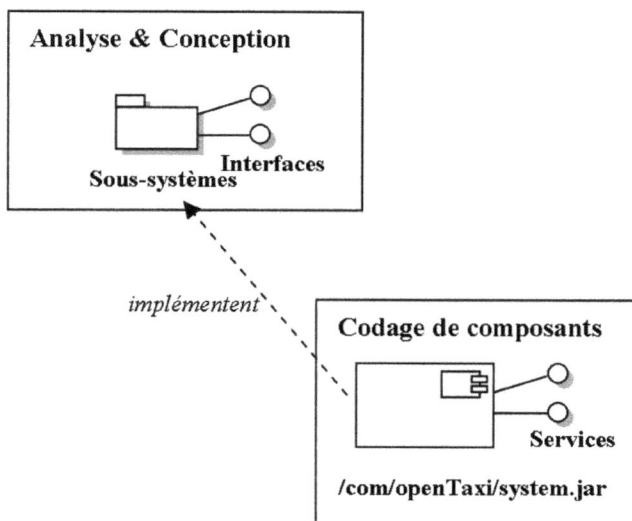

Le pilotage par les cas d'utilisation

Conformément à nos explications du chapitre 2, le pilotage par les cas d'utilisation représente une pratique largement adoptée par nombre de projets. Les cas d'utilisation apportent naturellement une expression du point de vue de l'utilisateur et prennent donc en compte en priorité ses besoins. Les cas d'utilisation se concentrent sur les aspects métier et permettent de capitaliser ainsi la connaissance la plus valorisante de l'application. Les cas d'utilisation structurent les spécifications en un ensemble complet et cohérent. Les cas d'utilisation améliorent directement la qualité du logiciel en formalisant explicitement les exigences et en produisant implicitement les scénarios de recette.

Au-delà de ces avantages, le pilotage par les cas d'utilisation consiste à profiter du fait que chaque cas d'utilisation constitue un granule de spécification qui représente potentiellement une application dans l'application. Ordonnancés en fonction des priorités métier ou de la valeur fonctionnelle qu'ils contiennent, les cas d'utilisation peuvent donc faire l'objet du développement d'une itération. En d'autres termes, il est intéressant de suivre la réalisation itérative de l'application par le nombre de cas d'utilisation qui y sont progressivement implémentés.

Au-delà du pilotage du développement itératif, les cas d'utilisation offrent également la structure nécessaire pour tracer et propager l'évolution des exigences et maîtriser le changement. La mise en pratique d'une gestion des exigences structurée par les cas d'utilisation permet de couvrir tout le cycle de spécification :

1 Recueillir et changer les exigences – Cette démarche est difficile à cause de l'éparpillement potentiel de ses intervenants. La structuration en cas d'utilisation permet à chacun de s'y retrouver en fonction de sa spécialité. Par ailleurs, le modèle de cas d'utilisation constitue la base d'un référentiel qui facilite la communication.

Figure 6–8
Le pilotage par les cas d'utilisation permet de formaliser facilement le périmètre applicatif de chaque itération en fonction des priorités métier.

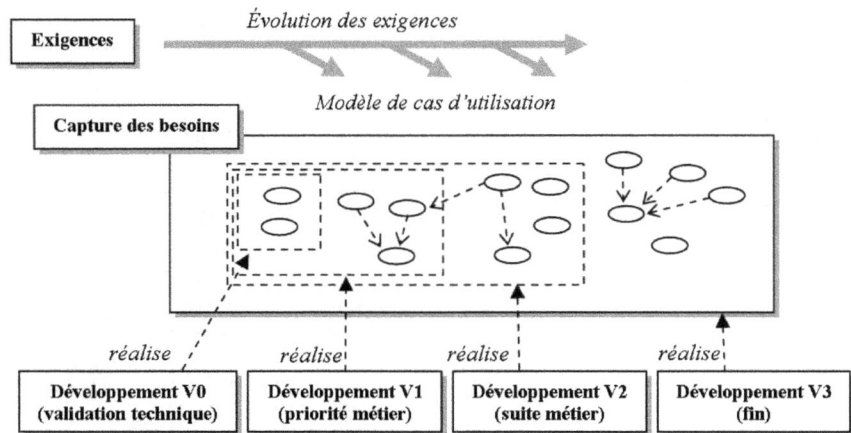

2 Décider quelles exigences il faut traiter – Fixer les priorités et savoir dans quelle itération les traiter est difficile par manque d'information pour qualifier les exigences et généralement par manque de définition des critères d'arbitrage. Encore une fois, les cas d'utilisation apportent des critères tangibles qui permettent d'aider la décision : la priorité métier, la date au plus tard de mise en service, le coût de développement estimé, l'impact sur le système d'information, les risques techniques associés au vu des compétences nécessaires pour les traiter.

3 Propager les exigences et leurs dernières évolutions – Il est de la responsabilité de la maîtrise d'ouvrage d'informer tous les intervenants de l'évolution des exigences. Les cas d'utilisation fournissent un support de traçabilité des évolutions qui permet également d'analyser précisément l'impact des changements sur les itérations déjà réalisées : quels sont les modèles d'analyse/conception, les composants et les tests impactés ?

4 Vérifier et démontrer à la maîtrise d'ouvrage que les exigences ont été traitées : du fait de l'association explicite qui peut être facilement réalisée entre scénario de test, cas d'utilisation et exigences, la maîtrise d'ouvrage peut facilement pointer la satisfaction des exigences lors de la livraison.

Le rôle de la modélisation avec UML

Le processus incrémental repose sur la constitution d'un modèle qui aide à élaborer le projet par touches successives à détails croissants. Le modèle est donc stabilisé et validé à différents niveaux d'avancement, qualifiés de niveaux d'abstraction par les méthodologies orientées objet, que sont :

• la capture des besoins : modèle de cas d'utilisation (voir chapitre 2) ;
• l'analyse : modèle de classes (voir chapitre 3) ;
• la conception : modèle de classes, de sous-systèmes, d'interfaces et de composants (voir chapitre 3).

- À titre complémentaire, les différentes étapes de tests peuvent également être modélisées :
- les tests d'intégration : modèle de classes de test s'appuyant sur le modèle de conception ;
- les recettes : modèle de scénarios s'appuyant sur les cas d'utilisation.

On rappelle donc que la modélisation constitue le référentiel d'élaboration et de mûrissement du projet accumulant toutes les informations du projet et en traçant toutes les décisions prises. Ce référentiel, réel cœur du projet, doit être géré comme le produit d'un travail à forte valeur ajoutée tout en servant de support de communication aux différents intervenants. Par ailleurs, les objectifs possibles de mûrissement des équipes vis-à-vis de la modélisation ont été traités au chapitre 5 et nous en aborderons la dynamique d'appropriation au chapitre 7.

Figure 6–9
La modélisation constitue un référentiel, cœur du projet, support de communication et de décision.

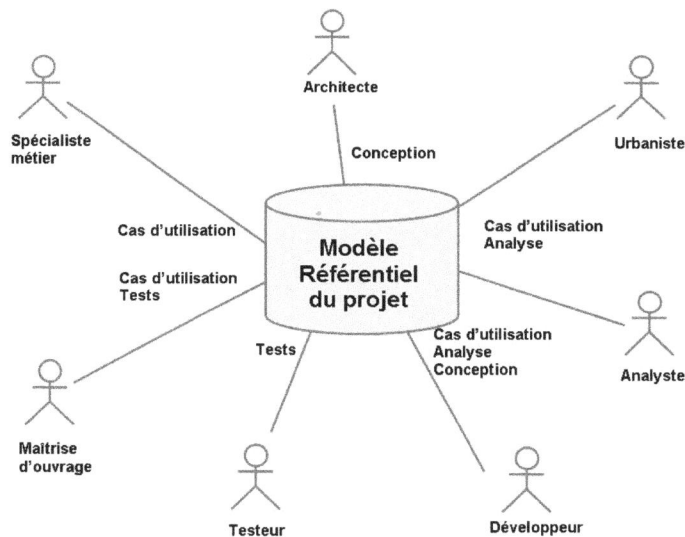

En dehors de son rôle support au processus d'étude incrémentale, UML, comme tout autre langage de schéma, permet d'anticiper, de spécifier, de concevoir et de documenter la réalisation d'un système logiciel. Par analogie à la construction de bâtiments, pensez aux plans tracés par et pour les différents corps de métier qui interviennent : plan de masses, plan de structure, schémas de câblage, etc. UML aide pareillement à la construction d'un système complexe en offrant une communication visuelle pratique et rapide à appréhender par différents intervenants.

- En anticipation, les cas d'utilisation permettent d'estimer l'effort de construction, les modèles de classes et de sous-systèmes permettent de prévoir les impacts de l'intégration de l'application dans le système d'information et permettent d'identifier les points d'architecture technique qui pourraient poser problème.

- En spécification, les modèles de cas d'utilisation permettent de saisir les finalités fonctionnelles du projet et nombre de règles métier pourront être par la suite identifiées, en élaborant des modèles de classes en analyse.
- En analyse/conception, les classes, les catégories, les sous-systèmes et leurs interfaces permettent de définir les structures du codage.
- En documentation, les modèles représentent la vue synthétique de l'application et permettent à une équipe de maintenance de prendre en charge plus rapidement les évolutions et les corrections à apporter.
- Quelle que soit la méthodologie choisie pour votre projet, UML s'adapte et accompagne systématiquement le développement logiciel. On a vu en effet que quelle que soit la démarche, UML soutient les activités de capture des besoins, d'analyse et de conception que l'on retrouve dans le cycle en V et les processus UP. Même vis-à-vis d'une démarche XP qui ne formalise ni capture des besoins, ni analyse, ni conception, UML accompagne utilement le codage. En effet, de plus en plus intégré aux plates-formes de développement (Eclipse, IBM WSAD, Borland JBuilder, Together, Microsoft Visual Studio, Oracle JDeveloper, etc.), UML devient le compagnon indispensable du développement logiciel.

Model Driven Architecture

Le standard MDA fait partie des travaux de l'OMG au même titre que CORBA et UML. Il a fait l'objet ces dernières années d'une forte activité d'innovation et apporte aujourd'hui un lot d'outils intéressants. MDA part du constat qu'un modèle contient implicitement toute l'information nécessaire à la construction d'une application. En effet, et en toute rigueur, l'ambition de la conception avec UML est d'atteindre un niveau de réflexion et de décision qui rende la programmation inepte. À partir de là, l'automatisation du codage a été un axe de recherche et de développement, au travers de différents générateurs de code, que MDA standardise aujourd'hui. Ce travail débouche naturellement sur le concept du modèle exécutable – l'étape de codage devenant inutile – pour certains des produits les plus avancés tels qu'Optimal/J de Compuware. Cette finalité est dans la continuité naturelle de la philosophie MDA qui conserve encore, par prudence certainement, l'étape de génération de code.

De notre point de vue, MDA représente ainsi une avancée aussi importante que l'approche orientée objet 20 ans plus tôt, car l'industrie du logiciel évolue encore d'un cran supplémentaire dans l'abstraction des langages et des outils utilisés pour la programmation. L'OMG promet en effet que l'avenir de la programmation passe par l'approche MDA et assure son succès en y intégrant plusieurs de ses standards connexes :

- *Meta-Object Facility* (MOF), qui définit un standard de description de modèles orientés objet en permettant plusieurs possibilités de notations, dont UML ;
- *XML Meta-Data Interchange* (XMI), dialecte XML servant à échanger les modèles entre différents outils de modélisation compatible MOF, dont UML ;
- *Common Warehouse Meta-Model* (CWM), qui définit un langage de description des modèles de données informationnelles destinées aux systèmes décisionnels.

Figure 6–10
MDA représente une avancée aussi importante que l'approche orientée objet dans l'évolution des techniques de programmation.

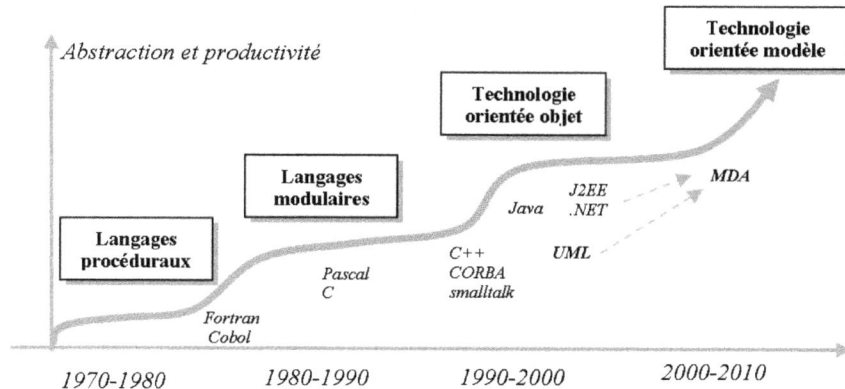

Abstraction et productivité

Langages procéduraux

Langages modulaires

Technologie orientée objet

Technologie orientée modèle

Fortran
Cobol

Pascal
C

C++
CORBA
smalltalk

Java

J2EE
.NET

UML

MDA

1970-1980   *1980-1990*   *1990-2000*   *2000-2010*

En plus d'une recherche de productivité par l'automatisation, MDA tend également à réduire la complexité sous-jacente aux architectures des systèmes n–tiers, car la philosophie de certains produits MDA consiste à exploiter implicitement les différents standards d'architecture, principalement J2EE et .NET, afin d'en faciliter la mise en œuvre. Un outil MDA apporte donc non seulement une génération de code intégrée, mais également un ensemble de solutions conçues génériquement pour s'adapter à plusieurs types de plates-formes.

Les principes de MDA

MDA promeut les avantages de la modélisation en aidant les développeurs à concevoir à partir de modèles plutôt qu'à partir du code. En effet, le modèle, support de communication, de conception et d'anticipation permet de concentrer toute la réflexion et les décisions de conception. Étant donné par ailleurs qu'il est toujours plus facile de défaire et refaire un modèle que du code, le modèle apporte de facto la souplesse nécessaire à l'obtention d'une conception efficace et évolutive. Enfin, les applications d'entreprise construites à partir d'un modèle sont plus faciles à comprendre en vue d'une reprise de maintenance.

À partir d'un modèle de capture des besoins appelé CIM (*Computation Independent Model*), le cycle de développement avec un outil MDA consiste à modéliser l'application dans un artéfact appelé le PIM (*Platform Independent Model*), qui est l'équivalent d'un modèle d'analyse. Le PIM est ensuite utilisé pour aboutir au PSM (*Platform Specific Model*), équivalent à un modèle de conception. Chaque PSM est conçu pour une cible technologique particulière. On produit par exemple un PSM pour des composants EJB, un PSM pour des données stockées en bases de données relationnelles et un PSM pour une couche de présentation J2EE/JSP. La maturité acquise sur ces dernières technologies permet la transformation en partie automatisée entre un PIM et un PSM. Une des caractéristiques des plates-formes MDA sera justement d'apporter une ergonomie et des mécanismes qui faciliteront la déclaration des propriétés de transformation du PIM en plusieurs PSM, ainsi que les mécanismes d'intégration entre PSM.

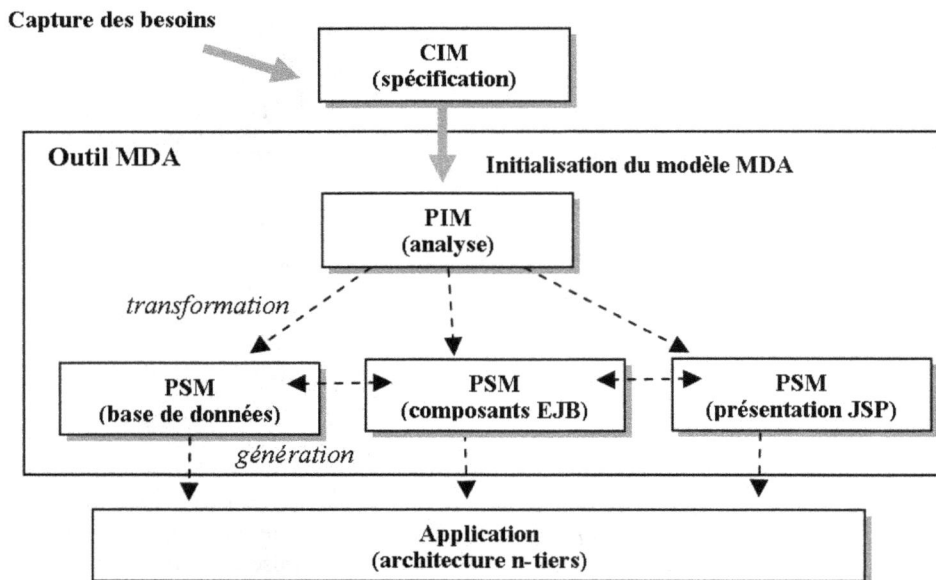

Figure 6–11 La plate-forme MDA permet la génération d'applications n-tiers en plusieurs étapes.

L'acte final consiste à transformer le modèle en code, ce qui est assez direct dans la mesure où le PSM dispose en soi de tous les concepts de la plate-forme cible. Ces transformations, fortement paramétrables pour intégrer les demandes spécifiques des projets, s'appuient sur un langage formel autre qu'UML. Java est par exemple un bon candidat pour décrire les transformations du modèle PSM en code, car il dispose des mécanismes d'ouverture nécessaires à ce type d'application : un programme Java est extensible par la combinaison de l'héritage et de l'ajout de bibliothèques dynamiques, le langage Java dispose des mécanismes d'introspection pour découvrir et exploiter les structures des classes d'un programme. L'avantage d'un produit MDA consiste donc à pouvoir paramétrer ses propres mécanismes en fonction de différentes plates-formes cibles.

Tant par la définition de profils UML dédiés que par la définition de conceptions appropriées, les différents travaux de paramétrage pourront certainement être partagés et diffusés publiquement. De même, les définitions de PSM pourront s'échanger entre outils. Nous voyons donc l'apport de l'approche MDA vis-à-vis des générateurs de code, actuellement fournis par les outils de modélisation UML, qui n'offrent qu'une génération de squelettes de code dans l'optique d'être complétés manuellement.

L'évolution du développement logiciel avec MDA

L'approche MDA permet de changer l'approche de la fabrication logicielle : on abandonne la résolution des problèmes lors du codage pour passer à l'élaboration de modèles conformes aux besoins métier exprimés. Par un plus grand degré d'abstraction, les équipes seront également moins gênées par les problématiques de conception techniques : les transformations de PIM en PSM et de PSM en code résolvent pratiquement toutes ces questions en s'appuyant sur la standardisation croissante des plates-formes n-tiers. En d'autres termes, MDA promeut la maîtrise des techniques de modélisation au détriment des techniques de codage. UML devient partie intégrante de la programmation de nouvelle génération.

La question sur les perspectives de changement qu'apporte MDA réside dans le positionnement des compétences de demain. Si la maîtrise d'UML devient un prérequis indéniable pour les analystes métier, la réalisation des PSM nécessitera toujours une compétence technique permettant d'anticiper les résultats de la génération de code en fonction du paramétrage apporté. Par ailleurs, UML au sein d'un PSM modélise la structure directe d'un code, au même titre que la production d'un modèle de conception détaillée. Il est donc peu probable que l'élaboration d'un PSM puisse se passer réellement des compétences de programmation. Enfin, une plate-forme MDA ne requiert pas qu'une simple compétence de modélisation en UML, le paramétrage des transformations dans un langage formel y est tout aussi important.

Les avantages de MDA

MDA ne vient pas en rupture, mais dans la continuité des dernières innovations méthodologiques que nous venons de présenter. Ainsi, la mise en œuvre d'un outil MDA représente pour l'entreprise l'opportunité de travailler en équipe autour d'un modèle. Hormis la question immédiate de la productivité, on peut également explorer d'autres avantages méthodologiques liés à l'introduction d'outils MDA au sein de votre entreprise.

Productivité avec MDA

Une étude, menée en 2003 par une société indépendante et commanditée par Compuware, a réalisé un comparatif de développement entre deux équipes : l'une développant par approche traditionnelle et l'autre utilisant une plate-forme MDA. Le sujet de l'expérimentation concerne le développement d'une application e-commerce sur J2EE (il s'agit plus exactement du banc comparatif Petstore revu et corrigé par plusieurs contributeurs dans l'optique de défier les capacités de MDA). À l'issue de cette expérience, l'équipe MDA a développé plus rapidement de 35 % l'application pour un effort d'environ 40 hommes/jour. Une mesure qualimétrique de la structure du code et une inspection qualitative du code généré ont indiqué que les deux équipes ont produit un code de qualité équivalente. Par ailleurs quelques erreurs ont été trouvées dans le code manuel, tandis que la plate-forme MDA a produit une application irréprochable.

En conséquence, nous pensons réellement qu'avec la maturité croissante des plates-formes MDA, l'évolution de l'industrie informatique tend vers plus de modélisation et moins de codage. Par ailleurs, la standardisation proposée par l'OMG permet le développement de modèles interchangeables et partageables au sein de la communauté informatique. En résumé de cette section dédiée à MDA, nous aimerions donc conclure par deux slogans mnémotechniques :

- MDA = Moins de Développement à faible valeur Ajoutée – l'essentiel de la richesse d'un programme étant dans la formalisation de règles métier, il s'agit d'en capturer le contenu au travers d'un modèle d'analyse.

- MDA = Moins de Développement À tester – la génération de code diminue les risques d'erreurs humaines, si nombreuses dans la programmation manuelle. Par ailleurs, l'apport de conceptions standards, embarquées dans les transformations de PIM en PSM et de PSM en code, évite le syndrome du « on réinvente l'eau chaude » sans tenir compte de toutes les difficultés de test et de mise au point sous-jacentes.

Une approche itérative par la modélisation

Évidemment, MDA consiste à outiller formellement l'ingénierie du logiciel avec la modélisation UML que nous prônons dans cet ouvrage. Au travers des étapes CIM, PIM et PSM, différents spécialistes interviennent itérativement sur la construction du logiciel et peuvent influencer à leur niveau l'évolution d'une application. Le caractère itératif de cette démarche revêt dont une importance plus cruciale : d'une part les temps de production d'un exécutable sont plus réduits et d'autre part les types d'intervenants directs sont plus nombreux, du fait de l'automatisation partielle des transitions analyse/conception et conception/codage. La capacité de tester les effets d'un changement de spécification au travers d'une approche itérative devient donc plus accessible et doit faciliter l'obtention de produits logiciels de qualité.

L'implication des experts métier

L'impact direct du modèle sur le produit fini, ainsi que le raccourcissement des cycles itératifs de développement, implique mécaniquement les experts métier qui peuvent directement évaluer les effets de leur spécification sur le logiciel produit. Les complexités métier éventuelles peuvent ainsi être gérées au travers de modèles et des prototypes issus de leur exécution.

La capitalisation du savoir-faire technique

Au travers des solutions de PSM que doivent apporter les outils MDA de qualité, les équipes bénéficient directement d'un savoir-faire technique intégré. Par exemple, nous mettons en oeuvre actuellement l'outil OptimalJ de Compuware qui intègre des solutions de conception J2EE en s'appuyant sur différents frameworks issus de l'open source. L'outil nous permet d'une part de développer des solutions en respect des meilleures pratiques d'utilisation de ces frameworks en nous évitant la phase d'apprentissage et de prise en main de ces derniers. Il nous permet d'autre part de faire évoluer ces solutions en interférant dans ses mécanismes de paramétrage et de génération de code. En effet, au travers de son langage de template, l'architecture de l'outil OptimalJ permet d'opérer cette personnalisation.

En conséquence, nous avons non seulement bénéficié du savoir-faire pré-embarqué dans l'outil par les équipes de Compuware, mais nous avons également pu y insérer notre propre savoir-faire en vue de réutilisations futures.

Le bénéfice d'un marché émergent en pleine mutation

La maturité apportée par les standards de l'OMG a permis l'émergence rapide d'outils MDA de qualité. Rappelons entre autres que la version 2 d'UML a, pour partie, été spécifiquement pensée dans l'optique du standard MDA. Les ouvertures sont nombreuses pour l'industrie du logiciel. Nous pensons notamment qu'au travers de leurs capacités de pérennisation des savoir-faire, les outils MDA occuperont tour à tour la place des plates-formes techniques avant de venir concurrencer le positionnement actuel des progiciels métier. Sur un cycle de mutation plus long, qui est celui des méthodologies, nous voyons en effet se dessiner une double mutation des outils de génie logiciel :

- D'une part, les environnements de développement, les architectures et les outils de modélisation convergent vers une seule et même génération de plates-formes MDA en charge de diffuser un savoir-faire technologique particulier.

- D'autre part, les progiciels métier ayant ouvert aujourd'hui leurs plates-formes vers des solutions d'intégration, qui commencent à se tourner vers des solutions de modélisation de processus, se pencheront inévitablement demain sur les capacités du MDA. Dans les faits, nous savons en effet que déjà les outils d'EAI sont intégrés aux principaux progiciels métier, à l'image du rapprochement entre WebMethods et SAP et que les acteurs de ce marché se tournent actuellement vers la modélisation de processus BPM (*Business Process Management*).

Dans le même registre, la stratégie annoncée par l'éditeur Compuware (leader pour son outil MDA OptimalJ) est intéressante puisqu'il prévoit à la fois d'intégrer BPM et MDA et de permettre l'usage de services SAP.

Cette évolution, qui touche à une mutation des habitudes au travers des méthodologies de développement mises en place dans les entreprises, arrivera certainement à maturité à l'issue des cinq prochaines années (à horizon 2010).

Quelle orientation méthodologique utiliser pour mon projet ?

Dans les sections précédentes de ce chapitre, nous avons eu à cœur de vous présenter un panorama de méthodes de génie logiciel toutes aussi bonnes les unes que les autres. La question fondamentale à se poser reste : quelle est la plus adéquate pour mon projet ? Il convient pour cela de regarder en premier lieu la typologie de votre projet en reprenant les typologies développées au chapitre 2.

Développement de logiciels spécifiques

Dans le cadre de développements d'applications d'entreprise spécifiques, il convient de prendre en compte plusieurs facteurs : la culture interne de l'entreprise, les contraintes d'intégration au sein du système d'information, la taille estimée du projet, la durée de vie du projet et la qualité attendue. L'état des lieux de l'organisation des développements, tel que décrit au chapitre 5, vous permet également d'enrichir le diagnostic du terrain sur lequel vous professez.

Pour des entreprises ayant une culture axée sur le développement mais n'ayant pas une grande expérience de la modélisation structurée, les apports de XP constituent un premier pas vers l'itératif, qui peut être facilement mis en œuvre pour des projets de petite taille. Dans ce cadre, UML peut être utilisé en support du codage et de la documentation, comme le proposent de nombreuses plates-formes de développement actuelles. Bien que simple, cette approche ne permet cependant ni de formaliser le travail d'analyse, ni de capitaliser sur la connaissance métier, ni d'assurer un minimum d'assurance qualité dans la fabrication du logiciel. Lorsqu'une culture méthodologique axée sur la modélisation, type MERISE, est implantée dans une entreprise, il est plus facile d'amener les équipes à y intégrer une phase de capture des besoins et d'analyse métier avant de procéder au codage. Ce cas concerne généralement les grandes entreprises, qui montrent par ailleurs de grandes réticences à adopter des cycles de développement itératifs.

Dans le cas d'applications présentant de fortes contraintes d'intégration au système d'information environnant, la phase d'analyse est indispensable. En effet, l'analyse détaillée des flux métier ne s'improvise pas et l'anticipation des adaptations à réaliser afin d'accueillir la nouvelle application est incontournable pour en planifier les travaux. Dans ce cadre également, et même si on peut imaginer des cycles itératifs d'échanges entre développeurs et maîtrise d'ouvrage, le déploiement doit être unique car la mise en œuvre des rouages d'échanges inter applicatifs reste délicate pour des raisons essentiellement fonctionnelles.

La qualité du logiciel impose de documenter toutes les phases du développement incrémental et de tracer les décisions d'analyse et de conception qui auront été prises. De même, le suivi des exigences au travers de la capture des besoins métier doit être assuré. Dans la perspective de mettre en œuvre la documentation adéquate, d'assurer le partage des pratiques et de préparer l'évolution d'une application dont le cycle de vie dépasse les trois ans, la mise en œuvre des pratiques UP, voire le déploiement de RUP, parait indiquée. Enfin, dans la perspective de réutiliser des conceptions types et des pratiques de fabrication identiques, l'investissement dans une plate-forme MDA peut être envisagée.

Le tableau suivant synthétise les différentes techniques applicables ou conseillées en fonction des critères de votre environnement.

	Petit projet avec cycle de vie < 3 ans	Contraintes d'intégration	Culture établie de modélisation	Exigence qualité
Approche centrée sur le codage (XP)	applicable	non conseillée	non conseillée	non conseillée
Gestion des exigences	applicable	applicable	applicable	**indispensable**
Approche centrée sur la modélisation (incrémental)	applicable	**indispensable**	conseillée	conseillée
Approche itérative	applicable	applicable, sauf pour le déploiement	applicable	conseillée
Approche UP complète	applicable	applicable	applicable	conseillée
Approche MDA	conseillée dans la perspective de réutilisation	applicable	conseillée	conseillée

Développement de systèmes

Dans le cadre d'un développement d'ingénierie système, et plus particulièrement pour le développement de logiciels embarqués, de nombreux retours d'expériences, du groupe THALES notamment, attestent l'utilisation d'une plate-forme MDA dans le cadre de l'application stricte et réglementée du cycle en V [THALES 04].

Rappelons les raisons qui justifient ce choix :

- Le développement de système embarqué a opté depuis longtemps pour la modélisation, conscient que le comportement du système peut être anticipé avant d'être développé.
- Le développement de système représente des cycles de vie longs car certaines applications vivent plus de 15 ans dans différentes évolutions. Il est donc très rentable d'investir dans le paramétrage d'une plate-forme dédiée à des cibles système spécifiques.
- La qualité du logiciel se révèle être une exigence critique dans le développement de système. Une fois la conception du PSM validée, l'utilisation intensive de la plate-forme garantit la production d'un code sans erreur de codage et de conception.

Maintenance applicative et déploiement de progiciels paramétrables

Dans le cadre d'une maintenance applicative, et conformément à notre point de vue exposé dans le chapitre 2, il est intéressant de mettre en œuvre un suivi des exigences à partir des cas d'utilisation. Au-delà de cette simple pratique et à moins d'envisager un refactoring complet de l'application, il paraît inutile de mettre en œuvre des pratiques qui concernent le développement logiciel dans un cadre de maintenance.

Le cadre du paramétrage de progiciels s'apparente généralement à de la maintenance vis-à-vis du processus d'évolution logicielle à mettre en œuvre. Les cas de développements spécifiques sont quant à eux pour la plupart orientés vers la production de codes et dans une optique de petits développements d'appoint. La mise en œuvre d'une approche centrée sur le codage avec, pourquoi pas, le bénéfice d'un cycle itératif est donc la seule avancée méthodologique qui puisse avoir du sens ici.

Introduction au RUP

RUP constitue à la fois un produit et un processus d'ingénierie du logiciel qui organise plusieurs pratiques qualifiées d'essentielles. Il fournit une définition extrêmement complète et précise de tous les rôles et les activités du développement logiciel. De fait, sa présentation paraît de prime abord trop lourde à assumer pour n'importe quelle organisation et, sans même explorer ses capacités, de nombreux protagonistes l'ont qualifié de surdimensionné pour le commun des projets. A fortiori, il est dommage que RUP n'ait pas su correctement présenter et argumenter ses atouts, car nous pensons qu'il en a de réels, dès qu'une organisation désire adopter un suivi d'exigences, mettre en œuvre un processus UP référencé par un outil ou bien utiliser une plate-forme MDA correctement corrélée aux travaux d'analyse métier.

Structure du RUP

Le RUP est organisé autour d'un processus itératif organisé en 4 phases et 9 disciplines qui oeuvrent tout au long du processus de développement. Contrairement à l'approche traditionnelle du développement incrémental, qui a été instituée au travers du cycle en V, les disciplines se différencient des phases, ce qui permet au RUP de piloter le processus non pas en fonction de l'achèvement de travaux intermédiaires, mais en fonction de réels objectifs pour le projet. En d'autres termes, la capture des besoins n'est plus une phase d'avancement, mais une discipline qui intervient au gré des différentes phases de pilotage. Par ailleurs, le RUP est fondamentalement itératif, de sorte que plusieurs itérations peuvent être nécessaires pour achever l'une des 4 phases : Conceptualisation, Élaboration, Construction et Transition, qui correspondent chacune à un objectif précis du pilotage de projets.

Figure 6–12
Le RUP est structuré en
4 phases de pilotage et
9 disciplines.

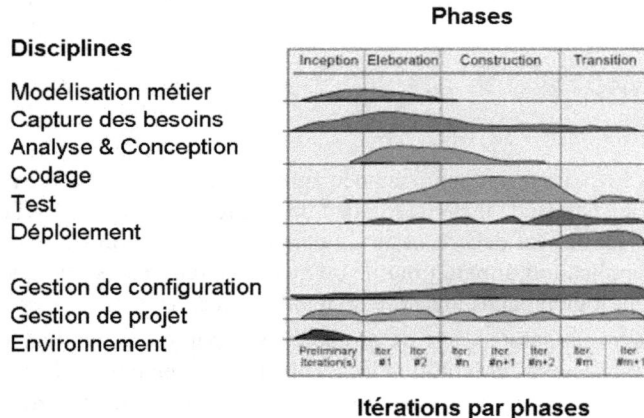

Disciplines

Modélisation métier
Capture des besoins
Analyse & Conception
Codage
Test
Déploiement

Gestion de configuration
Gestion de projet
Environnement

Itérations par phases

Les quatre phases ne sont pas identiques en termes d'efforts et de durées. En effet, la phase de conceptualisation (*inception*), qui correspond à l'essentiel du mûrissement du projet, devrait représenter environ 10 % de la durée du projet, tandis que la phase de construction, qui comprend l'essentiel du développement, devrait en représenter 50 %. Le tableau suivant donne un exemple de cette répartition pour un projet de taille moyenne.

	Conceptualisation	Élaboration	Construction	Transition
Effort	< 5 %	15 %	> 70 %	10 %
Durée	10 %	30 %	50 %	10 %

La conceptualisation

La phase de conceptualisation (*inception*) a pour objectif de définir le périmètre du projet en mettant notamment d'accord tous les intervenants qui influencent sa définition. Cette phase se termine généralement par une décision de poursuivre ou d'arrêter le projet au vu d'une évaluation de son retour sur investissement. Cette phase contient donc une bonne part de modélisation métier, de capture des besoins, de gestion de projet et de préparation d'environnement afin de :

- formaliser le périmètre du projet qui peut concerner une application complète ou l'évolution majeure d'une application existante ;
- identifier les principaux cas d'utilisation et exprimer les avantages métier que l'on en retire ;
- concevoir une architecture candidate de réalisation par étude ou par maquettage d'un des cas d'utilisation ;
- estimer le coût global, le planning complet du projet et les risques potentiels ;
- préparer l'environnement support en définissant les moyens requis pour le développement du projet.

L'élaboration

La phase d'élaboration consiste à stabiliser l'environnement du projet au travers de son architecture de réalisation et à mettre au point l'ensemble des processus de fabrication. Cette phase est critique pour l'organisation générale de la conception en regard d'une étude détaillée des besoins métier. Elle comporte donc une bonne part de capture des besoins, d'analyse et de conception afin de :

- assurer le succès final du projet sur la base d'une architecture stable et d'un planning revu en fonction de l'expérience acquise ;
- évacuer tous les risques technologiques et la majorité des risques fonctionnels ;
- produire un prototype évolutif, afin de préparer la réalisation du reste des fonctionnalités du projet ;
- mettre au point l'environnement support afin de généraliser les processus de fabrication à l'ensemble du projet.

La construction

Une fois que l'élaboration a exploré et résolu la majeure partie des risques, la construction consiste à appliquer et à généraliser les processus appris afin de compléter l'application en vue de son premier déploiement. Même si les itérations des phases précédentes ont produit des maquettes et des prototypes exécutables, seule la phase de construction produit donc une itération réellement digne d'une recette de la part de la maîtrise d'ouvrage. En conséquence, le travail de construction consiste à :

- compléter les éléments d'analyse et de conception avec la qualité requise ;
- optimiser les développements en réutilisant au mieux les composants et la plate-forme élaborés ;
- produire une version bêta qui puisse faire l'objet d'un déploiement pilote auprès d'une population particulière d'utilisateurs.

La transition

Une fois le produit livré dans sa version bêta, le reste du développement s'apparente à un travail de maintenance corrective et évolutive. D'une part les retours des utilisateurs permettent des mises au point, et d'autre part l'application est complétée par certaines fonctionnalités mineures qui n'ont pas été développées dans les phases précédentes. Cette partie concerne :

- la mise en œuvre des procédures de recette interne, l'industrialisation des livraisons et le suivi d'anomalies ;
- la reprise des données afin de basculer, le cas échéant, des anciennes applications vers le nouveau système ;
- l'accompagnement et la formation des utilisateurs, ainsi que la finalisation des supports d'aide ;
- la finalisation du processus par les retours de satisfaction et l'établissement de son bilan.

L'organisation en disciplines

Une discipline regroupe l'ensemble des rôles, activités et processus concernant une zone de compétences particulières sur un projet. Exemples de disciplines : capture des besoins, analyse/conception, gestion de projet.

Figure 6–13
Exemple de processus RUP (1er niveau de détail) : il n'est pas utile de conserver toutes les activités proposées

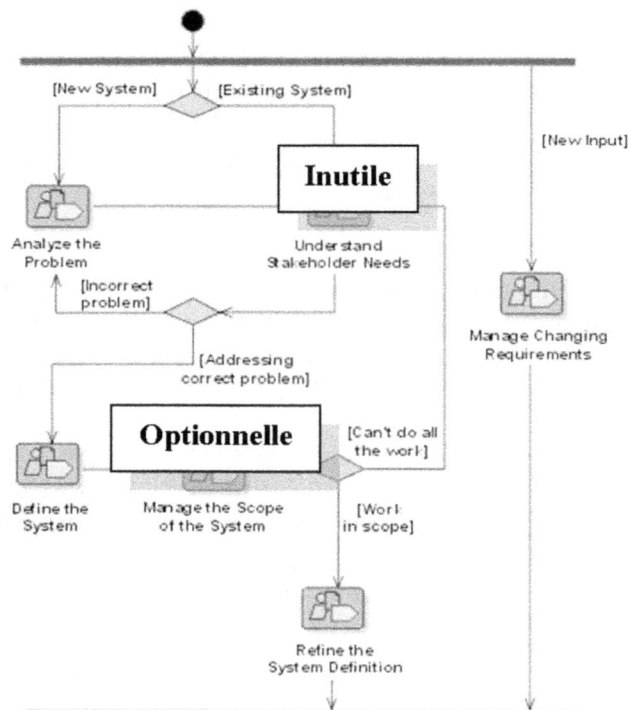

Processus de la discipline Capture des Besoins

Chaque processus exprime à deux niveaux de détail les rôles et les activités intervenant dans la discipline. RUP recense ainsi plusieurs dizaines de rôles et plus d'une centaine d'activités et d'artéfacts. Cette inflation de détails donne certes un aspect volumineux de l'ensemble des activités à réaliser et des éléments à produire, mais il convient à chaque entreprise de l'adapter afin de n'en retenir que l'essentiel pour ses projets. On peut simplement marquer les activités et les artéfacts à produire comme inutiles, si l'on juge qu'ils sont superficiels pour les besoins du projet, ou optionnels afin de laisser le choix final au chef de projet.

Figure 6–14
Exemple
d'activités RUP
(2ème niveau de détails)
mettant en relation rôles
et artéfacts

Activités de Analyse du Problème

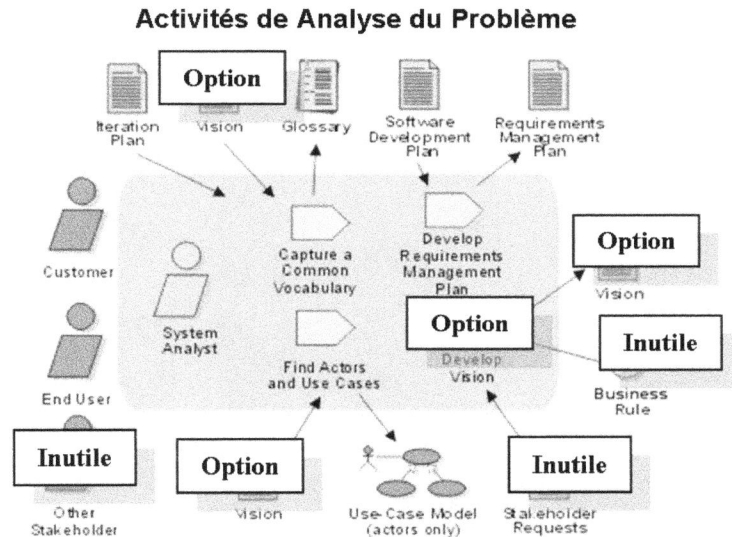

À un deuxième niveau de détail, chacune des activités est décomposée en sous-activités. Ce niveau explicite les rôles des intervenants, ainsi que les artéfacts consommés et produits. RUP fournit également des modèles de documents, que l'on peut facilement adapter pour chacun des artéfacts produits. On y trouve enfin les guides d'utilisation des outils de la suite IBM-Rational, en relation avec les disciplines et les activités pour lesquelles ils sont utilisés.

L'outil RUP

En termes d'outil, RUP se présente comme un site HTML (dont le contenu est sur votre disque local) accompagné d'un arbre de navigation qui permet de rechercher et de se déplacer dans l'ensemble du contenu informatif. La structure du RUP étant matricielle, vous pouvez parcourir l'information par phases, par disciplines ou par rôles. RUP se présente ainsi sous la forme d'un guide méthodologique précis et efficace que peuvent partager tous les membres d'une équipe projet.

Afin d'en permettre l'adaptation, RUP propose deux outils complémentaires, le RUP Builder et le RUP Process Workbench. Ces outils servent à construire un guide méthodologique spécifique issu du RUP, ce qui est à notre avis indispensable aux entreprises désirant disposer d'un référentiel méthodologique partagé. On regrette simplement que cette aide ne soit disponible qu'en anglais, ce qui constitue un frein indéniable à sa diffusion dans nombre d'institutions françaises.

Figure 6–15
L'outil RUP se présente sous la forme d'un site HTML avec un arbre de navigation dans le contenu informatif.

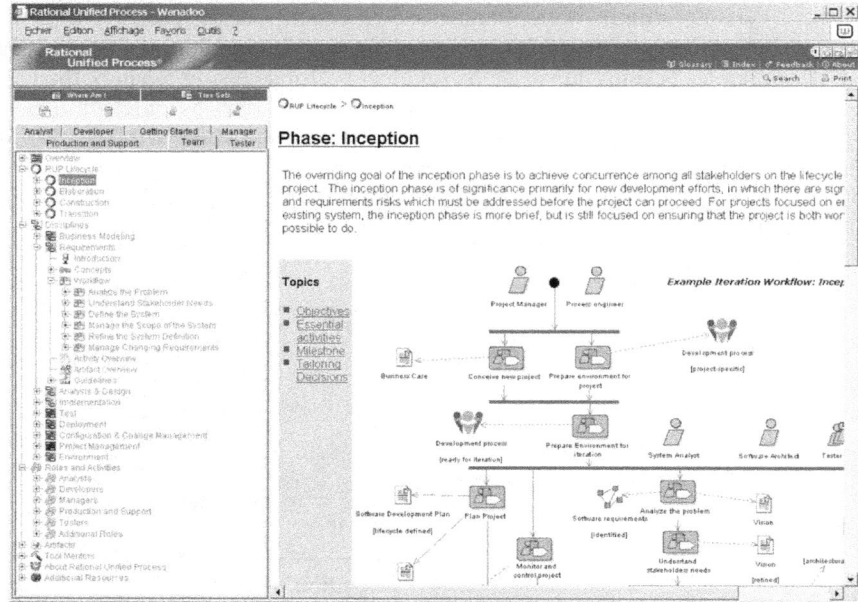

Présentation de la suite IBM-Rational

Le packaging commercial de RUP le rend aujourd'hui indissociable des outils de la suite IBM-Rational. Il s'agit en effet d'une unique et réelle innovation, qui fait date dans l'histoire de l'ingénierie logicielle, que de proposer un ensemble d'outils fédérés autour d'un processus complet de développement logiciel. De fait, la suite d'outils constitue un ensemble cohérent qui permet à une entreprise d'instituer des pratiques standards et partagées, tout en améliorant la qualité et la productivité de ses développements. Les tableaux ci-après récapitulent le rôle de chacun des outils en rapport avec les disciplines du RUP.

Outils disponibles pour la définition des projets

Outils	Modélisation métier	Capture des besoins	Analyse / Conception	Codage
Requisite pro (exigences et règles métier)		Gestion des exigences	Traçabilité des exigences	
Rose (modélisation UML)	Modélisation des processus métier	Modélisation des exigences (cas d'utilisation)	Modélisation orientée objet	Génération de code

Outils	Modélisation métier	Capture des besoins	Analyse / Conception	Codage
XDE Developper (UML pour le codage)			Rétro conception	Développement assisté avec UML
Soda (Documentation)	Génération automatique des documents textes			

Outils utilisables pour l'assurance qualité

Outils	Capture des besoins	Analyse / Conception	Codage	Test
Requisite pro	Gestion des exigences	Traçabilité des exigences		Traçabilité des exigences
Clear Quest	Processus de validation des artéfacts		Suivi des anomalies	
ProjectConsole	Qualimétries			
PurifyPlus			Réalisation de tests unitaires	Tests de performance
QualityArchitect		Génération de tests d'intégration		
Robot				Automatisation des tests
TestFactory				Génération et optimisation des scripts de test

Outils utilisables pour la gestion de projet

Outils	Autres disciplines	Déploiement	Gestion de configuration	Gestion de projet
Administrator	Intégration entre outils		Centralisation des artéfacts d'un même projet	
ClearCase		Gestion de configuration		
TestManager	Pilotage et suivi des tests réalisés			
RUP	Guide méthodologique complet			
RUP Builder et Process Workbench				Paramétrage du RUP

RUP convient-il à mon projet ?

En première analyse, RUP constitue le guide méthodologique précis et complet, que beaucoup de grosses entreprises maintiennent et réalisent en beaucoup plus d'efforts. En seconde analyse, nous pensons que RUP devrait être exploité suivant trois niveaux d'implication progressifs.

Au premier niveau, il s'agit d'appliquer les idées sans le guide et en restant libre dans le choix des outils. On peut dans ce cadre se limiter à l'achat d'ouvrages fondateurs de type [Jacobson 99], afin de disposer de conseils généraux de mise en œuvre. Cette démarche peut parfaitement bien convenir à un petit projet indépendant de toute organisation dont l'interprétation et l'application du RUP seront soumises au seul libre-arbitre de l'équipe de développement. Une telle approche s'apparente donc à de l'expérimentation des meilleures pratiques, sans garantie d'apporter une aide factuelle à la qualité et à la productivité du développement.

Au second niveau, l'acquisition du guide RUP, en restant libre sur le choix des outils, fournit un cadre formel au développement, ainsi qu'un référentiel qui peut être partagé au sein d'une organisation. Qu'importe la taille du projet, ce partage est important à partir du moment où le projet dépend d'une organisation dans laquelle des intervenants prennent part à plusieurs projets et désirent retrouver des points de repère identiques concernant la situation et les objectifs poursuivis par le projet, les techniques et les méthodes d'expression des besoins, les tableaux de bord d'avancement et de qualimétrie, la pérennisation des artéfacts produits et les approches de gestion des risques. Afin de simplifier le contenu du RUP, un méta-guide peut être rédigé afin de recenser les rôles, les activités et les artéfacts qui sont optionnels ou inutiles. De plus, l'outil RUP permet de paramétrer des vues spécifiques sur le processus en travaillant sur les onglets de l'arbre de navigation, ainsi qu'en modifiant les modèles de document inclus dans le produit.

Au troisième niveau, l'acquisition de tout ou partie de la suite IBM-Rational permet d'instituer une méthodologie d'entreprise en bénéficiant de l'assistance de l'éditeur. Dans cette optique, le paramétrage du RUP à l'aide des outils Builder et Process Workbench nous paraît indiqué afin de produire les guides méthodologiques les plus adaptés au contexte de l'entreprise. Il est en effet nécessaire de raccrocher la méthode de développement logiciel aux cadres plus généraux de la qualité, de l'architecture et de l'industrialisation. Le troisième niveau n'a donc un intérêt que pour des entreprises disposant déjà d'une cellule méthodes et qualité.

Panorama des outils UML

Les quelques pages d'introduction au RUP nous permettent de faire la transition entre méthodologie et outils. L'outillage est d'expérience indispensable pour réussir à introduire un changement collectif au sein d'une entreprise, qui doit nécessairement partager son vocabulaire et ses pratiques afin de mieux communiquer et d'atteindre la meilleure efficience de son système d'information. Au-delà de la suite IBM-Rational, qui présente un cadre général à tous les aspects du développement logiciel, nous revenons ici aux domaines de la modélisation avec UML qui concernent les activités de capture des besoins, d'analyse, de conception et de codage assisté.

Le marché des outils UML n'a pas encore atteint sa pleine maturité, puisqu'on y dénombre encore une centaine d'outils de philosophies et de qualités différentes. La connaissance de ce marché nous permet cependant d'y organiser trois catégories de positionnement :

- Les outils polyvalents qui, issus de la première génération d'outils UML, servent de support à l'analyse, à la conception, à la documentation et embarquent pour certains des générateurs de code.
- Les outils d'assistance au codage qui se présentent tantôt comme des outils indépendants, tantôt comme des composants additionnels à des plates-formes de développement. Ces outils mettent en œuvre le *round-trip engineering* qui vous a été présenté au chapitre 4 avec les techniques de conception.
- Les outils qui s'apparentent au MDA.

Panorama des outils polyvalents

Les outils polyvalents proviennent de la première génération d'outils, certains étant issus de méthodes orientées objet antérieures à la diffusion d'UML. IBM-Rational Rose a été par exemple dans ses premières versions le support de la méthode Booch. L'approche de ces outils, que nous qualifions de polyvalente, a perduré jusqu'au début des années 2000, leur intention étant de couvrir toutes les activités de modélisation, depuis la capture des besoins jusqu'au codage. En conséquence, ces outils comportent à la fois un espace de construction des schémas UML et un dictionnaire permettant de gérer la définition des concepts apportés au modèle : classes, cas d'utilisation, états, opérations, attributs, etc.

Les caractéristiques servant à qualifier ce type d'outils sont énumérées ci-après. En d'autres termes, il s'agit de savoir si l'outil a les aptitudes pour être un support d'échanges et de communication au sein d'un projet, si les travaux qu'ils couvrent sont pérennes et s'il participe à la productivité du développement.

- Critères de support d'échanges et de communication :
  - L'outil peut-il être utilisé en multi-utilisateurs ?
  - L'outil propose-t-il une méthode formelle de développement avec UML ?
  - L'outil dispose-t-il d'un générateur de documentation ?
  - L'outil aide-t-il à la qualimétrie et à la production de rapports d'avancement ?
- Pérennité des résultats obtenus :
  - L'outil est-il compatible XMI ?
  - L'outil couvre-t-il correctement tous les diagrammes et toutes les notations des différentes versions d'UML : 1.1, 1.3, 1.4 et 2.0 ?
  - L'outil propose-t-il ou s'intègre-t-il à une gestion de configuration ?
- Productivité du développement :
  - L'outil offre-t-il un support, une ergonomie et un manuel d'aide suffisants ?
  - L'outil dispose-t-il de générateurs de code ?
  - L'outil offre-t-il des capacités de rétro-ingénierie (produire des modèles à partir du code) ?
  - L'outil offre-t-il des capacités d'ouverture et de paramétrage ?

– L'outil offre-t-il la possibilité de réaliser le *round-trip engineering* (alterner rapidement des phases de génération de code et de rétro-ingénierie afin de garantir la cohérence du modèle et du code) ?

Il serait fastidieux d'énumérer tous les outils appartenant à cette catégorie et impossible de les évaluer tous, car ils sont extrêmement nombreux et de qualité très variable. [TOOLS] recense une collection impressionnante d'outils qui servent de support à la modélisation avec UML. Le marché en France reste pour l'essentiel divisé entre quelques leaders, généralement établis depuis plus de 5 ans dans les entreprises :

• IBM-Rational Rose ;
• Borland Together Control Center ;
• Mega suite, souvent déployé dans les administrations ;
• Softeam Objecteering, dont le parc installé est également important en France.

Nous trouvons plus occasionnellement :

• Embarcadero Describe ;
• Gentleware Poseidon for UML, dont la version de base est gratuite ;
• Popkin Support Architect ;
• Tigris ArgoUML, qui est un produit Open Source ;
• Visual Paradigm for UML.

Ne cachons pas que nous sommes modérément satisfaits par l'offre dans ce domaine et que, de par nos observations, les outils ont du mal à embrasser toute la polyvalence qu'ils promettent. En effet, quand bien même il s'agit a priori d'une même notation, le travail et les concepts UML utilisés en analyse, en conception et en assistance au codage, diffèrent sensiblement. Par ailleurs, la complexité du standard UML, tel qu'il est exposé aujourd'hui, ne facilite pas son adoption par les éditeurs. Par exemple, la notation UML 2.0 n'est encore que très rarement proposée et la notion de profils est quasiment absente. Cela se traduit généralement par les deux typologies suivantes d'utilisation en entreprise.

Dans le premier cas, l'outil UML embarque avec lui une méthode formelle de développement de l'analyse au codage. Il s'agit par exemple de l'approche de Softeam Objecteering, qui a été longtemps influencée par sa méthode Classe-Relation. Dans, cette orientation, soit le projet adopte d'emblée la méthode et l'outil, soit l'outil n'est pas suffisamment adaptable aux besoins effectifs des projets. L'efficience optimale de la démarche n'est donc pas atteinte. Dans le pire des cas, la plate-forme est réduite à la fabrication de schémas UML, dans la perspective de les insérer et de les retoucher avec un éditeur de texte dans les documents d'analyse et de conception (ne cachons pas que c'est la technique qui a été suivie pour élaborer les nombreux exemples de cet ouvrage, faute d'outil proposant complètement la notation 2.0).

Dans le second cas, l'outil UML n'apporte aucune méthode formelle et offre des mécanismes d'ouverture suffisants – paramétrages, API d'accès aux contenus définis, etc. – pour l'adapter à tout type de contextes. Dans cet ordre d'idée, soulignons l'existence du standard JMI (*Java Model Interface*), qui définit une interface standard d'exploitation des modèles

UML. À titre d'exemple, le produit IBM-Rational Rose se présente lui sous la forme d'une plate-forme paramétrable par le biais d'un langage BASIC intégré et dont les contenus sont accessibles (pour la version MS-Windows uniquement) via OLE-Automation. L'efficience optimale implique donc un nécessaire travail d'adaptation de l'outil que peu de projets ont finalement réalisé. Par ailleurs, le paramétrage de la plate-forme devient un projet dans le projet qui, à terme, peut en complexifier la maintenance.

Figure 6–16
Le produit IBM-Rational Rose est constitué d'une plate-forme UML assortie de modules de génération de code, de documentation, de rapports et de rétro-ingénierie. L'utilisateur peut, sur la même architecture, ajouter ses propres modules.

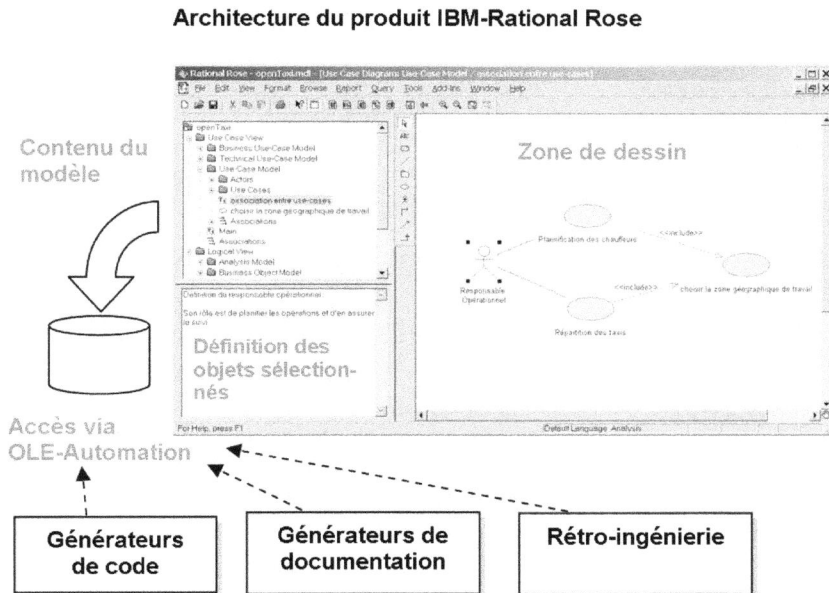

Architecture du produit IBM-Rational Rose

Une troisième voie a été ouverte plus récemment par l'approche du produit de Borland Together. En effet, plutôt que de rechercher à tout prix la polyvalence, l'éditeur a préféré favoriser ostensiblement les phases de conception en proposant un réel mécanisme de *round-trip engineering*. Le modèle est ainsi parallèlement autant représenté par les diagrammes UML que par les structures du code qu'il génère immédiatement et qu'il synchronise ainsi automatiquement avec le modèle. En conséquence, l'outil ne hiérarchise pas la conception vis-à-vis du codage et traite réciproquement les modifications faites au travers du modèle ou au travers du code.

Panorama des outils d'assistance au codage

La plate-forme de Borland Together a gagné un certain succès et a pu, de par son architecture originale, se faire une place rapide dans le marché des outils UML. Au travers de ce constat, les éditeurs ont donc compris, au début des années 2000, que l'ingénierie du logiciel concerne autant le codage que l'analyse du métier des entreprises. L'effort d'innovation s'est

Figure 6–17
Le produit Borland
Together est constitué
d'une plate-forme UML
directement
synchronisée sur du
code. Un module
d'application des design
patterns permet de
diffuser les bonnes
pratiques de conception
orientée objet.

Architecture du produit Borland Together

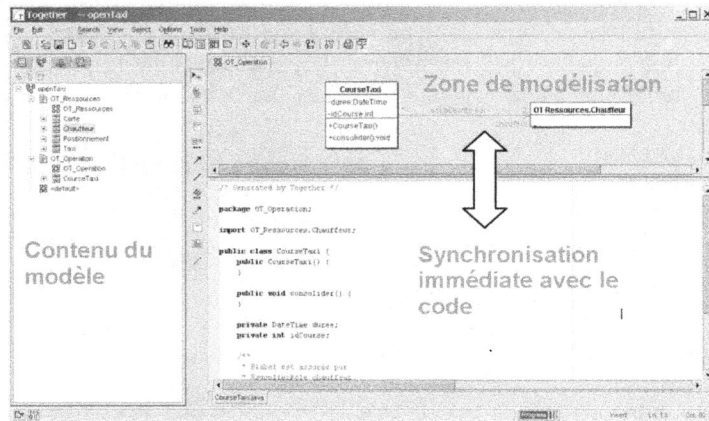

donc rapidement recentré sur le développement d'outils UML intégrés aux IDE (*Integrated Developer Environment*) afin de se rapprocher des développeurs.

Ce type d'outils, que nous qualifions d'assistance au codage, offre la possibilité aux développeurs de visualiser immédiatement la structure du code par la synchronisation entre le code développé et l'édition de diagrammes de classe UML. Les caractéristiques de tels outils ne concernent plus vraiment la couverture complète de la notation, mais plutôt la productivité des phases de conception et de codage. Les critères ci-après permettent de les qualifier :

- L'outil synchronise-t-il diagrammes et code ou se contente-t-il simplement de produire de l'UML à partir du code ?
- L'outil dispose-t-il d'un générateur de documentation du code et de la conception ?
- L'outil s'intègre-t-il correctement à l'IDE, apporte-t-il des services complémentaires et non concurrents à l'IDE ?
- L'outil offre-t-il une assistance, une ergonomie et un manuel d'aide suffisants ?
- L'outil dispose-t-il de générateur de code d'aide pour la mise en œuvre de *design patterns*, de services web, de composants, de tests unitaires, autres ?
- L'outil aide-t-il à la productivité des tests ?
- L'outil couvre-t-il tous les langages dont on a besoin dans le projet ?

Ce marché encore récent est partagé par les éditeurs qui ont choisi d'investir dans cette voie ; on y retrouve notamment :

- IBM Rational XDE, qui propose une version Java pour l'IDE WSAD (Websphere Server Application Developer) et une version .NET pour Visual Studio ;
- Borland Together, qui décline sa plate-forme sous la forme d'un *add-on* pour les IDE Visual Studio et Eclipse ;

- Oracle JDeveloper 10g, qui a ajouté récemment à son IDE des capacités d'analyse et de conception UML ;
- Omondo UML, qui propose un *plug-in* Open Source pour Eclipse.

Notons enfin que Microsoft étudie l'intégration de ses propres fonctionnalités UML, à base de composants Visio, pour son prochain IDE Visual Studio 8.

Panorama des outils MDA

Le standard MDA se construit autour d'une architecture qui doit permettre la mise en œuvre de deux standards principaux de l'OMG : MOF pour les données du modèle et XMI pour l'échange entre outils. Notez également JMI, qui standardise une API Java d'accès à un référentiel MOF, de la même façon que JDBC (*Java DataBase Connectivity*) a standardisé une interface d'accès aux bases de données relationnelles. Un des critères d'évaluation d'une plate-forme MDA concerne justement le respect de son architecture, qui doit être centrée autour d'un méta-modèle et qui doit respecter les étapes d'élaboration du PIM et du PSM. Cet aspect garantit la pérennité des développements réalisés sur la plate-forme. Il est par ailleurs intéressant de considérer les cibles disponibles des PSM qui, lorsqu'elles existent, se limitent aujourd'hui aux architectures J2EE et .NET. Il nous paraît indispensable à terme, que les plates-formes dussent proposer des extensions vers d'autres architectures (pourquoi pas des frameworks PHP5 ou ADA pour l'ingénierie système). Enfin, la plate-forme idéale doit permettre le paramétrage de ses transformations PIM vers PSM et PSM vers le code. Ce dernier peut être également l'occasion d'introduire un langage particulier afin d'adapter les mécanismes livrés par l'outil MDA.

L'analyse du marché actuel montre que la frontière n'est pas toujours très claire entre les outils se réclamant de l'approche MDA et les outils des deux autres catégories. En effet, certains se réclamant du MDA se contentent de générer des squelettes de code, exactement comme un générateur de code traditionnel, ou ne respectent pas les étapes du PIM et du PSM. De notre point de vue, les corps des méthodes doivent être décrits, a minima par des insertions de code dans des zones réservées, ou par l'usage de diagrammes d'activité au niveau des PSM, ou par un langage d'actions complémentaire à UML. Au final, la combinaison du modèle et des actions ainsi décrites doit rendre le modèle exécutable au moins pour en tester la validité avant le passage aux étapes de génération sur la plate-forme cible.

En conséquence, même si le marché émergeant des solutions MDA commence à apporter des solutions viables, elles s'apparentent encore pour la plupart à une évolution des outils UML polyvalents de première génération.

Voici les critères spécifiques qui vous permettront de les évaluer :

- Critères de support d'échanges et de communication :
  - L'outil peut-il être utilisé en multi-utilisateurs ?
  - L'outil embarque-t-il une syntaxe claire (et un vérificateur syntaxique associé) vis-à-vis des informations attendues au niveau du PIM et des PSM ?
  - L'outil dispose-t-il d'un générateur de documentation ?

Figure 6–18
Le produit Compuware
OptimalJ est un
exemple assez abouti
d'outil MDA dédié aux
diverses configurations
possibles de
l'architecture J2EE.
L'outil propose
notamment différentes
solutions d'intégration :
services web, CORBA,
legacy, JCA.

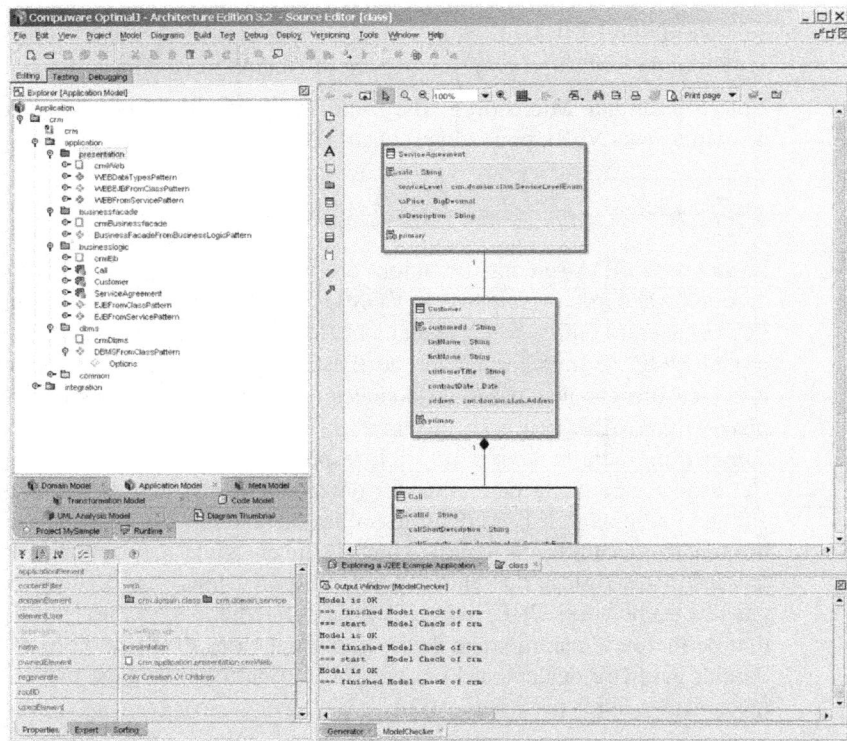

– L'outil aide-t-il à la qualimétrie et à la production de rapports d'avancement ?
- Pérennité des résultats obtenus :
    – L'outil est-il compatible XMI et/ou permet-il l'échange avec des formats propriétaires ?
    – Le méta-modèle est-il compatible MOF et dispose-t-on des API permettant le développement d'outils complémentaires ?
    – Les PSM proposent-ils plusieurs plates-formes cibles ?
    – L'outil permet-il le paramétrage d'un PSM ad hoc ?
    – L'outil propose-t-il ou s'intègre-t-il avec une gestion de configuration ?
- Productivité du développement :
    – L'outil offre-t-il une assistance, une ergonomie et un manuel d'aide suffisants ?
    – L'outil propose-t-il un langage d'actions et permet-il l'exécution du modèle ?
    – L'outil embarque-t-il un débogueur pour la mise au point lors de l'exécution du modèle ?

Le marché des solutions MDA propose un panorama d'outils extrêmement variés, signe d'un marché en pleine émergence. Il est intéressant de remarquer que Compuware, qui jusqu'à la

Figure 6–19

L'architecture d'une plate-forme MDA devrait apporter tous les outils permettant de travailler sur ses modèles et ses transformations, notamment des langages d'actions et de paramétrage.

Architecture type d'une plate-forme MDA

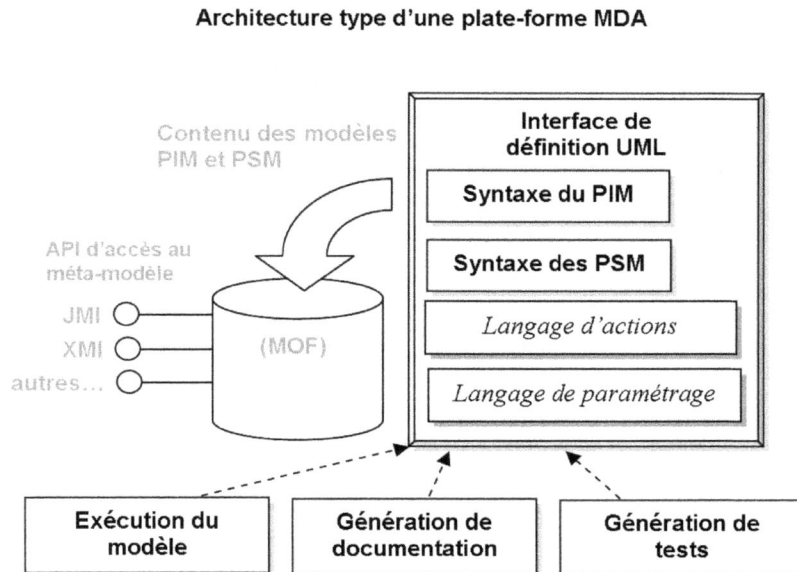

fin des années 2000 a axé sa stratégie autour d'un outil Client-Serveur propriétaire, construit aujourd'hui son avenir sur un outil MDA. On constate par ailleurs qu'aucun des gros acteurs du marché du logiciel n'a encore annoncé de positionnement MDA pour l'année 2005. Est-ce par incrédulité vis-à-vis du modèle de l'OMG ou par méfiance envers une industrie qui n'a pas encore la maturité pour adopter l'approche MDA ?

La diversité des éditeurs se traduit également par la diversité des architectures des produits MDA proposés sur le marché. Nous avons établi ci-après une liste de solutions qui ne peut être exhaustive, du fait même de la mouvance du marché actuel. Nous avons donc retenu les éditeurs les plus visibles du marché, soit pour leur activité auprès de l'OMG, soit pour leur qualité d'innovation. Nous trouvons dans une première catégorie les outils proposant des PSM dédiés aux architectures n-tiers, et dans une seconde catégorie les outils plus versatiles.

Parmi les outils dédiés aux architectures n-tiers :

- Compuware OptimalJ, qui comme son nom l'indique est entièrement dédié aux applications Java/J2EE, fonctionne avec l'IDE NetBeans de Sun. Le produit respecte les standards MOF, XMI, CWM et a été le promoteur de JMI. OptimalJ embarque enfin un langage TPL, qui permet de paramétrer les fonctionnalités de l'application en accédant aux données du modèle. Le produit permet de générer plusieurs configurations J2EE possibles et d'intégrer des services CORBA, JCA, legacy et services web. L'éditeur annonce aujourd'hui une évolution de son produit vers SAP ainsi que l'intégration d'une logique de BPM (*Business Process Management*).

- Arcstyler est un produit qui dispose déjà d'un nombre impressionnant de références. Le produit est dédié aux standards J2EE, .NET ainsi qu'à l'intégration des systèmes existants. L'architecture du produit intègre la possibilité d'extension vers d'autres plates-formes par l'intermédiaire d'un mécanisme de cartouches (*cartridge*) paramétrables en grande partie avec UML. Le produit respecte les standards MOF, JMI et XMI. Il apporte également une capacité de paramétrage syntaxique en embarquant le concept de profil UML.

- Codagen Architect offre une architecture prête à l'emploi pour J2EE et .NET. Le produit est paramétrable à l'aide d'une syntaxe XML. Notez que l'outil n'intègre pas d'outil de modélisation UML, mais qu'il s'appuie sur IBM-Rational Rose, Borland Together Control Center ou Microsoft Visio.
- AndroMDA est une initiative Open Source, compatible XMI et dédiée à la plate-forme J2EE/JBOSS.

Nous trouvons pour la deuxième catégorie :

- Kabira est un éditeur précurseur du MDA qui offre une suite d'outils dédiés à des problématiques d'infrastructure EAI (*Enterprise Application Integration*) et qui est issu du monde des télécoms. La suite d'outils s'appuie sur une plate-forme entièrement propriétaire, y compris au *run-time*, qui exécute des diagrammes d'état UML. L'outil embarque donc un langage d'actions propriétaire ainsi qu'un débogueur intégré.
- Kennedy Carter UML est une suite de deux produits dont les *références* industrielles montrent son succès dans le domaine de l'ingénierie système. Le premier des deux produits, iUML, est un outil de modélisation du PIM associé à un langage d'actions. iUML permet d'exécuter le modèle et de le mettre au point. Cet outil permet ainsi d'opérer des validations très en amont des développements, pour des contextes métier complexes tels que le temps réel. Le second produit, iCCG, réalise la transformation du PIM vers le PSM et la génération de code vers des plates-formes dédiées. Le développement et le paramétrage du générateur de code, réalisé dans le même environnement que l'application, exploite également UML.
- MIA-Transformation de MIA Software s'apparente plus à un générateur de code polyvalent qu'à une véritable plate-forme MDA. L'outil s'appuie sur un outil de modélisation UML compatible XMI et la génération est paramétrée en fonction des éléments apportés au travers d'un éditeur de règles. L'outil utilise également JavaScript pour décrire les règles de génération les plus complexes.
- I-Logix Rhapsody est une suite d'outils qui se déclinent en fonction des différents langages visés : Java, C, C++ et Ada. La société I-Logix, précurseur des solutions de génération de code par la modélisation propose une plate-forme qui exécute des diagrammes d'état avant d'en générer le code.

En résumé

La productivité du logiciel est devenue un enjeu critique pour l'entreprise, qui a pris conscience ces dernières années de l'importance de son système d'information. Dans l'optique de diminuer les coûts, de réduire les délais, d'augmenter la qualité et d'améliorer la sécurité, les méthodologies proposent en premier lieu d'adopter un processus itératif et incrémental centré sur la modélisation ainsi que d'automatiser les tâches ineptes et répétitives. La modélisation avec UML apporte alors de nombreux avantages : la spécification avec les cas d'utilisation, le suivi du mûrissement d'un projet, la modélisation de l'architecture de conception ainsi que des possibilités d'automatisation du code au travers de l'approche MDA.

Un regard sur les dernières avancées méthodologiques met en relief trois tendances : les méthodes agiles, dont XP, qui donnent une grande part de responsabilité aux développeurs mais qui ne s'inscrivent que dans le cadre de petits projets, l'approche UP qui définit un cadre général des meilleures pratiques du développement logiciel et l'approche MDA qui propose une évolution majeure des techniques du développement logiciel. En effet, MDA propose de centrer le développement sur la modélisation, apportant ainsi un degré d'abstraction supplémentaire dans l'évolution des langages et des techniques de programmation.

Le RUP est une proposition d'IBM-Rational pour définir un cadre formel et complet au développement logiciel. Son universalité rend le RUP complexe au premier abord, mais ses capacités d'adaptation lui permettent de convenir à différents cadres de développement logiciel ou d'ingénierie système. Le RUP sert également de guide à l'utilisation de la suite d'outils intégrés d'IBM-Rational qui définit ainsi une offre unique en son genre.

Quelle que soit l'approche méthodologique utilisée, UML devient donc incontournable. Le panorama des outils UML disponibles sur le marché montre également une évolution récente dans ce domaine : d'outils à caractère polyvalent, ils sont passés à des outils spécialisés dans l'aide au développement, tandis qu'une offre d'outils purement MDA émerge actuellement.

7

Changer pour UML

Après avoir envisagé les objectifs que l'on peut atteindre avec UML, puis après l'avoir replacé dans un contexte méthodologique de recherche de productivité en relation avec les différents outils disponibles sur le marché, nous allons maintenant traiter du processus de changement au sein de votre équipe. Il s'agit ici de piloter le changement dans la perspective d'améliorer l'efficacité des processus d'évolution des systèmes d'information. Quel que soit le niveau d'avancement atteint, nous pensons en effet que tout début de mise en œuvre permet de laisser des effets positivement durables sur vos équipes.

Sensibilisation

Du fait des populations différentes qui partagent un projet logiciel, et du fait de la diversité des activités qui le composent, le discours et l'approche doivent être adaptés aux différents cas rencontrés. Pour cela, la typologie des acteurs et des objectifs que nous vous avons présentée au chapitre 5 va nous permettre de caractériser les différentes approches de sensibilisation à l'ingénierie du logiciel avec la modélisation UML.

La sensibilisation est en effet de dimension humaine au même titre que tout projet informatique. Rappelons que l'activité logicielle dépend à 50 % de facteurs humains et qu'un projet est bien souvent un fragile équilibre d'une équipe faite d'individualités. Le changement ne peut donc s'opérer qu'au travers d'individus convaincus du bien fondé de leur démarche. Dans sa dimension tactique, la sensibilisation consiste ainsi à passer un moment avec chacun d'eux pour prendre en compte les objectifs qui incombent à sa fonction et élaborer la façon dont la modélisation avec UML peut l'aider. La sensibilisation, en tant que première phase d'une démarche plus globale de changement, comprend formellement différentes étapes :

- La revue des objectifs consiste à prendre en compte le rôle de la personne dans le projet au travers des objectifs de la mission qui lui est attribuée.

- La revue des moyens disponibles est une étape de découverte des outils, méthodes et savoir-faire utilisés par l'individu pour assurer ses objectifs. Elle consiste à poser différentes questions pour circonscrire la problématique d'une mission : « comment assurez-vous tel et tel objectifs ? » et « comment en contrôlez-vous l'avancement ? ».

- Les constats font suite à la revue des moyens et doivent apporter des réponses prometteuses quant à l'utilisation d'UML dans le cadre des objectifs et des moyens à mettre en œuvre. À ce stade, la personne est sensibilisée au rôle méthodologique d'UML dans le cadre de son projet. Elle sait non seulement à quoi sert la modélisation, mais aussi pourquoi sa mise en pratique va l'aider dans son travail.

- Dans la perspective d'un changement, une nouvelle méthodologie accompagnée d'un outillage approprié peut alors être envisagée.

Figure 7–1
Cet ouvrage propose une démarche de changement construite sur la sensibilisation préalable des équipes.

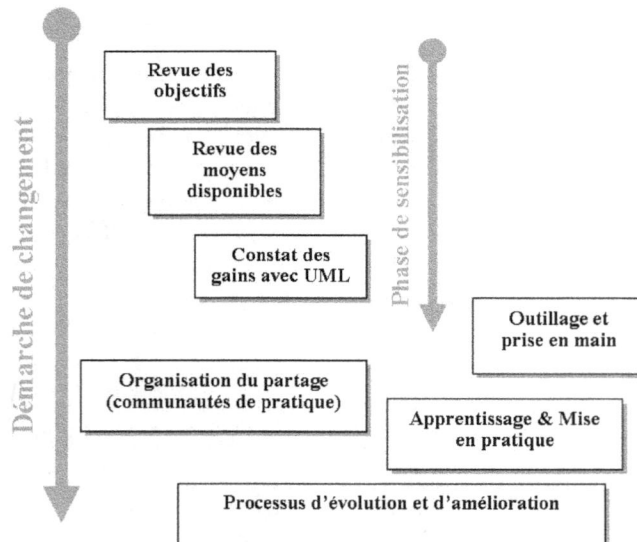

Sensibilisation à la capture des besoins avec UML

La capture des besoins concerne au premier chef l'équipe de maîtrise d'ouvrage. Même si ce travail est dans les faits souvent réalisé par la maîtrise d'œuvre, il appartient en finalité aux maîtrises d'ouvrage d'acquérir la compétence nécessaire dans la spécification du logiciel dans l'optique de devenir pleinement responsable de l'évolution de son système d'information.

De son côté, la maîtrise d'œuvre doit savoir mettre en œuvre UML dans l'optique d'une productivité optimale. Comme on l'a vu au chapitre 6, la productivité concerne les coûts, les délais, la qualité et la sécurité du projet. La maîtrise d'œuvre se doit donc d'anticiper et de documenter les développements en déployant toute la batterie des formalismes UML. À elle de savoir également tirer parti des concepts d'UML pour bâtir une architecture qui sera aussi facile à maintenir qu'à exploiter.

Le chef de projet de maîtrise d'ouvrage

Le chef de projet de maîtrise d'ouvrage est un élément clé du dispositif. Son objectif prioritaire est d'assurer les intérêts de son entreprise, soit du fait de l'implantation du logiciel dans le système d'information pour une entreprise utilisatrice, soit pour le respect d'un cahier des charges d'ordre marketing pour une société revendeur de ses solutions logicielles. Il lui importe donc que la maîtrise d'œuvre réalise précisément ce qui est demandé et il doit être capable d'anticiper avec précision les conséquences fonctionnelles du produit.

Les questions à parcourir avec lui sont :

- Actuellement est-il satisfait des spécifications qu'il produit ?
- Comment son équipe anticipe-t-elle l'impact de la nouvelle application auprès des utilisateurs ? au sein du système d'information ?
- Comment envisage-t-il de tracer les écarts entre ses spécifications et ce qui lui sera livré ?
- Comment gérera-t-il l'effet tunnel ? Accorde-t-il une confiance aveugle dans sa maîtrise d'œuvre ?

En explication, UML va lui servir essentiellement à piloter la spécification au travers des cas d'utilisation et de leur formalisation (voir chapitre 4)

L'outillage dont il dispose doit être essentiellement axé sur la formalisation des cas d'utilisation et le suivi des exigences.

L'expert métier

L'expert métier a pour priorité de transmettre sa connaissance en s'assurant qu'elle sera correctement mise en œuvre au travers du système en cours de développement. Il doit également s'assurer que les modalités applicatives apportent la meilleure valeur ajoutée possible dans le cadre de sa fonction.

La sensibilisation des experts métier consiste donc à travailler sur ses axes en passant en revue les questions suivantes :

- Comment vous assurez-vous que vos spécifications sont correctement exprimées et interprétées ?
- Dans le même ordre d'idée, comment vous assurez-vous d'une part que le cahier des charges élaboré est complet – notamment vis-à-vis des comportements d'anomalies et exceptionnels – et d'autre part que l'ensemble produit soit cohérent, à savoir sans aucune contradiction ?

En explication, UML va lui servir essentiellement à produire ou relire une expression des besoins structurée avec les cas d'utilisation ainsi qu'à revoir les formalisations qui en seront faites. Au travers de cette formalisation, une première ébauche de modélisation lui permettra de se faire une idée de l'application préparée par la maîtrise d'œuvre.

En tant qu'interlocuteur et lecteur, l'expert métier n'a pas besoin d'un outillage particulier.

L'urbaniste

L'urbaniste intervient en tant qu'expert du système d'information de l'entreprise. Son rôle est homologue à celui de l'architecte système dans les cas d'ingénierie système. Le travail de l'urbaniste est double puisqu'il concerne à la fois les processus et les objets métier. Au niveau des processus, l'urbaniste se doit de vérifier l'alignement des fonctions métier sur les processus applicatifs qui vont être exprimés : au niveau des processus métier d'une part et au niveau des cas d'utilisation, qui représentent les processus applicatifs, d'autre part. Au niveau des objets métier, il doit vérifier la cohérence des concepts en veillant à la sémantique utilisée dans chaque projet ainsi qu'en identifiant et en rapprochant les objets qui doivent être synchronisés dans le cadre d'échanges inter-applicatifs.

La sensibilisation de l'urbaniste consiste donc à le questionner sur la façon dont il gère la cartographie du système d'information. Au niveau des processus tout d'abord :

- Comment exprime-t-il les processus métier de l'entreprise ?
- Comment assure-t-il la relation entre les objectifs, les fonctions et les applications ou composants du système global ?
- Fait–il apparaître la relation entre les processus et les objets, si oui par quel formalisme ?
- Le formalisme et l'outillage employés sont-ils pratiques et assurent-ils une diffusion précise et comprise par le plus grand nombre ?
- A-t-il le sentiment que son travail de documentation est pleinement exploité par les projets ? Sinon pourquoi ?

Au niveau des objets métier ensuite :

- Comment compare-t-il la définition des objets produits au niveau de chaque application ?
- Comment en garantit-il la sémantique ?
- Comment identifie-t-il les synchronisations à réaliser et comment en détermine-t-il la fréquence ?
- Par quel biais exprime-t-il les fonctions de transformation indispensables pour transmettre un objet métier d'une application à l'autre ?

En explications, UML va lui apporter un standard universel pour formaliser sa connaissance des processus métier. Le diagramme d'activité, notamment, va lui permettre de travailler à plusieurs niveaux de détail et de réaliser le lien avec les objets métier. Pour la deuxième phase de son travail, UML lui apporte une formalisation des structures de données et de services déployés au sein du système dont il a la charge.

L'outillage dont il dispose doit donc gérer très précisément les diagrammes d'activités, en permettant la décomposition telle que la définit UML 2. Une part de rétro-ingénierie doit par ailleurs lui permettre de remonter les structures des tables des bases de données ou des fichiers de transfert pour les systèmes existants, car c'est à ce niveau que se cache la connaissance des données du système. L'outillage doit alors lui permettre de réaliser le rapprochement entre les données, et ce au niveau des attributs, afin de définir les transformations de synchronisation.

Sensibilisation à l'analyse/conception avec UML

L'analyse détaillée est au fonctionnel ce que la conception est à la technique. Elle représente en conséquence le pendant métier de l'élaboration de l'application, et tout le monde en reconnaît l'utilité. Il s'agit maintenant d'expliquer en quoi l'analyse avec UML est légitime par rapport à ce travail indispensable et en quoi l'effort conséquent qui consiste à découvrir les règles de gestion est important avant l'étape de codage. En effet, la découverte précise des règles, indépendamment de l'expression des besoins par les cas d'utilisation, permet d'anticiper et de structurer les concepts fonctionnels de l'application et de ce fait les classes et les objets du code.

Il est par ailleurs coûteux et désagréable de devoir modifier un code qui ne correspond pas exactement aux besoins de ses utilisateurs, simplement parce que le mode de pensée des informaticiens, qui est majoritairement focalisé sur la généralisation des mécanismes et sur l'optimisation du nombre de lignes de code à écrire, conçoit inévitablement un système qui supporte difficilement les exceptions et les cas tordus. Cette tendance explique en partie les coûts observés de réfaction, lorsqu'un code doit être modifié après être arrivé à la phase ultime de recette. Il s'ajoute à cela les effets presque mécaniques d'une structure de plusieurs milliers de lignes de code qui conditionnent plusieurs centaines de comportements logiques différents. La correction ou l'insertion de code représente un casse-tête potentiel qui doit pouvoir apporter les modifications attendues sans impact vis-à-vis des comportements validés précédemment. En d'autres termes, sans architecture logicielle, elle-même pilotée par une connaissance fonctionnelle précise, le projet s'expose aux risques liés à la complexité inévitable du logiciel.

Le travail d'analyse détaillée correspond certes à un effort abstrait qui ne peut être réellement vérifié ou exécuté. C'est peut être l'aspect qui déroute les ingénieurs logiciel qui ont été principalement éduqués à résoudre les problématiques par le codage et qu'UML ne résout que partiellement. Le chef de projet de maîtrise d'œuvre choisira donc avec soin l'analyste capable de mener cette tâche, en fonction de ses capacités d'abstraction, d'écoute, d'ouverture et aussi de rigueur. Dans le même ordre d'idée, le chef de projet sera également confronté à une partie de son équipe désirant commencer à coder au plus tôt. Il pourra dans ce cadre exploiter le cycle de développement en Y pour répartir les membres de son équipe en fonction de leurs velléités : une conception générique peut débuter par la conception et le codage d'un prototype, en parallèle de l'analyse détaillée.

Le chef de projet de maîtrise d'œuvre

Après la capture des besoins, la maîtrise d'œuvre intervient théoriquement sur la suite des activités pour réaliser le projet avec une productivité optimale. UML participe pleinement à cette productivité par la mise en œuvre d'une vraie démarche d'ingénierie logicielle par anticipation et en facilitant la communication entre les différents participants : informaticiens et experts métier non informaticiens. La réussite de cette démarche implique bien entendu que le chef de projet soit pleinement convaincu et lui-même promoteur de l'utilisation d'UML. Au même titre que le chef de projet de maîtrise d'ouvrage, le chef de projet de maîtrise d'œuvre occupe donc une position extrêmement importante pour réussir le changement de culture.

La sensibilisation du chef de projet consiste à passer en revue les questions suivantes :

- Comment s'assure-t-il que la maîtrise d'ouvrage a correctement exprimé son désir et que ce dernier a été précisément entendu par son équipe ?
- Comment met-il en œuvre une démarche d'anticipation fonctionnelle, de sorte que son équipe puisse jouer son rôle de conseil vis-à-vis de la maîtrise d'ouvrage en identifiant les problématiques d'intégration ou des cas métier non couverts par le futur système ?
- Comment assure-t-il enfin que la conception couvre les risques technologiques d'une part et qu'elle facilitera la maintenance logicielle d'autre part ?
- Comment son équipe peut-elle enfin mettre en place ou converger rapidement vers un processus de développement et de maintenance qui soit optimal en terme de productivité ?

En explications, UML va lui apporter un standard de communication avec la maîtrise d'ouvrage afin notamment d'approfondir le besoin au travers de la spécification. Les travaux d'analyse détaillée permettent à son équipe de reformuler le besoin et en même temps de se l'approprier. UML va apporter à son équipe les capacités d'anticiper les règles de gestion fonctionnelles et techniques afin d'organiser le développement en termes d'anticipation (souvenez-vous du rapport lié au coût de l'erreur identifiée avant développement et après), d'agencement du logiciel et de répartition précise des tâches.

L'outillage dont il dispose doit lui permettre d'obtenir des métriques sur la qualité et l'avancement des travaux d'analyse conception avec UML. Il doit pouvoir notamment suivre la couverture des exigences en rapprochant les différentes solutions décrites dans les diagrammes, des exigences de capture des besoins.

L'analyste

L'analyste est un rôle clé dans l'équipe de maîtrise d'œuvre, car sur lui repose une grande partie de la communication avec la maîtrise d'ouvrage. La démarche d'accompagnement au changement consiste en premier lieu à s'assurer que ce rôle soit bien compris et notamment sur la dimension de communication.

Les questions à aborder avec l'analyste consistent donc essentiellement à travailler d'abord sur ses rôles de communication et d'anticipation : appropriation des besoins de la maîtrise d'ouvrage, formalisation de règles, identification de cas fonctionnels complexes, élaboration des processus fonctionnels de traitement, transmission vers les développeurs.

En explication, UML va lui apporter une schématique standard pour anticiper et communiquer l'organisation statique du système ainsi que ses comportements dynamiques.

L'outillage dont il dispose lui permet de passer en revue tous les diagrammes possibles d'UML 2, car il va en exploiter la richesse pour exprimer différentes règles métier. L'outil doit assurer la cohérence des concepts introduits dans le modèle, notamment entre les concepts structuraux et comportementaux

L'architecte logiciel

À un autre niveau que l'analyste, l'architecte logiciel fait le lien entre l'analyse et la conception en se focalisant sur la structure résultante du modèle. Son rôle, qui peut être cumulé avec un rôle d'analyste ou de concepteur pour les petits et moyens projets, vise essentiellement à trouver l'architecture optimale pour le développement et la maintenance. Les questions à aborder avec lui concernent donc l'identification de composants métier et techniques en travaillant en premier lieu sur les couplages liés aux catégories d'analyse, puis en s'attachant à circonscrire des composants métier dont les dépendances seront maîtrisées.

Le rôle d'architecte logiciel est un rôle relativement nouveau dans les projets, qui n'apparaît qu'avec l'intention de mettre en œuvre une démarche orientée composant, telle que la décrit RUP (voir chapitre 6). La nouveauté du rôle implique qu'il n'y a pas de réel changement, mais qu'il nécessite plus particulièrement un accompagnement pour sa mise en place en termes de définition et de reconnaissance. Ce travail doit être concentré sur la définition des composants et de leurs bénéfices sur la structure du projet : cohérence des concepts (pour les projets sur lesquels interviennent plusieurs analystes), définition d'objets métier, limitation des impacts et réduction des risques de régression en cas de modification sur le système.

UML est l'outil de prédilection de l'architecte logiciel, qui s'appuie essentiellement sur les diagrammes structuraux pour ausculter les couplages existants entre les concepts.

L'outillage doit lui permettre de détecter les couplages entre packages et de les arranger facilement en réorganisant le modèle. À ce sujet, aucun outil UML ne propose aujourd'hui une véritable aide à l'architecte logiciel. Il pourrait élaborer automatiquement des façades à partir d'un package et de ses couplages identifiés et/ou assurer la translation automatique entre diagrammes de packages et diagrammes de composants.

Les concepteurs

Les concepteurs mettent en pratique une simple démarche d'anticipation suivant le vieil adage « réfléchir avant d'agir » que l'on peut aussi embellir sous la terminologie d'ingénierie du logiciel. À l'image du cycle en Y présenté dans cet ouvrage, le concepteur a un rôle analogue à celui d'analyste, sauf que la dimension communicante est de moindre importance puisqu'il s'agit de travailler sur les exigences techniques, qui sont généralement moins importantes aux yeux des maîtrises d'ouvrage que les aspects fonctionnels. Il y a cependant une forte interaction entre la conception et le codage, de sorte qu'il est souvent requis de cumuler les rôles de concepteur et de développeur.

Force est de constater alors que, si la culture du codage est généralement bien pratiquée dans les écoles, il n'en va pas de même pour la conception, qui est plus présentée comme une formalité que comme une réelle activité d'ingénierie. Nous pensons en effet que si l'informatique présente encore de nombreux aspects artisanaux, c'est en grande partie dû à ce type d'approche qui omet toute réflexion d'ingénierie, à savoir toute anticipation par la modélisation. Les questions concernant les concepteurs visent ainsi à une revue des exigences techniques en regardant comment elles vont pouvoir être honorées et comment on s'assurera qu'elles le sont.

En explication, UML est l'outil de prédilection des concepteurs, qui leur offre un support d'anticipation par la modélisation. Au travers des modèles, les concepteurs peuvent ainsi définir des mécanismes génériques en réponse aux exigences techniques et concevoir spécifiquement chacun des processus applicatifs en respect des contraintes non fonctionnelles qui pèsent sur lui.

À moins que l'on opte pour une orientation MDA, l'outillage peut être choisi dans la gamme des outils d'aide au codage, dans la mesure où les choix réalisés par la modélisation peuvent directement être mis en œuvre sous la forme de code, exécutés et testés. En effet, la technique de *round-trip engineering* qui a été présentée au chapitre 4 représente de notre point de vue l'environnement le plus abouti pour favoriser et réaliser une conception de qualité.

Pilotage du changement

Une fois passée la phase de sensibilisation, le changement peut s'opérer auprès d'une population prête à apprendre de nouvelles techniques et à essayer de les mettre en œuvre au sein de leur projet.

Les objectifs du changement

Nous conseillons le pilotage du changement par la mise en œuvre d'objectifs itératifs. Les niveaux possibles, étudiés au chapitre 5, représentent les paliers d'objectifs auxquels nous pensons. Par ailleurs, la séparation de traitement entre maîtrise d'ouvrage et maîtrise d'œuvre reflète bien les usages différents d'une modélisation avec UML, au service de finalités qui sont également différentes. Pour rappel :

• La maîtrise d'ouvrage en charge de capture des besoins et de spécification se situera entre :

– niveau 1 : définir des principes directeurs (acteurs, contexte, objets métier, systèmes et sous-systèmes) ;

– niveau 2 : structurer la spécification par processus et objets (travailler sur les processus, la structure et les comportements orientés objet du système) ;

- – niveau 3 : anticiper le processus de déploiement et favoriser l'approche orientée utilisateurs (développer des cas d'utilisation complets et les corréler aux plans de test).
- La maîtrise d'œuvre peut indifféremment mettre la priorité sur les aspects fonctionnels (analyse) ou techniques (conception). En ce qui concerne l'analyse, elle situera ses objectifs entre :
  - – niveau 1 : définir des principes directeurs et améliorer la documentation (introduire la structure en catégories et le détail des processus en limitant l'usage d'UML à des diagrammes de classe et de séquence) ;
  - – niveau 2 : structurer l'analyse en procédant à une analyse orientée objet détaillée (approfondir les diagrammes d'UML en exploitant toute la richesse d'expression du langage) ;
  - – niveau 3 : anticiper le comportement fonctionnel et découvrir les règles de gestion (formalisation des règles de gestion, maîtrise des dépendances et anticipation des impacts).
- Pour la conception, l'étagement des objectifs concerne :
  - – niveau 1 : définir des principes directeurs et améliorer la documentation (en se focalisant sur la structure des données et des services) ;
  - – niveau 2 : structurer la conception orientée objet (par l'architecture logicielle en abordant l'articulation et la traçabilité entre classe / interface / sous-système, composant, artéfact et déploiement).
  - – niveau 3 : anticiper les caractéristiques techniques (en introduisant une conception générique et en se préparant au MDA).

Les moyens du changement

Les équipes sont démunies si elles ne sont pas accompagnées par quelques experts de l'analyse/conception orientée objet qui soient rompus à l'usage d'UML. Cet accompagnement est primordial pour la phase de sensibilisation, ainsi que pour initier les projets dans leurs premiers travaux de modélisation avec UML. On veillera d'une part à prendre des consultants expérimentés et d'autre part à s'appuyer sur leur technicité pour respecter les objectifs d'évolution. En effet, le désir d'aller trop vite ou de vouloir trop bien faire de certains intervenants peut déstabiliser et dérouter vos équipes en phase d'apprentissage. Au-delà de cette phase d'initiation, l'organisation en communautés de pratique et d'échanges permet d'instituer les bonnes pratiques au sein de l'organisation et plus généralement au sein de la communauté informatique. Différentes communautés Internet sont généralement animées par les éditeurs des outils UML les plus vendus. Elles constituent un excellent moyen d'échange et de partage pour le plus grand bénéfice des projets.

Le recours à un outil devient primordial dès lors qu'UML sert de vecteur de communication et que plusieurs personnes du projet partagent un même modèle. En effet, un outil de dessin, voire un outil dédié aux schémas tel que MS–Visio, ne suffit pas à structurer un modèle pour les raisons suivantes :

- Il n'y a pas de limite claire dans les notations utilisées, de sorte que chaque intervenant peut dévoyer à souhait la schématique pour en faire une sorte de dialecte personnel et perdre de ce fait les bénéfices de la précision de communication et du partage.
- Les concepts introduits dans les schémas ne sont pas structurés et référencés dans un dictionnaire, de sorte qu'il devient difficile d'assurer la cohérence du modèle. Par exemple, le changement d'un nom de classe doit être automatiquement propagé à tous les diagrammes (classe, interaction, état, activité, composant) qui la font apparaître dans des contextes variés. L'assemblage de schémas décorrélés impose une vérification systématique, lourde et coûteuse à chaque changement, tandis qu'un outil est capable de garantir automatiquement la cohérence.

Figure 7–2
Le choix de l'outil UML le plus approprié s'étage simplement en fonction d'un barycentre des besoins d'un projet.

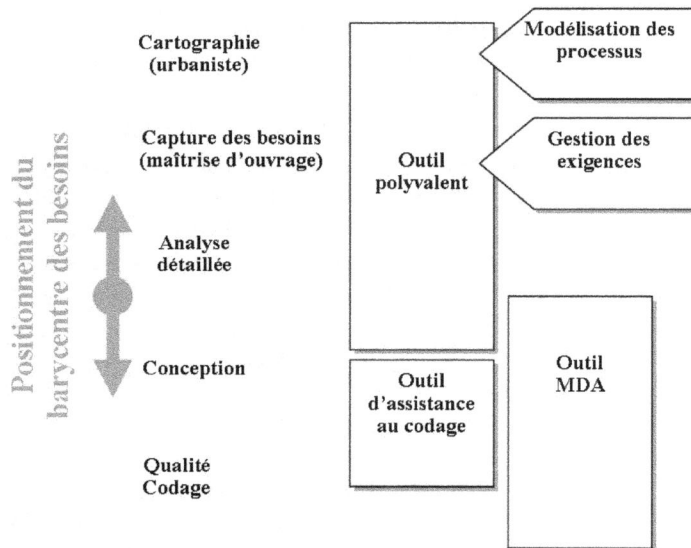

Pour ces deux raisons, un outil doit donc être mis en place avec l'implantation d'UML au sein d'un projet. En synthèse des besoins énumérés tout au long de ce chapitre, et en rapport avec les types d'outil présentés au chapitre 6, le choix de l'outillage s'étage simplement en fonction des priorités du projet. On peut en effet établir une sorte de barycentre pour fixer le point le plus efficace pour le projet et en déduire le type d'outil le plus adapté pour démarrer avec UML.

Les maîtrises d'ouvrage se concentreront plus particulièrement sur des outils polyvalents. Des besoins complémentaires, qui sont la modélisation des processus et la gestion des exigences, permettront de départager les différentes solutions du marché. Quant aux maîtrises d'œuvre, le choix des priorités entre analyse ou conception/codage leur permettra de choisir entre un outil polyvalent et un outil d'assistance au codage. À cela s'ajoute encore la possibilité du MDA pour améliorer la productivité du développement, lorsque la plate-forme technologique est connue et maîtrisée.

Évaluation du retour sur investissement

Le calcul du retour sur investissement consiste à énumérer dans un premier temps les coûts et les gains de l'implantation d'UML lors d'un projet particulier. Par la suite, les charges sont estimées et évaluées dans le cadre d'un projet particulier, en l'occurrence dans notre étude de cas OpenTaxi.

Énumération des coûts et des gains

L'équipe d'OpenTaxi se compose d'une dizaine de personnes que l'on peut répartir de la façon suivante :

- un chef de projet et trois experts fonctionnels côté maîtrise d'ouvrage, qui se répartissent autour des domaines commercial, opération et gestion ;
- une équipe de 5 personnes côté maîtrise d'œuvre, comportant un chef de projet, un analyste, un architecte logiciel, un architecte technique et deux ingénieurs d'étude.

Les coûts de l'implantation d'UML au sein de l'équipe OpenTaxi se situent sur les postes suivants :

1 les coûts d'achat logiciel représentés par l'équipement d'un outil UML ;
2 les dépenses de développement et de personnalisation de l'outil ;
3 les dépenses de formation et de montée en compétences.

Les gains attendus s'expriment quant à eux sous la forme des avantages suivants :

1 la précision obtenue dans la capture des besoins qui induit une diminution des contrôles en phase de recette et une plus grande satisfaction des utilisateurs ;
2 la diminution des cycles de maintenance évolutive et corrective qui se déduit de cette précision ;
3 l'avantage concurrentiel plus immédiat, lié au positionnement rapide d'OpenTaxi sur le marché de la réservation de taxi par Internet ainsi que les bénéfices du succès ainsi obtenu ;
4 pour la maîtrise d'œuvre, la réduction des réfactions liées à une découverte tardive d'anomalies ;
5 la diminution du nombre de réunions de définition du fait d'une meilleure communication et coordination entre maîtrise d'ouvrage et maîtrise d'œuvre ;
6 la réutilisation liée à la systématisation d'une même procédure de spécification, analyse, conception et à la standardisation des mécanismes qui en découle.

Étude de cas

La charge totale du projet est estimée à 1 000 jours sur une durée d'environ seize mois. Cette charge se répartit de la façon suivante :

À partir de ces éléments, on peut estimer le coût total du projet à environ 650 K€.

Les coûts sont estimés de la façon suivante :

Activité	Charge de maîtrise d'ouvrage	Charge de maîtrise d'œuvre	Durée escomptée
Capture des besoins	60 jours	-	2 mois
Analyse	40 jours	50 jours	2 mois
Conception	40 jours	100 jours	2 mois
Codage et tests	80 jours	540 jours	8 mois
Déploiement	50 jours	40 jours	2 mois

1 4 licences d'un outil dont le coût unitaire est de 2 000 € avec une maintenance de 15 % annuelle ;

2 20 jours de charge supplémentaires liés à la personnalisation de l'outil pour la création de rapports et d'aide au développement (génération de code ou *round-trip engineering*) ;

3 formation des 10 personnes de l'équipe valant 1 500 € par personne, 20 jours de consulting pour l'accompagnement de la maîtrise d'ouvrage en capture des besoins et 30 jours de consulting pour l'accompagnement de la maîtrise d'œuvre pour les phases d'analyse/conception.

La répartition des coûts s'établirait ainsi de la façon suivante :

Coûts	Coût (K€)	Calendrier (mois)
Outil UML	23,00	1
Outil UML (maintenance)	6,00	13
Dev. et déploiement	12,00	4
Formation	15,00	2
Accompagnement AMOA	16,00	2
Accompagnement MOE	24,00	6
Coûts année 1	**90,00**	
Coûts année 2	**6,00**	

Les gains sont évalués de la façon suivante :

1 La précision de la spécification permet d'optimiser les charges de recette, estimée à un gain de 10 jours de travail de la maîtrise d'œuvre et de 5 jours de travail de la maîtrise d'ouvrage.

2 La diminution de la charge de maintenance permet de réduire l'évolution et la correction du projet d'un cycle itératif, estimé à 20 % de la charge de développement du projet.

3 L'avantage concurrentiel lié à la mise en œuvre du produit a été estimé par le marketing à un gain minimal de 5 % de chiffre d'affaire. OpenTaxi, société d'environ 120 personnes, réalise 10 M€ de chiffre d'affaire par an.

4 La réduction du risque de découverte tardive d'une anomalie est estimée à 30 % de chance ; pour une correction majeure représentant un tel impact sur l'architecture, ce risque représenterait 5 % de la charge totale du projet en réfaction et en tests de non-régression.

5 La communication et l'anticipation par la modélisation permettent de réduire de 10 % la charge d'analyse et de conception.

6 La réutilisation des procédures de développement et du code, liée respectivement à la systématisation de l'approche et à l'application d'une conception générique, réduit de 10 % la charge de développement et de test.

En conséquence, la répartition des gains serait évaluée ainsi :

Gains	Gains (K€)	Calendrier (mois)
Diminution des A/R de recette	10,00	10
Diminution des cycles de maintenance	77,60	22
Gain de CA lié au time-to-market	35,00	22
Réduction des réfactions liées aux découvertes tardives d'anomalie	5,82	15
Meilleure communication	15,40	6
Réutilisation et standardisation des mécanismes	32,40	14
Gains année 1	**25,40**	
Gains année 2	**150,82**	

Figure 7–3
ROI de l'implantation d'UML sur le projet OpenTaxi

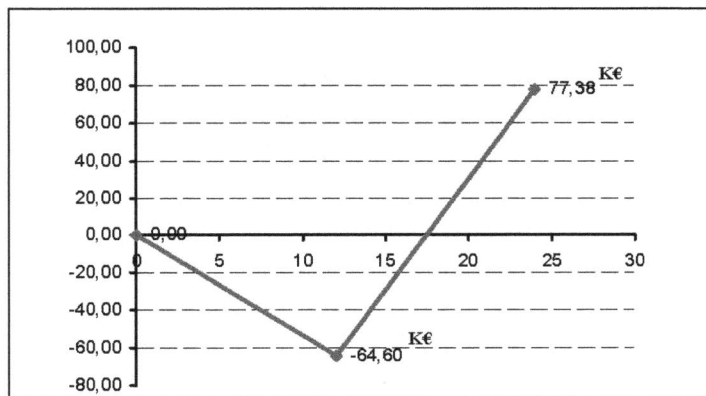

En conséquence, et pour un projet de 10 personnes sur 16 mois qui permettrait à terme à une entreprise d'augmenter d'environ 5 % son chiffre d'affaire, grâce à l'outil informatique mis en place pour augmenter et fidéliser les clients, le retour sur investissement est d'un peu plus de 10 % du coût du projet. La durée d'équilibre de l'investissement est de 17 mois, soit un mois après la fin du projet informatique.

En résumé

Le changement pour l'adoption d'UML doit prendre en compte la dimension humaine des équipes concernées. Ce changement a une dimension tactique qui doit être organisée pour prendre en compte cas par cas les différents rôles du projet. C'est justement la fonction d'une première phase de sensibilisation que d'expliquer comment UML doit aider à assurer les objectifs de chacun, avant d'envisager les moyens de son déploiement. Différents axes directeurs sont ainsi définis pour motiver le changement :

- Au niveau de la maîtrise d'ouvrage, UML facilite la définition et la précision des spécifications en introduisant une possibilité de communication efficace entre informaticiens et non informaticiens.
- Au niveau de la maîtrise d'œuvre, UML participe positivement à la productivité du projet en apportant une démarche d'ingénierie logicielle, tant sur les aspects fonctionnels (analyse) que techniques (conception).

Le pilotage du changement consiste ensuite à définir différents objectifs d'acquisition qui puissent permettre de suivre le progrès des équipes. L'implantation d'un outil est également une condition indispensable à la réussite du changement. Son choix sera bien entendu en parfaite cohérence avec les besoins et les objectifs du projet :

- un outil polyvalent lorsque les avantages d'UML sont plutôt attendus pour les phases de spécification et d'analyse/conception ;
- un outil d'assistance au codage, lorsque les gains concernent plutôt les phases de conception/codage ;
- un outil MDA lorsque l'on désire réutiliser des mécanismes techniques déjà connus et maîtrisés.

Le retour sur investissement d'un tel effort de changement est compensé par des gains de productivité essentiellement liés à la qualité des produits obtenus : adéquation aux besoins des utilisateurs et réduction des coûts de maintenance. Il représente environ 10 % du coût total du projet de notre étude de cas OpenTaxi.

8

Aider la prise de décision

Après avoir parcouru les éléments du changement, ses enjeux et ses moyens, nous allons à présent parcourir les arguments de promotion interne en traitant les objections les plus couramment exprimées. En travaillant et en préparant les objections, on favorise ainsi les prises de conscience incontournables pour engager le progrès vers l'ingénierie du logiciel avec UML.

UML pour ses responsables

Quelle que soit votre position dans l'organisation à laquelle vous appartenez, vous devez systématiquement rendre des comptes : d'abord expliquer la démarche que vous comptez engager et ensuite tirer le bilan des actions réalisées. Dans ce cadre, la façon dont vous communiquerez sur UML constitue un facteur déterminant de succès et de soutien indéniable vis-à-vis de l'équipe que vous pilotez.

La préparation

La façon dont vous allez justifier l'introduction d'UML, et plus largement l'apport d'une ingénierie du logiciel par la modélisation, est de prime abord importante pour convaincre et acquérir l'adhésion de votre hiérarchie. Il convient en premier lieu de bien qualifier votre projet et de savoir préparer un retour sur investissement conforme à l'exemple apporté au chapitre précédent. En effet, l'introduction d'une démarche UML est d'autant plus rentable que le besoin de maîtrise de la complexité et de la communication est important. Autrement dit, plus la cible est fonctionnellement complexe, plus il y a d'intervenants de profils différents, plus la criticité est importante et plus l'apport d'une approche de modélisation minimise les risques et les coûts d'un projet.

Une première objection est de considérer UML comme une complexité supplémentaire pour les équipes qui sont par ailleurs habituées à des méthodes de travail plus traditionnelles. Elle pose deux problèmes qui sont : la complexité et la force de l'habitude. UML est-il complexe ? et si oui, pour qui serait-il complexe ?

L'examen approfondi du langage et de ses techniques de modélisation montre que le curseur de la complexité peut être ajusté en fonction de ses intervenants et des activités pour lesquelles il est utilisé. En effet, cet ouvrage montre des différences notoires d'utilisation d'UML entre les deux activités d'analyse et de conception, la première présentant trois fois moins de concepts et de notations que la seconde. Les intervenants non informaticiens sont concernés par la capture des besoins, qui peut s'appuyer efficacement sur un jeu de diagrammes et de notations réduit. Par ailleurs, les notations peuvent être introduites progressivement en fonction d'objectifs par paliers d'acquisition. D'expérience, de nombreuses personnes non informaticiennes ont acquis facilement, et dès la première réunion, les notations basiques des diagrammes de classe et d'activité. Il n'en faut guère plus pour débuter efficacement et pour travailler sur les besoins en anticipant des cas fonctionnels d'entreprise largement plus complexes à appréhender que la notation elle-même.

Dans un second temps, le changement des habitudes de travail ne doit pas être un frein à tout progrès ni même empêcher les entreprises de mettre en place des mécanismes qui puissent améliorer leur productivité. Certes tout changement comprend un risque qui, s'il est mal expliqué et mal ressenti par les équipes, peut conduire à des situations de blocage. Cet ouvrage propose néanmoins un processus de changement par itérations qui ne devrait laisser aucune catégorie de personnes sur le côté. Par ailleurs, la mise en œuvre d'une démarche d'ingénierie logiciel par la modélisation non seulement sécurise les finalités du projet, mais permet en plus de clarifier le rôle de chacun et de consolider l'organisation du projet.

L'examen du bilan

Les bilans intermédiaires que vous allez restituer du projet seront un moyen de mesurer les bénéfices de l'apport d'UML. Comme pour de nombreux autres projets d'investissements cependant, les coûts sont apparents (frais de formation et achat de licences), tandis que les gains sont souvent plus difficiles à restituer. Pensez alors que le sentiment général de l'équipe prévaut sur toute démonstration financière. En effet, si UML gagne sa légitimité au sein du projet, c'est que chacun y aura compris son intérêt pour communiquer, anticiper, documenter et trouver son domaine de responsabilité. Ces quatre axes sont non seulement important à travailler tout au long du processus de changement, mais nous vous conseillons également d'en communiquer l'état à vos responsables :

• Le rôle central de communication et d'animation des différents intervenants autour des différents modèles d'avancement du projet : restituez les cas fonctionnels qui ont été traités, la précision dans l'expression des besoins, les difficultés résolues, les règles métier identifiées, voire les nouvelles solutions qui ont été apportées par l'équipe.

- L'anticipation que cela a permis : nous avons évoqué les nouvelles règles fonctionnelles, mais du point de vue technique, vous pouvez également évoquer les solutions à déployer, les prototypes de validation prévus pour minimiser certains risques et les gains identifiés par le biais de factorisation et de réutilisation de mécanismes identiques.

- La documentation qui est en train de se constituer au travers du modèle : elle constitue un atout important lorsque l'application rentre en phase de maintenance. Elle permet par ailleurs de gérer plus facilement les rotations au sein de l'équipe et apporte de ce fait une plus grande souplesse à l'organisation.

- La façon dont les intervenants participent et voient le projet se construire à grand pas par anticipation : les intervenants métier se sentent concernés et n'ont pas le sentiment d'un effet tunnel. Par ailleurs, l'échange permet aux différents intervenants de comprendre, dans les faits, les responsabilités de chacun. Une meilleure dynamique d'équipe peut ainsi être constituée autour du travail de modélisation avec des acteurs de provenances les plus diverses.

L'objection en cours de bilan peut être sévère lorsque le projet démarre mal pour des raisons étrangères à la méthodologie. Il convient alors de bien distinguer la nature des problèmes rencontrés, sachant qu'une méthodologie centrée sur la modélisation avec UML n'a d'effet que sur les quatre axes cités ci-dessus. Néanmoins, la connaissance des besoins permet de fixer les priorités fonctionnelles du projet afin d'alléger le contenu des premières livraisons et d'accélérer la mise en service de solutions critiques pour l'entreprise. Dans le même ordre d'idée, le modèle permet de mesurer l'impact des restrictions de périmètre envisagées dans la perspective de pouvoir déployer au plus tôt les fonctions essentielles.

UML pour ses clients

Une démarche d'ingénierie du logiciel avec UML n'est pas une approche esthétique qui s'inscrirait dans une beauté de l'art informatique. Celle-ci procède plutôt d'une nécessité conclue à la suite d'une trentaine d'années d'expérience en la matière. Nous avons par ailleurs décrit au chapitre 6 les critères de productivité du logiciel et montré comment l'approche de modélisation y participe pleinement.

Une approche de modélisation avec UML permet de se concentrer sur le métier et ses processus, par opposition à d'autres méthodes qui mettent au premier plan tantôt les écrans d'IHM, tantôt la structure des données, voire l'algorithmique. Cette distinction est fondamentale car elle implique fortement la maîtrise d'ouvrage dans la définition rapide et précise du logiciel et engage le maître d'œuvre dans ses facultés à répondre scrupuleusement à ces spécifications. À condition que le client, en tant que maître d'ouvrage, soit bien préparé à cette implication, le montage peut être franchement productif et gagnant pour les deux parties :

- Le maître d'ouvrage est ainsi rapidement amené à détailler ses spécifications en réfléchissant sur la façon dont son métier s'organise autour du système en cours de développement. Cette anticipation lui permet d'accélérer la découverte du métier concerné par le logiciel et de préparer le déploiement du nouveau système auprès des utilisateurs.

• Le maître d'œuvre est relativement assuré d'approcher une conception juste au premier développement en limitant les allers-retours ainsi que toutes sortes de contestations liées au manque de définition des spécifications.

La mise en œuvre d'une démarche d'ingénierie du logiciel avec UML ne s'improvise pas totalement et nécessite une certaine expérience et expertise des intervenants en la matière. Une fois acquise, elle constitue par la suite un excellent avantage concurrentiel pour la société qui en a acquis la compétence. Du fait de la réduction des risques et de l'amélioration du cycle de définition du logiciel, on peut estimer entre 5 % et 25 % les gains possibles sur un projet de développement. À cela s'ajoute un gain de 35 % sur la charge de développement, dans la mesure où l'on recourt à un développement MDA.

L'objection la plus fréquente concerne l'opposition entre modélisation avec UML et approche qualifiée de RAD (pour *Rapid Application Development*). Ce qui prêche pour la seconde approche concerne l'anticipation plus concrète d'une application, par le biais de la visualisation d'écrans, par opposition aux modèles jugés abscons. Par ailleurs, les écrans constituent une pièce constitutive de l'application en même temps qu'ils servent à la spécification. Cette objection inclut deux points majeurs à relever qui sont la compréhension des utilisateurs métier face aux modèles et l'inutilité des modèles par le fait qu'ils ne constituent pas directement un artéfact de développement.

Modéliser signifie anticiper et nécessite l'implication d'experts ou d'utilisateurs métier. Or, nous savons par expérience, et à condition d'y associer la structure d'accompagnement nécessaire, qu'un modèle UML peut être à la fois simple et suffisamment explicite pour atteindre cet objectif. Par ailleurs, l'élaboration de structures d'objets et de scénarios permet d'approfondir les sujets – les exceptions notamment –, quitte à y adjoindre par la suite des masques d'écrans. L'approche par écran n'a donc de sens que dans la mesure où les utilisateurs ont déjà une vision implicite et précise de leurs processus métier, ainsi que de la façon dont ils désirent interagir avec les données. Cette approche ne développe pas les processus applicatifs, comme on le fait au travers des cas d'utilisation, et ne permet donc pas d'atteindre une certaine cohérence d'interactions autour de la même thématique métier. Le gain de temps n'est donc pas évident lorsque l'on intègre les risques de réfaction liés au déploiement d'un logiciel dont la conception métier n'a pas été suffisamment approfondie.

Quant à la relation entre le modèle et les gains directs sur le développement, signalons simplement les liens qu'établissent les outils entre code et modèle. En effet, on peut aujourd'hui générer très facilement des schémas de base de données relationnelles ou des squelettes de code afin d'avancer la production de code. Le modèle concentre une information primordiale et importante pour le développement des systèmes.

UML pour son équipe

L'approche d'ingénierie du logiciel par la modélisation demande un plus grand effort d'abstraction aux équipes d'informaticiens et implique un changement vis-à-vis des habitudes et de la culture de codage qui domine parmi la communauté des développeurs. Il ne faut surtout pas minimiser cette dimension, car l'effort de communication doit être autant porté vers ses clients et responsables que vers son équipe pour le succès d'un projet. Par ailleurs, à l'heure où les compétences de développement sont concurrencées par l'*offshore programming*, les nouvelles capacités d'abstraction, de communication et de rapprochement du métier des utilisateurs sont plus que jamais salutaires pour l'évolution de nos professions.

La modélisation, en termes d'anticipation, de communication et de documentation au sein d'une équipe est absolument indispensable. En plus des techniques de changement abordées au chapitre précédent, il est nécessaire de répéter les trois points suivants :

- au codage correspond l'action, à la modélisation la réflexion ;
- un bon schéma vaut souvent mieux qu'un long discours : UML favorise l'échange et le partage ;
- le code doit un jour changer de main, les modèles font partie du mode d'emploi indispensable à cette reprise.

L'objection la plus significative correspond au sentiment, parfois à l'angoisse, de ne pas faire avancer le projet tant qu'aucune ligne de code n'est produite. En reprenant les argumentations précédemment développées, il est facile de démonter combien UML participe à la réflexion par anticipation et combien cette anticipation permet d'optimiser le travail de codage à plusieurs titres :

- en diminuant les risques de réfaction du fait d'une réponse plus juste aux besoins des utilisateurs ;
- en améliorant les possibilités de réutilisation fonctionnelle du fait d'une cartographie des classes et des services qui favorise l'identification de composants métier ;
- en améliorant les occasions de réutilisation technique du fait d'une réflexion de conception qui permet de partager des mécanismes identiques ;
- en exploitant les capacités de génération de code des outils UML, voire en bénéficiant de l'approche MDA ;
- en préparant les tests nécessaires à la recette du logiciel ;
- en produisant pour grande partie la documentation de l'analyse et de la conception, souvent exigée en livraison des applications.

En conclusion

Nous voici arrivés à la fin de notre parcours dans l'univers d'UML 2 et nous espérons sincèrement avoir répondu pleinement à vos attentes en vous présentant toutes les facettes possibles concernant les techniques et l'accompagnement au changement. Au-delà d'une sémantique et d'une notation standards, nous nous sommes efforcés de présenter la modélisation en tant que méthode fondamentale de l'ingénieur en logiciel.

Si quelques mots ou concepts clés devaient vous rester en mémoire, voire effleurer votre esprit au moins une fois par jour dans votre rôle de décideur de l'industrie informatique, alors nous les formulerions de la façon suivante : UML 2 favorise une approche d'ingénierie par la modélisation afin d'améliorer l'anticipation de conception, la communication des équipes et la documentation des systèmes logiciels.

Annexe

Bibliographie

[Agile] – *Alliance des technologies agiles* (http://www.agilealliance.org)

[Benard 02] – *Gestion de projet Extreme Programming*, J.-L. Bénard, L. Bossavit, R. Médina , D. Williams, 2002, Éditions Eyrolles.

[Booch 99] – *The Unified Modeling Language User Guide*, G. Booch, J. Rumbaugh, I. Jacobson, 1999, Addison-Wesley

[Brooks 95] – *The mythical man-month*, 2nd edition, F.P. Brooks Jr., 1995, Addison-Wesley

[Butler 03] – *Application Development Strategies – Technology evaluation and comparison report*, Nov. 2003, Butler Group

[CMU 02] – *Making Architecture Design Decisions : An Economic Approach*, Sept. 2002 (Technical Report CMU/SEI-2002-TR-035)

[Cockburn 01] – *Rédiger des cas d'utilisation efficaces*, A. Cockburn, 2001, Éditions Eyrolles

[Jacobson 99] – *The Unified Software Development Process*, I. Jacobson, G. Booch, J. Rumbaugh, 1999, Addison-Wesley

[Kruchten 00] – *The Rational Unified Process : An Introduction*, P. Kruchten, 2000, Addison-Wesley

[Lucas 01] – *Une architecture Internet pour le système d'information de France Télécom*, 2001, Éditions Eyrolles

 [Muller 01] – *Modélisation objet avec UML*, P-A. Muller, 2001, Éditions Eyrolles

[Peaucelle 95] – *Informatique rentable et mesure des gains*, J–L. Peaucelle, 1995, Hermès

[Roques 01] – *UML 2 par la pratique – Études de cas et exercices corrigés*, P. Roques, 2004, Éditions Eyrolles

[Roques 04] – *UML 2 en action*, P. Roques, F. Vallée, 2004, Éditions Eyrolles

[Rumbaugh 99] – *The Unified Modeling Language Reference Manual*, J. Rumbaugh, I. Jacobson, G. Booch, 1999, Addison-Wesley

[RUP 03] – *The Rational Unified Process*, version 1.1, 2003

[THALES 04] – *THALES optimise sa productivité avec MIA Software*, L'informaticien n°017, juillet/août 2004, Conférence THALES université : utilisation de la plate-forme iUML de Kennedy Carter, novembre 2003.

[vraps.com] – *Architecture overview and Return on Investments* (http://www.vraps.com)

[Windle 02] – *Software requirements using the Unified Process – A practical apporoach*, D. Windle, L. Abreo, 2002, Prentice Hall

[XP] – *Méthode de développement XP* (http://www.extremeprogramming.org)

Index

association masquée par un ~ 22
cardinalité 23
conception dans la couche de
    présentation 151
conception de la persistance 159
concevoir les ~s distribués 157
de classe 25
définition 6
dérivé 25
identification des ~s 122, 130, 134
notation 18
    spécifique en conception 23
qualifieur 22, 27
visibilité 24

B

barre de rendez-vous 41, 44
barre de séparation 41, 44
base de données 123, 157, 194
    stéréotype datastore 46
Booch 10, 64, 137
boucle 51
    formalisation dans un cas d'utilisation 78
    fragment d'interaction représentant une ~ 50
    syntaxe d'un message dans une ~ 53
Brooks 213

C

capitalisation 202, 206, 209
capture des besoins 125, 173, 179, 203, 207,
    224, 252
    couverture de la spécification 67
    couverture des exigences 95
    définition de l'activité 11
    étapes méthodologiques 69
    exigences fonctionnelles 96
    identification des contraintes techniques 69
    passage à l'analyse 195
    revue 99
cardinalité d'un attribut 23
cartographie
    d'organisation 111
    des processus 107
    des systèmes d'information 47

cas d'utilisation 137, 173, 176, 181, 212, 215,
    225
    complétude d'une description texte et
        diagramme 77
    d'architecture technique 112
    découpage en ~ 85
    définition 35, 67
    différents types d'exigences 80
    formalisation 75
        avec un acteur non humain 82
    méthode d'identification 91
    métier 108
    pilotage par les ~ 223
    plan type 83
    référentiel de spécification 69
    usage 65
catégorie 186
    découpage et organisation 137
    définition 137
category (stéréotype) 137
chef de projet 170, 185, 189, 196, 202, 212, 253,
    256
    côté maîtrise d'œuvre 171
    côté maîtrise d'ouvrage 170
chemin de communication 34
CIM (Computation Independant Model) 227
classe 176
    active 26
    approfondir le comportement des ~s 132
    attribut 6
    concevoir la persistance 158
    concevoir les ~s de présentation 151
    concevoir les ~s distribuées 155
    d'association 22
        conception de la persistance 158
    définition 18
    élaboration des ~s 122
    énumération 23
    exception 23
    exemple d'héritage 7
    exemple de ~ 7
    flux de données 63
    identification des ~s 126
    illégitime 22

www.ingramcontent.com/pod-product-compliance
Lightning Source LLC
Chambersburg PA
CBHW080515220326
41599CB00032B/6094